前沿科技·人工智能系列

机器人传感器

主　编：迟明路　田　坤

副主编：郑华栋　蒙建国　钱晓艳

电子工业出版社
Publishing House of Electronics Industry
北京·BEIJING

内 容 简 介

机器人传感器是实现机器人及自身与外部环境进行信息交互的重要手段。通过搭载不同类型的传感器，机器人对其自身及外部环境进行检测，并对检测结果进行处理、分析、决策，然后选择合适的运动。本书按传感器基础篇、机器人传感器篇进行编排，全书共 7 章，前后呼应，循序渐进，从常用传感器到机器人传感器应用，逐步介绍了传感器基础知识与检测技术、常用的传感器、智能传感器、机器人常用传感器、工业机器人常用传感器、移动机器人常用传感器、机器人多传感器信息融合等内容。

本书可作为机器人工程、人工智能、智能制造技术、自动化等本科相关专业的教材，也可作为从事机器人传感器研究、开发和应用的科技人员的参考书。

图书在版编目（CIP）数据

机器人传感器 / 迟明路，田坤主编 . —北京：电子工业出版社，2022.7

（前沿科技. 人工智能系列）

ISBN 978-7-121-43738-0

I . ①机⋯ II . ①迟⋯ ②田⋯ III . ①机器人—传感器 IV . ①TP242

中国版本图书馆 CIP 数据核字（2022）第 101813 号

责任编辑：张　剑　　　　　　特约编辑：田学清
印　　刷：北京七彩京通数码快印有限公司
装　　订：北京七彩京通数码快印有限公司
出版发行：电子工业出版社
　　　　　北京市海淀区万寿路 173 信箱　　　　邮编：100036
开　　本：787×1092　　1/16　　印张：13.75　　字数：319 千字
版　　次：2022 年 7 月第 1 版
印　　次：2025 年 1 月第 8 次印刷
定　　价：68.00 元

凡所购买电子工业出版社图书有缺损问题，请向购买书店调换。若书店售缺，请与本社发行部联系，联系及邮购电话：(010) 88254888，88258888。

质量投诉请发邮件至 zlts@phei.com.cn，盗版侵权举报请发邮件至 dbqq@phei.com.cn。

本书咨询联系方式：zhang@phei.com.cn。

前　言

　　传感器技术是物理电子学、光子学、机械学、化学及生物学等的交叉研究领域，广泛应用于科学研究和产品设计等领域。机器人传感器是实现机器人及自身与外部环境进行信息交互的重要手段。通过搭载不同类型的传感器，机器人对其自身及外部环境进行检测，并对检测结果进行处理、分析、决策，然后选择合适的运动。可以说，机器人传感器技术是 20 世纪人类最伟大的技术之一。本书的特点如下所述。

　　☺　丰富新颖：力求及时反映国内外机器人传感器技术的最新进展和作者的相关研究成果。

　　☺　涵盖面广：本书分门别类地归纳总结了机器人传感器的基本理论，以及在多个领域的应用实例，重点介绍了机器人传感器的工程应用方法。

　　☺　深入浅出：本书重点突出，注重理论联系实际，既有一定的理论深度，又具有很强的实用性，力求满足不同层次读者的需求，适合从事机器人传感器研究、开发和应用的科技人员使用。

　　本书由迟明路、田坤担任主编，郑华栋、蒙建国、钱晓艳担任副主编，邱亚琴、邢倩、任沁超、常帅兵、常成、周燕飞、王元利为参编。具体分工如下：第 1 章由迟明路、钱晓艳编写，第 2 章由迟明路、邱亚琴、邢倩编写，第 3 章由田坤、郑华栋、周燕飞编写，第 4 章由蒙建国、常帅兵编写，第 5 章由任沁超、王元利编写，第 6 章由迟明路、常成编写，第 7 章由迟明路、郑华栋、蒙建国编写。

　　由于作者水平有限，书中难免存在疏漏和不足之处，敬请广大读者批评指正。

编者

目　录

第一篇

传感器基础篇

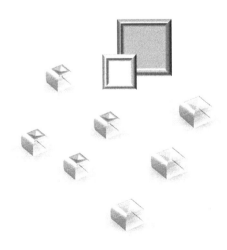

第 1 章

传感器基础知识与检测技术

任务书

学习目标

☺ 了解传感器的定义、作用、组成、分类和基本特点;

☺ 掌握传感器的误差表示与标定方法;

☺ 了解机器人与传感器的发展历史及未来发展趋势。

1.1 传感器的定义和特点

1.1.1 传感器的定义

什么是传感器? 举例来说,演员在舞台上演唱时要用传声器(话筒),传声器就是把声波(机械波)转换成电信号的传感器。传感器是指按照一定的规律,将感受到的被测量的信息,转换成可用输出信号的器件或装置。简而言之,传感器就是一种将外界信号转换成电信号的装置。具体来说,传感器是一种检测装置,能够感受诸如位移、速度、力、温度、湿度、流量、光、化学成分等非电量,并能把它们按照一定的规律转换为电压、电流等电量,或者转换成电路的通断,以满足信息的传输、处理、存储、显示、记录和控制等要求。传感器是实现自动检测和自动控制的首要环节。

1.1.2 传感器的特点

传感器的特点表现在知识密集程度高、涉及多学科知识、技术复杂、工艺要求高、功能优、性能好、品种繁多、应用广泛等诸多方面。

表 1-1 所示为部分传感器的输入量与输出量及其转换原理。从表中能够看到,传感器就是利用物理效应、化学效应、生物效应,把被测量的物理量、化学量、生物量等非电量转换成电量的器件或装置。

表 1-1　部分传感器的输入量与输出量及其转换原理

输入量				转换原理	输出量
物理量	机械量	几何学量	长度、位移、应变、厚度、角度、角位移	物理定律或物理效应	电量（电压或电流）
		运动学量	速度、角速度、加速度、角加速度、振动、频率、时间		
		力学量	力、力矩、应力、质量、荷重		
	流体量		压力、真空度、流速、流量、液位、黏度		
	温度		温度、热量、比热		
	湿度		湿度、露点、水分		
	电量		电流、电压、功率、电场、电荷、电阻、电感、电容、电磁波		
	磁场		磁通、磁场强度、磁感应强度		
	光		光度、照度、色、紫外线、红外线、可见光、光位移		
	放射线		X 射线、α 射线、β 射线、γ 射线		
化学量			气体、液体、固体分析、pH 值、浓度	化学效应	
生物量			酶、微生物、免疫抗原抗体	生物效应	

1.2　传感器的组成和分类

1.2.1　传感器的组成

通常，传感器由敏感元件、转换元件及转换电路构成，传感器的组成如图 1-1 所示。

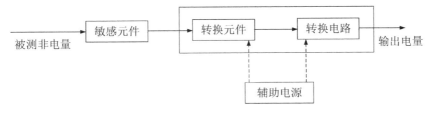

图 1-1　传感器的组成

敏感元件是指传感器中能直接感受（或响应）被测量的部分。在完成非电量到电量的转换过程中，并非所有的非电量都能利用现有手段直接转换成电量，往往需要先将其变换为另一种易于变成电量的非电量，然后转换成电量。例如，传感器中各种类型的弹性元件，常被称为弹性敏感元件。

转换元件是指能将感受到的非电量直接转换成电量的器件或元件。例如，光电池将光的变换量转换为电动势，应变片将应变转换为电阻等。

转换电路是指将无源型传感器输出的电参数量转换成电量。常用的转换电路有电桥、放大器、振荡器、阻抗变换器、脉冲调宽电路等，它们将电阻、电容、电感等电参数转换成电压、电流或频率等电量。

实际上，有些传感器的敏感元件可以直接把被测非电量转换成电量输出，如压电晶体、光电池、热电偶等。通常称它们为有源型传感器。

辅助电源为无源型传感器的转换电路提供电能。

1.2.2 传感器的分类

传感器的种类很多，目前尚无统一的分类方法，以下介绍的是较常用的分类方法。

1．按输入量分类

输入量即被测对象，按此方法分类，传感器可分为物理量传感器、化学量传感器和生物量传感器三大类。其中，物理量传感器又可分为温度传感器、压力传感器和位移传感器等。这种分类方法给使用者提供了方便，使其容易根据被测对象选择所需要的传感器。

2．按转换原理分类

按转换器的转换原理来分类，传感器通常分为结构型传感器、物性型传感器和复合型传感器三大类。结构型传感器利用机械构件在动力场或电磁场的作用下产生形变或位移，将外界被测参数转换成相应的电阻、电感和电容等物理量，它是利用物理学运动定律或电磁定律实现转换的。物性型传感器利用材料的固态物理特性及其各种物理、化学效应（物质定律，如胡克定律、欧姆定律等）实现非电量的转换，是以半导体、电介质、铁电体等作为敏感材料的固态器件。复合型传感器是由结构型传感器和物性型传感器组合而成的，兼有二者的特征。这种分类方法清楚地指明了传感器的原理，便于学习和研究，如电阻式传感器、电感式传感器、电容式传感器、压电式传感器、光电式传感器、热敏传感器、气敏传感器、湿敏传感器和磁敏传感器等。

3．按输出信号的形式分类

按输出信号的形式，传感器可分为开关式传感器、模拟式传感器和数字式传感器。

4．按输入和输出的特征分类

按输入和输出的特征，传感器可分为线性传感器和非线性传感器两类。

5．按能量转换方式分类

按转换元件的能量转换方式，传感器可分为有源型传感器和无源型传感器两类。有源型传感器也称能量转换型传感器或发电型传感器，它将非电量直接变成电压量、电流量、电荷量等，如磁电式传感器、压电式传感器、光电池、热电偶等。无源型传感器也称能量控制型传感器和参数型传感器，它将非电量变成电阻、电容、电感等电量。

6．按应用范围分类

按应用范围分类，传感器可以分为位置、力、液面、能耗、速度、温度、流量、加速度、角度、距离、气敏、味敏、色敏、真空度、生物等传感器。

7．按新型传感器分类

按新型传感器分类，传感器可以分为激光传感器、红外传感器、智能传感器、微传感器、网络传感器、超声波传感器和生物传感器等。

1.3　传感器的特性分析

传感器的特性参数很多，而且不同类型的传感器，其特性参数的要求和定义也各有差异，但都可以通过其静态特性和动态特性进行全面描述。

1.3.1　传感器的静态特性

静态特性表示传感器在被测各量值处于稳定状态时的输入与输出之间的关系。它主要包括灵敏度、分辨力（分辨率）、测量范围和量程，以及误差特性。

1．灵敏度

灵敏度是指稳态时传感器输出量 y 与输入量 x 之比，或者输出量 y 的增量与相应输入量 x 的增量之比，用 k 表示，即

$$k = \frac{输出量增量}{输入量增量} = \frac{\Delta y}{\Delta x} \tag{1-1}$$

线性传感器的灵敏度 k 为常数；非线性传感器的灵敏度 k 是随输入量变化的量。

2．分辨力

传感器在规定的测量范围内能够检测出的被测量的最小变化量称为分辨力，它往往受噪声的限制，所以噪声电平的大小是决定传感器分辨力的关键因素。

实际应用中，分辨力可用传感器的输出值代表的输入量来表示：模拟式传感器以最小刻度的一半所代表的输入量表示；数字式传感器则以末位显示一个字所代表的输入量表示。注意，不要将分辨力与分辨率混淆。分辨力是与被测量有相同量纲的绝对值，而分辨率则是分辨力与量程的比值。

3．测量范围和量程

在允许误差范围内，传感器能够测量的下限值（y_{min}）与上限值（y_{max}）之间的范围称为测量范围，表示为 $y_{min} \sim y_{max}$；上限值与下限值的差称为量程，表示为 $y_{F.S}=y_{max}-y_{min}$。例如，某温度计的测量范围是-20～100℃，量程为120℃。

4．误差特性

传感器的误差特性包括线性度、迟滞、重复性、零漂和温漂等。

5

1）线性度

线性度即非线性误差。为了便于对传感器进行标定和数据处理，要求传感器的特性为线性关系，而实际的传感器特性常呈非线性，这就需要对传感器进行线性化。传感器的静态特性是在标准条件下校准（标定）的，即在没有加速度、振动、冲击及温度为（20±5）℃、相对湿度不大于85%、大气压力为（101 327±7800）Pa 的条件下，用一定等级的设备，对传感器进行反复循环测试得到的输入和输出数据，然后用表格列出或绘出曲线，这条曲线称为校准曲线。传感器的校准曲线与理论拟合直线之间的最大偏差（ΔL_{max}）与满量程值（$y_{F.S}$）的百分比称为线性度，用 γ_L 表示，即

$$\gamma_L = \pm \frac{\Delta L_{max}}{y_{F.S}} \times 100\% \qquad (1\text{-}2)$$

由此可知，非线性误差是以一定的拟合直线为基准计算出来的，拟合直线不同，所得的线性度也不同。图 1-2 所示为传感器常用拟合直线示意图，即端基拟合直线和独立拟合直线。

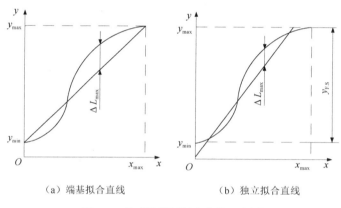

（a）端基拟合直线　　　　　（b）独立拟合直线

图 1-2　传感器常用拟合直线示意图

（1）端基拟合直线是由传感器校准数据的零点输出平均值和满量程输出平均值连成的一条直线。由此所得的线性度称为端基线性度。这种拟合方法简单直观，应用较广泛，但拟合精度很低，尤其对非线性比较明显的传感器，拟合精度更差。

（2）独立拟合直线方程是用最小二乘法求得的，在全量程范围内各种误差都最小，由此所得的独立线性度也称最小二乘法线性度。这种方法拟合精度最高，但计算很复杂。

2）迟滞

迟滞是指在相同工作条件下，传感器正行程特性与反行程特性不一致的程度，传感器的迟滞特性如图 1-3 所示。其数值为对应同一输入量的正行程和反行程输出值间的最大偏差 ΔH_{max} 与满量程输出值的百分比，用 γ_H 表示，即

$$\gamma_H = \pm \frac{\Delta H_{max}}{y_{F.S}} \times 100\% \qquad (1\text{-}3)$$

或者用其一半来表示。

3）重复性

重复性是指在同一工作条件下，输入量按同一方向在全测量范围内连续变换多次所得特性曲线的不一致性，传感器的重复性如图 1-4 所示。其数值用各测量值正、反行程标准偏差最大值 σ 的 2 倍或 3 倍与满量程的百分比表示，记作 γ_K，即

$$\gamma_K = \pm \frac{c\sigma}{y_{F.S}} \times 100\% \qquad (1\text{-}4)$$

式中，c 为置信因数，取 2 或 3。当 $c = 2$ 时，置信概率为 95%；当 $c = 3$ 时，置信概率为99.73%。

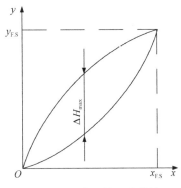

图 1-3　传感器的迟滞特性

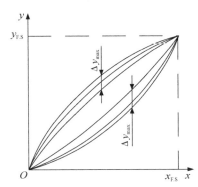

图 1-4　传感器的重复性

从误差的性质方面分析，重复性误差属于随机误差。若误差完全按正态分布，则随机误差的标准 σ 可由各次校准测量数据间的最大误差 Δ_{im} 求出，即

$$\sigma = \sqrt{\frac{\sum_{i=1}^{n} \Delta_{im}^2}{n-1}} \qquad (1\text{-}5)$$

式中，n 为重复测量的次数。

4）零漂和温漂

传感器无输入（或某一输入值不变）时，每隔一定时间，其输出值偏离原始值的最大偏差与满量程的百分比，即零漂。温度每上升 1℃，传感器输出值的最大偏差与满量程的百分比称为温漂。

1.3.2　传感器的动态特性

在实际测量过程中，很多被测信号是随时间变化的，测量这种动态信号时，需要传感器能迅速、准确地测出信号幅值和被测信号随时间变化的规律。动态特性是描述传感器在被测量随时间变化时的输出和输入的关系。对于加速度等动态测量的传感器，必须进行动态特性的研究，通常是用输入正弦或阶跃信号时传感器的响应来描述的，即传递函数和频

率响应。当被测量随时间变化，即被测量为时间函数时，传感器的输出量也是时间函数，它们之间的关系用动态特性来表示。

例如，把一个热电偶从温度为T_0的环境中迅速插入一个温度为T的恒温水槽中（插入时间忽略不计），这时热电偶测量的介质温度从T_0突然上升到T，而热电偶反映出来的温度从T_0变化到T需要经历一段时间，即有一段过渡过程，热电偶测温过程的动态特性如图1-5所示。热电偶反映出来的温度与介质温度的差值称为动态误差。造成热电偶输出波形失真和产生动态误差的原因是温度传感器有热惯性和传热电阻，使得动态测温时传感器的输出总是滞后于被测介质的

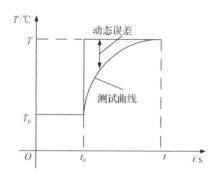

图1-5 热电偶测温过程的动态特性

温度变化。这种热惯性是热电偶固有的，且决定了热电偶测量快速温度变化时会产生动态误差。

研究传感器的动态特性，需要建立传感器的动态数学模型。动态数学模型一般采用微分方程和传递函数来描述。绝大多数传感器都属于模拟系统（信号连续变化），其动态数学模型用线性常系数微分方程来表示，即

$$a_n \frac{\mathrm{d}^n y(t)}{\mathrm{d}t^n} + a_{n-1}\frac{\mathrm{d}^{n-1} y(t)}{\mathrm{d}t^{n-1}} + \cdots + a_0 y(t) = b_m \frac{\mathrm{d}^m x(t)}{\mathrm{d}t^m} + b_{m-1}\frac{\mathrm{d}^{m-1} x(t)}{\mathrm{d}t^{m-1}} + \cdots + b_0 x(t) \qquad (1\text{-}6)$$

式中，$a_0, a_1, \cdots, a_n$和$b_0, b_1, \cdots, b_m$分别是与传感器的结构有关的常数；t表示时间；$x(t)$表示输入量；$y(t)$表示输出量。

下面对传感器的动态特性进行分析时，采用最简单、易实现的阶跃信号和正弦信号作为标准输入信号。对于阶跃输入信号，传感器的响应称为阶跃响应或瞬态响应。对于正弦输入信号，传感器的响应称为频率响应或稳态响应。

1. 阶跃（瞬态）响应特性

传感器的瞬态响应是时间响应，这种对传感器的响应和过渡过程进行分析的方法是时域分析法。传感器对所加激励信号的响应称为瞬态响应。下面以单位阶跃响应来分析传感器的动态性能指标。

向传感器输入一个单位阶跃信号

$$x(t) = \begin{cases} 0, & t \leq 0 \\ 1, & t > 0 \end{cases} \qquad (1\text{-}7)$$

当输入为单位阶跃信号时，实际传感器的响应函数$y(t)$分为两个响应过程：从初始状态到接近终态之间的过程即过渡过程；当t趋于无穷时，输出基本稳定，此过程称为稳态过程，阶跃输入与阶跃响应如图1-6所示。

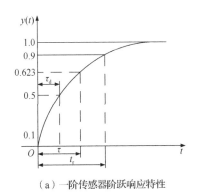
（a）一阶传感器阶跃响应特性

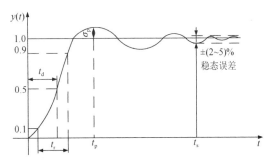
（b）二阶传感器阶跃响应特性

图 1-6　阶跃输入与阶跃响应

图 1-6 中阶跃响应的动态性能指标的含义如下所述。

（1）时间常数 τ：阶跃响应曲线由 0 上升到稳态值 $y(\infty)$ 的 62.3% 所需要的时间。

（2）延迟时间 t_d：阶跃响应曲线达到稳态值的 50% 所需要的时间。

（3）上升时间 t_r：阶跃响应曲线从稳态值 $y(\infty)$ 的 10% 上升到 90% 所需要的时间。它表示传感器的响应速度，t_r 越小，表明传感器对输入的响应速度越快。

（4）峰值时间 t_p：阶跃响应曲线上升到第一个峰值所需要的时间。

（5）最大超调量 σ_p：阶跃响应曲线偏离稳态值的最大值，常用百分数表示，它能说明传感器的相对稳定性。

（6）时间响应 t_s：阶跃响应曲线逐渐趋于稳定，到达与稳态值 $y(\infty)$ 之差不超过 $\pm(2\sim5)$% 所需要的时间，也称过渡时间。

（7）振荡次数 N：阶跃响应曲线在稳态值 $y(\infty)$ 上下振荡的次数，N 越小，表明稳定性越好。

（8）稳态误差 e：阶跃响应曲线的实际值 $y(\infty)$ 与期望值之差，反映稳态的精确程度。

2．频率（稳态）响应特性

传感器对正弦输入信号 $X(t)=A\sin(\omega t)$ 的响应称为频率响应特性。频率响应法是从传感器的频率特性出发，研究传感器的动态特性的方法。若输入信号为正弦信号 $X(t)=A\sin(\omega t)$，用复数表示为 $Ae^{j\omega t}$，此时输出信号 $Y(t)=B\sin(\omega t+\varphi)$，用复数表示为 $Be^{j(\omega t+\varphi)}$，经拉普拉斯变换后有

$$H(j\omega)=\frac{Y(j\omega)}{X(j\omega)}=\frac{b_m(j\omega)^m+b_{m-1}(j\omega)^{m-1}+\cdots+b_1(j\omega)+b_0}{a_n(j\omega)^n+a_{n-1}(j\omega)^{n-1}+\cdots+a_1(j\omega)+a_0}=\left|H(j\omega)\right|\angle\varphi(\omega) \qquad (1\text{-}8)$$

式中，频率传递函数的模 $|H(j\omega)|$ 为输出与输入的幅值之比 B/A，它与角频率 ω 的关系称为幅频特性，即 $B/A=|H(j\omega)|$ 是幅频特性。输出与输入的相位差与频率关系称为相频关系，即 $\varphi(\omega)$ 是相频特性。

1.4 传感器的误差与标定

显然，测量的目的是得到被测事物的真实量值——真值。然而，在实际测量中无法绝对精确地测量被测量的真值，即总会出现误差。这是因为：测量系统及标准量本身精度有限；实验手段不完善，有些方法在理论上就是近似的；测量者的知识和技术水平有限；多数被测量值不可能用一个有限数字表示出来；被测量是随时间变化的；外界噪声的干扰等。因此，测量的目的仅在于根据实际需要得到被测量真值的逼近值。测量值与真值的差异程度称为误差，在实际计算中用约定真值代替真值。对某一被测量，用精度高一级的仪表测得的值，可视为精度低一级仪表的约定真值。掌握测量误差的概念，明确产生误差的原因及消除方法，是实现测量目的的重要前提。

1.4.1 传感器的误差类型

1. 按误差的性质分类

（1）系统误差：在相同测量条件下多次测量同一物理量，其误差大小和符号保持恒定或按某一确定的规律变化，此类误差称为系统误差。系统误差表征测量的精准度。

（2）随机误差：在相同测量条件下多次测量同一物理量，其误差没有固定的大小和符号，呈无规律的随机性，此类误差称为随机误差。通常用精密度表征随机误差的大小。

通常将精准度和精密度的综合称为精确度，简称精度。

（3）粗大误差：明显偏离约定真值的误差称为粗大误差。它主要是由测量人员的失误导致的，如测错、读错或记错等。含有粗大误差的数值称为坏值，应予以剔除。在测量中，若误差大于极限误差 C_σ，则此误差为粗大误差。

2. 按被测量与时间的关系分类

（1）静态误差：被测量不随时间变化时测得的误差称为静态误差。

（2）动态误差：在被测量随时间变化过程中测得的误差称为动态误差。动态误差是由于检测系统对输入信号响应滞后，或者对输入信号中不同频率成分产生不同的衰减和延迟造成的。动态误差值等于动态测量和静态测量所得误差的误差。

1.4.2 误差的表示方法

1. 绝对误差

某被测量的指示值 A_x 与其真值 A_0 之间的差值，称为绝对误差 Δ，即

$$\Delta = A_{x} - A_{0} \tag{1-9}$$

当 $A_x > A_0$ 时，Δ 为正误差；当 $A_x < A_0$ 时，Δ 为负误差。在计量工作和实验室测量中，常用修正值 C 表示真值 A_0 与指示值 A_x 之差，它等于绝对误差的相反数（$C = -\Delta$），即

$$A_{0} = A_{x} + C \tag{1-10}$$

绝对误差和修正值的量纲必须与示值量纲相同。

绝对误差可表示测量值偏离实际值的程度，但不能表示测量的准确程度。

2．相对误差

相对误差即百分比误差。

（1）实际相对误差：绝对误差与约定真值的百分比，用 γ_A 表示，即

$$\gamma_{A} = \frac{\Delta}{A_{0}} \times 100\% \tag{1-11}$$

（2）示值（标称）相对误差：绝对误差与指示值的百分比，用 γ_x 表示，即

$$\gamma_{x} = \frac{\Delta}{A_{x}} \times 100\% \tag{1-12}$$

（3）满度（引用）相对误差：绝对误差与仪表满量程值 $A_{F.S}$ 的百分比，用 γ_n 表示，即

$$\gamma_{n} = \frac{\Delta}{A_{F.S}} \times 100\% \tag{1-13}$$

式中，$A_{F.S}$ 为仪表刻度上限值 A_{max} 与下限值 A_{min} 之差。当 Δ 为最大值 Δ_{max} 时，此值称为最大引用误差。

1.4.3　传感器的标定

1．传感器标定的定义及意义

所谓传感器的标定，就是利用已知的输入量输入传感器，测量传感器相应的输出量，进而得到传感器输入、输出特性的过程。一般来说，对传感器进行标定时，必须以国家和地方计量部门的有关检定规程为依据，选择正确的标定条件和适当的仪器设备，按照一定的程序进行。

传感器的标定是设计、制造和使用传感器的一个重要环节。为了保证量值的准确传递，任何传感器在制造、装配完毕后，都必须对设计指标进行标定试验。对新研制的传感器，必须进行标定试验后，才能用标定数据进行量值传递，而标定数据又可作为改进传感器设计的重要依据。传感器在使用、存储一段时间后，也需对其主要技术指标进行复测，这称为校准（校准和标定本质上是一样的），以确保其性能指标达到要求。对出现故障的传感器，若经修理还可以继续使用的，修理后也需再次进行标定试验，因为它的某些性能可能发生

了变化。因此，传感器的标定对保证传感器的质量、进行正确的量值传递，以及改善传感器的性能等都是不可或缺的技术手段。

2．传感器标定的基本方法

传感器标定的基本方法是，利用标准设备产生已知的非电量（如标准力、压力、位移等）作为输入量，输入待标定的传感器，同时在输出量测量环节将此传感器的输出信号测量并显示出来，然后将传感器的输出量与输入的标准量作比较，可以得到一系列表征二者对应关系的标定数据或曲线，进而得到传感器性能指标的实测结果。有时，输入的标准量是利用一个标准传感器检测得到的，这时的标定实质上是待标定传感器与标准传感器之间的比较。

根据标定时所用的设备，标定方法可分为绝对标定法和相对标定法。若被测量是由高精度的设备产生并测量其大小的，则称为绝对标定法；绝对标定法的特点是标定精度较高，但试验过程较复杂。如果被测量是用根据绝对标定法标定好的标准传感器来测量的，则称为相对标定法或比对标定法；相对标定法的特点是简单易行，但标定精度相对较低。具体的标定工作与传感器的原理、结构形式、相关标准、实际应用需求等多方面因素有关。在实际操作时，需要考虑的共性问题是：①传感器系统每个模块的标准特性参数；②标定的可操作性；③标定系统的成本；④标定的人工成本；⑤传感器系统软硬件调整方案和标定数据的整理。

从标定的内容来看，标定方法可分为静态标定和动态标定。静态标定的目的是确定传感器的静态指标，主要有线性度、灵敏度、迟滞和重复性等。动态标定的目的是确定传感器的动态指标，主要有时间常数、谐振频率和阻尼比等。根据需要有时也对非测量方向（因素）的灵敏度、温度响应和环境影响等进行标定。静态标定是决定传感器指标的基本方式，传感器的大部分技术参数都是由静态标定的方法取得的；动态标定一般用于对传感器的动态响应特性有要求的场合。

3．传感器的静态标定

（1）静态标定的条件与仪器精度。

传感器的静态标定是在静态标准条件下进行的。静态标准条件是指无加速度、振动与冲击（除非这些参数本身就是被测物理量），环境温度一般为（20±5）℃，相对湿度不大于85%，大气压力为（101.32±7.999）kPa。

进行静态标定时，须选择与被标定传感器的精度要求相适应的一定等级的标准器具（一般所用的测量仪器和设备的精度至少要比被标定传感器的精度高一个量级），这些标准器具还应符合国家计量量值传递的有关规定，或者经计量部门检定合格。这样，通过标定所确定的传感器精度才是可靠的。

（2）静态标定过程。

静态标定过程一般包括：①将传感器全量程（测量范围）分成若干等间距点；②根据

传感器量程分点情况，由小到大逐点输入标准量值，并记录与各输入值对应的输出值；③由大到小逐点输入标准量值，同时记录与各输入值对应的输出值；④按步骤②、③所述过程对传感器进行正、反行程往复循环多次测试（一般为 3~10 次），将得到的输出、输入测试数据用表格列出或绘成曲线；⑤对测试数据进行必要的处理，根据处理结果确定传感器的线性度、灵敏度、迟滞和重复性等静态特性指标。

4．传感器的动态标定

通过静态标定可以获取传感器的静态模型，并研究、分析其静态特性。若要研究、分析传感器的动态性能指标，就必须对传感器进行动态标定，在此基础上研究、分析传感器的动态特性；或者先建立传感器的动态模型，再针对动态模型研究、分析传感器的动态特性。

传感器的动态特性通常可以从时域和频域两方面来研究和分析。在时域，主要针对传感器在阶跃输入、回零过渡过程和脉冲输入下的瞬态响应进行分析；而在频域，则主要针对传感器在正弦输入下的稳态响应的幅值增益进行分析。

对传感器进行动态标定，除了获取传感器的动态性能指标、传感器的动态模型，还有一个重要的目的，就是当通过动态标定认为传感器的动态性能不满足动态测试需求时，确定一个动态补偿环节模型，以改善传感器的动态性能指标。

传感器的动态标定主要用来检验、测试传感器（或传感器系统）的动态特性，如动态灵敏度、频率响应和固有频率等。对传感器进行动态标定，需要对它输入一个标准激励信号。而与动态响应有关的参数，对一阶传感器只有一个时间常数 τ，对二阶传感器则有固有频率 ω_n 和阻尼比 ζ 两个参数。

传感器进行动态特性标定常用的标准激励源有如下两种。

☺　周期性函数：如正弦波、三角波等，以正弦波信号为常用激励源。

☺　瞬变函数：如阶跃函数、半正弦波等，以阶跃信号为常用激励源。

1.5　机器人与传感器的发展趋势

自 1959 年世界上诞生第一台机器人以来，机器人技术取得了长足的进步和发展，机器人技术的发展大致经历了以下三个阶段。

1．第一代机器人——示教再现型机器人

它不配备任何传感器，一般采用简单的开关控制、示教再现控制和可编程控制，机器人的作用路径或运动参数都需要示教或编程给定。在工作过程中，它无法感知环境的改变。例如，1962 年美国研制成功 PUMA 通用示教再现型机器人，这种机器人通过一个计算机控制一个多自由度的机械，通过示教存储程序和信息，工作时把信息读取出来，然后发出指

令，这样机器人可以重复地根据人类当时示教的结果，再现这种动作。示教再现型机器人对外界环境没有感知，对于操作力的大小、工件是否存在、焊接的好与坏，它并不知道。

2. 第二代机器人——感觉型机器人

这种机器人配备了简单的内、外部传感器，能感知自身运行的速度、位置、姿态等物理量，并以这些信息的反馈构成闭环控制。在20世纪70年代后期，人们开始研究第二代机器人，称之为感觉型机器人。这种机器人拥有类似人类具有的某种功能的感觉，如力觉、触觉、滑觉、视觉、听觉等，它能够通过感觉感受和识别工件的形状、大小、颜色。机器人自身的工作状态、机器人探测外部工作环境和对象状态等，都需要借助传感器这一重要部件来实现。同时传感器能够感受规定的被测量，并按照一定的规律将其转换成可用的输出信号。

3. 第三代机器人——智能型机器人

20世纪90年代以来，人类发明的机器人带有多种传感器，可以进行复杂的逻辑推理、判断及决策，在变化的内部状态与外部环境中，自主决定自身的行为。

可以将传感器的功能与人类的感觉器官相比拟：光敏传感器←→视觉；声敏传感器←→听觉；气敏传感器←→嗅觉；化学传感器←→味觉；压敏、温敏、流体传感器←→触觉。与常用的传感器相比，人类的感觉能力好得多，但也有一些传感器比人的感觉功能优越，如人类没有能力感知紫外线或红外线辐射，感觉不到电磁场、无色无味的气体等。

近年来传感器技术得到迅猛发展，同时技术更为成熟完善，这在一定程度上推动着机器人技术的发展。进入21世纪，以人工智能、量子信息、虚拟现实、无人驾驶等为代表的技术革命与信息物理系统、区块链、大数据、机器人为代表的产业变革正在悄然重构人类社会的发展潜力，而这种重构是以多技术融合、跨领域创新为动力，以个性化、智能化为方向的全面革新，将推动人类社会由工业社会、信息社会迈向智能社会，在这一新的社会形态中驱动演进的核心动力，支撑发展的基础设施，推动进步的生产要素，以及国际竞争格局和社会治理体系将发生重大变化。融合互联网、大数据、人工智能、控制与仿真等技术的机器人无疑是本轮变革的重要推动力量。世界各主要国家均高度重视机器人技术的发展，投入巨资支持机器人的研发与应用。国际科技巨头们也在机器人领域掀起一次次收购兼并的热潮，不仅将机器人视为开拓业务的利器，更将机器人看作未来各种智能应用的重要平台。于是，计算机视觉、语音识别、机器学习、虚拟现实等技术成为当今全球许多重点实验室的研究热点。

传感器技术的革新和进步，势必会为机器人行业带来革新和进步。机器人的很多功能都是依靠传感器来实现的。为了实现在复杂、动态及不确定性环境下的机器人的自主性，或者为了检测作业对象及环境或机器人与它们之间的关系，目前各国的科研人员逐渐将视觉、听觉、压觉、热觉、力觉传感器等多种不同功能的传感器合理地组合在一起，形成机器人的感知系统，为机器人提供更为详细的外界环境信息，进而促使机器人对外界环境变化做出实时、准确、灵活的行为响应。

不得不承认，即使是目前世界上智能程度最高的机器人，它对外部环境变化的适应能力也非常有限，还远远没有达到人们预想的目标。为了解决这一问题，机器人研究领域的学者们一方面研发机器人的各种外部传感器，研究多信息处理系统，使其具有更高的性能指标和更广的应用范围；另一方面，研究多传感器信息融合技术，为机器人的决策提供更准确、更全面的环境信息。

思考与练习

（1）什么是传感器？传感器由哪几部分组成？各部分的功能特点是什么？

（2）试述传感器在机器人中的作用。

（3）传感器是如何分类的？都包含哪些种类？

（4）我国最早的传感器是什么？

（5）试述机器人通常使用的传感器有哪些？如何选择？

（6）传感器的静态标定与动态标定方法有哪些？

（7）传感器误差如何表示？

（8）机器人传感器的未来发展趋势如何？

第 2 章

常用的传感器

学习目标

- ☺ 掌握结构型传感器的分类和各自特点；
- ☺ 掌握电阻应变片式传感器的组成和工作原理；
- ☺ 掌握电容式传感器和电感式传感器的使用方法；
- ☺ 掌握压电效应原理；
- ☺ 掌握内光电效应与外光电效应原理。

2.1 结构型传感器

结构型传感器包括电阻式传感器、电容式传感器、电感式传感器、电涡流式传感器等。

通过电阻参数的变化来实现物理量测量的传感器统称为电阻式传感器。各种电阻材料，受被测量（如位移、应变、压力、光和热等）作用转换成电阻参数变化的机理是各不相同的，因而电阻式传感器又分为电位式、应变式、压阻式、光电阻式和热电阻式等。本节主要讨论电阻应变式传感器。

电阻应变式传感器是利用电阻应变片将应变转换为电阻的变化，实现电测非电量的传感器。传感器由在不同的弹性元件上粘贴电阻应变敏感元件构成，当被测物理量作用在弹性元件上时，弹性元件的形变引起应变敏感元件的电阻值变化，通过转换电路将电阻值的变化转换成电量输出，从而反映被测物理量的大小。电阻应变式传感器是目前在测量力、力矩、压力、加速度、重量等参数中应用最广泛的传感器之一。

2.1.1 电阻应变式传感器

1. 工作原理

研究发现，在外界力的作用下，金属或半导体材料将发生机械形变，其电阻值将会相应发生变化，这种现象称为"电阻应变效应"。

导体受力作用后几何尺寸发生变化如图 2-1 所示，有一段导体，长为 L，截面积为 S，电阻率为 ρ，未受力时其电阻为

$$R = \rho \frac{L}{S} \tag{2-1}$$

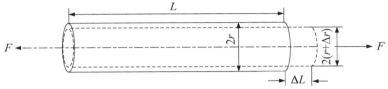

图 2-1　导体受力作用后几何尺寸发生变化

导体在外力 F 作用下将被拉伸或压缩，导体的长度 L、截面积 S 及电阻率 ρ 等均将发生变化，从而导致导体电阻的变化。对式（2-1）进行微分，则有

$$\mathrm{d}R = \frac{\rho}{S}\mathrm{d}L - \frac{\rho L}{S^2}\mathrm{d}S + \frac{L}{S}\mathrm{d}\rho = R\left(\frac{\mathrm{d}L}{L} - \frac{\mathrm{d}S}{S} + \frac{\mathrm{d}\rho}{\rho}\right) \tag{2-2}$$

于是有

$$\frac{\mathrm{d}R}{R} = \frac{\mathrm{d}L}{L} - \frac{\mathrm{d}S}{S} + \frac{\mathrm{d}\rho}{\rho} \tag{2-3}$$

令导体的轴向应变 $\varepsilon = \Delta L / L$，设导体半径为 r，则由材料力学可知 $\mathrm{d}r / r = -\mu(\mathrm{d}L / L)$ $= -\mu\varepsilon$，μ 为导体材料的泊松系数。因为 $S = \pi r^2$，所以

$$\frac{\mathrm{d}S}{S} = 2\frac{\mathrm{d}r}{r} = -2\mu\varepsilon \tag{2-4}$$

对式（2-3）进行整理后可得

$$\frac{\mathrm{d}R}{R} = (1 + 2\mu)\varepsilon + \frac{\mathrm{d}\rho}{\rho} \tag{2-5}$$

对于不同的材料，电阻率相对变化的受力效应是不同的。下面对金属导体和半导体材料分别进行讨论。

1）金属材料的应变电阻效应

通过研究发现，金属材料的电阻率相对变化正比于体积的相对变化，则有

$$\frac{\mathrm{d}\rho}{\rho} = C\frac{\mathrm{d}V}{V} = C\frac{\mathrm{d}(LS)}{LS} = C\left(\frac{\mathrm{d}L}{L} - 2\mu\frac{\mathrm{d}L}{L}\right) = C(1 - 2\mu)\varepsilon \tag{2-6}$$

式中，C 为由材料及加工方式决定的与金属导体晶格结构相关的比例系数。将式（2-6）代入式（2-5），则有

$$\frac{\mathrm{d}R}{R} = \left[(1 + 2\mu) + C(1 - 2\mu)\right]\varepsilon = K_{\mathrm{m}}\varepsilon \tag{2-7}$$

式中，K_{m} 为金属电阻丝的应变灵敏度系数，$K_{\mathrm{m}} = (1 + 2\mu) + C(1 - 2\mu)$，它由两部分组成：

前半部分为受力后金属丝几何尺寸变化所致，对一般金属而言，$\mu \approx 0.3$，$1+2\mu \approx 1.6$；后半部分为因应变而发生的电阻率相对变化，以康铜为例，$C \approx 1$，$C(1-2\mu) \approx 0.4$。显然，金属材料的应变电阻效应以几何尺寸变化为主。

由以上分析可知，金属材料的电阻相对变化与其线应变ε成正比，这就是金属材料的应变电阻效应。

2）半导体材料的应变电阻效应

研究发现，锗、硅等单晶半导体材料具有压阻效应，即

$$\frac{\mathrm{d}\rho}{\rho} = \pi\sigma = \pi E\varepsilon \tag{2-8}$$

式中，σ为作用于材料上的轴向应力；π为半导体在受力方向的压阻系数；E为半导体材料的弹性模量。将式（2-8）代入式（2-5）可得

$$\frac{\mathrm{d}R}{R} = \left[(1+2\mu) + \pi E\right]\varepsilon = K_s\varepsilon \tag{2-9}$$

式中，K_s为半导体丝材的应变灵敏度系数，$K_s = (1+2\mu) + \pi E$，它的前半部分为几何尺寸变化所致，后半部分为半导体材料的压阻效应所致，而且$\pi E \gg 1+2\mu$，所以半导体丝材的应变电阻效应以压阻效应为主。对于金属和半导体材料而言，通常$K_s = (50 \sim 80)K_m$。

由以上分析可知，外力作用引起的轴向应变，将导致电阻丝的电阻成比例地变化，通过转换电路可将这种电阻变化转换为电信号输出，这就是应变片测量应变的基本原理。

2. 结构与类型

1）应变计的结构

利用金属或半导体材料电阻丝（又称应变丝）的应变电阻效应，可以制成测量试件表面应变的敏感元件。为了在较小的尺寸范围内感受应变，并产生较大的电阻变化，通常把应变丝制成栅状的应变敏感元件，即电阻应变计，简称应变计。

图2-2所示为电阻应变片构造示意图，它由敏感栅、基底、引线、盖片和黏结剂等组成。

☺ 敏感栅：应变计中实现"应变-电阻"转换的敏感元件。图2-2中l表示栅长，b表示栅宽。敏感栅的电阻值一般在100Ω以上，它通常由直径为$0.01 \sim 0.05\mathrm{mm}$的金属丝绕成栅状，或者用金属箔腐蚀成栅状。

☺ 基底：为保持敏感栅固定的形状、尺寸和位置，通常用黏结剂将它固定在纸质或胶质的基底上。应变计工作时，基底起着把试件应变准确传递给敏感栅的作用，故基底必须很薄，其厚度一般为$0.02 \sim 0.04\mathrm{mm}$。

☺ 引线：它起着敏感栅与测量电路之间的过渡连接和引导作用。通常选取直径为$0.1 \sim 0.15\mathrm{mm}$的低阻镀锡铜线，并用钎焊将其与敏感栅端连接。

☺ 盖片：用纸或胶等制作成的、覆盖在敏感栅上的保护层，起着防潮、防蚀、防损等作用。

☺　黏结剂：在生产应变计时，用黏结剂分别把盖片和敏感栅固结于基底，使用应变计时，则用黏结剂把应变计基底粘贴在试件表面的被测部位。因此，在应变测试过程中，黏结剂也起着传递应变的作用。

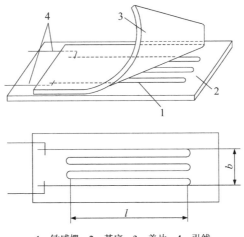

1—敏感栅；2—基底；3—盖片；4—引线

图 2-2　电阻应变片构造示意图

2）应变计的类型

电阻应变片的种类很多，分类方法各异，现从加工方法和材料两个方面，简要介绍几种常见的应变片及其特点，电阻应变计分类如表 2-1 所示。

表 2-1　电阻应变计分类

大类	分类方法	应变计名称
金属应变计	敏感栅结构	单轴应变计、多轴应变计（应变花）、裂纹应变计等
	基底材料	纸质应变计、胶基应变计、金属基应变计、浸胶基应变计
	制栅工艺	丝绕式应变计、短接式应变计、箔式应变计、薄膜式应变计
	使用温度	低温应变计（−30℃以下）、常温应变计（−30～+60℃）、中温应变计（+60～+350℃）、高温应变计（+350℃以上）
	安装方式	粘贴式应变计、焊接式应变计、喷涂式应变计、埋入式应变计
	用途	一般用途应变计、特殊用途应变计（水下、疲劳寿命、抗磁感应、裂缝扩展等）
半导体应变计	制造工艺	体型半导体应变计、扩散（含外延）型半导体应变计、薄膜型半导体应变计、N-P 元件半导体型应变计

（1）按加工方法，可以将应变片分为以下四种：

☺　丝式应变片：由电阻丝绕制而成，可分为回线式应变片和短接式应变片两种。

☺　箔式应变片：利用照相制版或光刻腐蚀方法制成，箔材厚度多在 0.001～0.01 mm 之间，可以制成任意形状以适应不同的测量要求。

☺　半导体应变片：基于半导体材料的压阻效应制成，一般呈单根状，体积小，灵敏度高，机械滞后小，动态性能好。

☺ 薄膜应变片：采用真空蒸发或真空沉积等方法将电阻材料在基底上制成各种形式的敏感栅而形成的应变片。

（2）按敏感栅的材料，可将应变计分为金属应变计和半导体应变计两大类。

3）电阻应变计的材料

为了使应变计具有较好的性能，制造敏感栅的材料应满足下列要求：

☺ 灵敏度系数和电阻率要尽可能高且稳定，在很大应变范围内 K 和 ρ 为常数；

☺ 电阻温度系数尽可能小，具有良好的线性关系，重复性好；

☺ 具有优良的机械加工性能，机械强度高，碾轧及焊接性能好，与其他金属之间接触热电势小；

☺ 抗氧化、耐腐蚀性能强，无明显机械滞后。

制作应变片敏感栅的常用金属材料有康铜、镍铬合金、铁铬铝合金、贵金属（铂、铂钨合金等）等，其中康铜是目前应用最广泛的应变丝材料。

除了敏感栅，对基底材料、黏结剂、引线等材料也都有要求，可以根据应用对象的不同进行选择。

4）电阻应变计的选用与粘贴

（1）应变计的型号定义与选择。

在选用应变计之前，应先了解应变计的型号命名方法。应变计的型号命名如图 2-3 所示。应变片的标称电阻值是指未安装的应变片在不受力的情况下于室温条件下测定的电阻值，也称初始电阻值。由图可见，应变片的标称电阻值可分为 60Ω、120Ω、200Ω、350Ω、500Ω、1000Ω 等多种，其中 120Ω 最为常用。

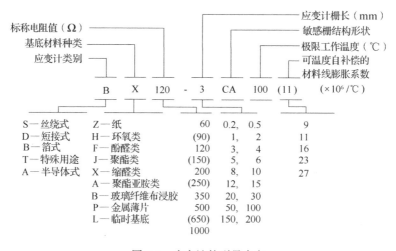

图 2-3 应变计的型号命名

选用应变计时，首先应根据使用的目的、要求、对象及环境条件等，对应变计的类型进行选择，其次根据使用温度、时间、最大应变量及精度要求选用合适的敏感栅和基底材料，然后根据测量线路或仪器选择合适的标准电阻值，最后根据试件表面可粘贴应变片的面积大小选择合适尺寸的应变计。

（2）应变片的粘贴。

电阻应变片工作时，是用黏结剂粘贴到被测试件或传感器的弹性元件上的。黏结剂形成的胶层必须准确、迅速地将被测应变传递到敏感栅上去，因此黏结剂及粘贴技术对于测量结果有着直接的影响。

通常而言，对黏结剂要求如下：有足够的粘贴强度，弹性模量大，能准确传递应变，机械滞后小，耐疲劳性能好，长期稳定性好，对被测试件（或弹性元件）和应变片不产生化学腐蚀作用，有较好的电绝缘性能，具有较大的使用温度范围。常用的黏结剂有硝化纤维素、氰基丙烯酸、聚酯树脂、环氧树脂和酚醛树脂等多种。

粘贴应变计时，粘贴工艺包括以下几个方面：试件表面处理、贴片位置确定、涂底胶、贴片、干燥固化、贴片质量检查、引线的焊接与固定、防护与屏蔽等。

3. 主要特性

应变计的工作特性与其结构、材料、工艺、使用条件等多种因素有关，由于应变计均为一次性使用，因此应变计的工作特性指标是按国家标准规定，从批量生产中按比例进行抽样统计分析而得到的。电阻应变计的特性包括静态特性和动态特性两个方面。

1）静态特性

静态特性是指应变计感受不随时间变化或变化缓慢的应变时的输出特性。表征静态特性的指标主要有灵敏度系数、横向效应、机械滞后、蠕变、零漂、应变极限、绝缘电阻、最大工作电流等。

（1）灵敏度系数（K）。

将具有初始电阻值 R 的应变计安装于试件表面，在其轴线方向的单向应力作用下，应变计电阻值的相对变化与试件表面轴向应变之比称为灵敏度系数。

应变计的电阻-应变特性与单根电阻丝时不同，一般情况下，应变计的灵敏度系数小于相应长度单根应变丝的灵敏度系数。这是因为在单向应力作用下产生的应变，在传递到敏感栅的过程中会产生失真，并且栅端圆弧部分存在横向效应的影响，所以必须用试验方法对应变计的灵敏度系数 K 进行标定。通常从批量生产中每批抽样，在规定条件下通过实测来确定，因此应变计的灵敏度系数也称标称灵敏度系数。上述规定条件如下：

☺　试件材料为泊松系数 $\mu = 0.285$ 的钢材；

☺　试件单向受力；

☺　应变片轴向与主应力方向一致。

（2）横向效应。

当将如图 2-4 所示的应变片粘贴在被测试件上时，由于其敏感栅是由 n 条长度为 l_1 的直线段和栅端部的 $n-1$ 个半径为 r 的半圆弧组成的，若该应变片承受轴向应力而产生纵向拉应变 ε_x，则各直线段的电阻将增加，但在半圆弧段则受到从 $+\varepsilon_x$ 到 $-\mu\varepsilon_x$ 之间变化的应变，其电阻的变化将小于沿轴向安放的同样长度电阻丝电阻的变化。最明显的是，在$\theta = \pi/2$的圆弧段处，由于单向拉伸，除了沿此轴的拉应变，按泊松关系同时在垂直方向产生负的压应变$\varepsilon_y = -\mu\varepsilon_x$，此处电阻不仅不会增加，反而会减小。由此可见，将直的金属丝绕成敏感栅后，虽然长度相同，但应变状态不同，应变片敏感栅的电阻变化比直的金属丝要小，其灵敏度系数降低了，这种现象称为应变片的横向效应。

为了减小横向效应带来的测量误差，一般采用短接式或直角式横栅，现在更多的是采用箔式应变片，它可有效避免横向效应的影响。

（3）机械滞后。

应变计安装在试件上后，在一定温度下，其$(\Delta R/R)-\varepsilon$的加载特性与卸载特性不重合，这种不重合性用机械滞后来表示。加载特性与卸载特性曲线的最大差值称为机械滞后量。

机械滞后主要是由敏感栅、基底和黏结剂在承受机械应变后留下的残余形变造成的。为了减小机械滞后，除了选用合适的黏结剂，最好在正式使用之前预先加/卸载若干次再正式测量，以减小机械滞后的影响。

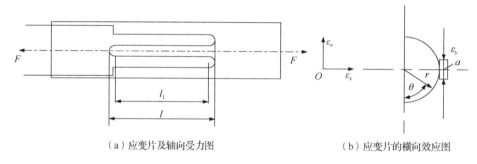

（a）应变片及轴向受力图　　　　　　　（b）应变片的横向效应图

图2-4　横向效应示意图

（4）蠕变和零漂。

粘贴在试件上的应变计，在温度保持恒定、不承受机械应变时，其电阻值随时间而变化的特性，称为应变计的零漂。如果在一定温度下，使其承受恒定的机械应变，应变计电阻值随时间而变化的特性，称为应变计的蠕变。一般蠕变的方向与原应变变化的方向相反。

这两项指标都用来衡量应变计对时间的稳定性，在长时间测量中其意义更为突出。实际上，蠕变中包含零漂，零漂是不加载情况下的特例。制作应变计时内部产生的内应力和工作中出现的剪应力等，是造成零漂和蠕变的主要原因。选用弹性模量较大的黏结剂和基底材料，有利于蠕变性能的改善。

（5）应变极限。

应变计的线性（灵敏度系数为常数）特性，只有在一定的应变限度范围内才能保持。当试件输入的真实应变超过某一极限值时，应变计的输出特性将呈现非线性。在恒温条件下，使非线性误差达到10%时的真实应变值，称为应变极限。应变极限是衡量应变计测量范围和过载能力的指标，影响应变极限的主要因素及改善措施与蠕变基本相同。

（6）绝缘电阻和最大工作电流。

应变片绝缘电阻是指已粘贴的应变片的引线与被测试件之间的电阻值，通常要求为 50～100 MΩ 以上。不影响应变片工作特性的最大电流称为最大工作电流。工作电流大，输出信号就大，灵敏度也就高。但若电流过大，会使应变片发热、变形，甚至烧坏，零漂、蠕变也会增加。工作电流在静态测量时一般为 25 mA，在动态测量时可取 75～100 mA。如果散热条件好，则工作电流可适当大一些。

2）动态特性

电阻应变计在测量频率较高的动态应变时，应考虑其动态响应特性。因为在动态测量时，应变以应变波的形式在材料中传播，它的传播速度与声波相同。这里以正弦变化的应变为例，介绍应变计的动态特性。

当应变按正弦规律变化时，应变片反映的是应变片敏感栅上各点应变量的平均值，显然与某一"点"的应变值不同，应变片反映的波幅将低于真实应变波，从而带来一定的误差。这种误差将随着应变片基长的增加而增大。

设有一个波长为 λ、频率为 f 的正弦应变波 $\varepsilon = \varepsilon_0 \sin(2\pi x / \lambda)$，在试件中以速度 v 沿应变片栅长方向传播，应变片的基长为 l_0。图 2-5 所示为应变片对正弦应变波的瞬时响应特性。这时应变片两端的坐标为：$x_1 = \lambda / 4 - l_0 / 2$，$x_2 = \lambda / 4 + l_0 / 2$，应变计输出的平均应变 ε_p 达到最大值：

$$\varepsilon_p = \frac{\int_{x_1}^{x_2} \varepsilon_0 \sin\left(\frac{2\pi x}{\lambda}\right) \mathrm{d}x}{x_2 - x_1} = -\frac{\lambda \varepsilon_0}{2\pi l}\left(\cos\frac{2\pi}{\lambda}x_2 - \cos\frac{2\pi}{\lambda}x_1\right) = \frac{\lambda \varepsilon_0}{\pi l}\sin\frac{\pi l_0}{\lambda} \tag{2-10}$$

由此可求出应变波波幅测量相对误差为

$$e = \left|\frac{\varepsilon_p - \varepsilon_0}{\varepsilon_0}\right| = \left|\frac{\lambda}{\pi l_0}\sin\frac{\pi l_0}{\lambda} - 1\right| \tag{2-11}$$

由式（2-11）可知，测量误差与应变波波长对基长的比值 $n = \lambda / l_0$ 有关，λ / l_0 越大，误差越小。一般可取 $\lambda / l_0 = 10 \sim 20$，此时测量误差为 0.4%～1.6%。

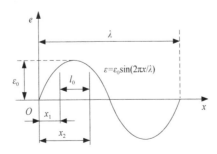

图 2-5 应变片对正弦应变波的瞬时响应特性

因为 $\lambda = v / f$ 且 $\lambda = nl_0$，所以应变片可测频率 f、应变波波速 v 及波长与基长之间的关系为

$$f = \frac{v}{nl_0} \quad\quad (2\text{-}12)$$

以钢材为例，$v = 5000$ m/s，若取 $n = 20$，则利用式（2-12）可算得不同基长时应变片的最高工作频率，如表 2-2 所示。

表2-2 不同基长应变片的最高工作频率

应变片基长 l_0/mm	1	2	3	5	10	15	20
最高工作频率/kHz	250	125	83.3	50	25	16.6	12.5

以上讨论的是应变片的动态响应特性。在动态工作状态下，另一个重要特性指标是疲劳寿命。疲劳寿命是指粘贴在试件上的应变片，在恒幅交变应力作用下，连续工作直至疲劳损坏的循环次数，一般要求为 $10^5 \sim 10^7$ 次。

4．电桥测量电路

电阻式传感器可以用直流电桥或交流电桥作为转换电路。在电工测量中，用电桥测量电阻、电容和电感，是在电桥平衡时读出被测参数的，这种电桥称为平衡电桥。若用作传感器信号转换电桥的初始状态是平衡的，且输出电压等于 0，当桥臂参数变化时才输出电压，这种电桥称为不平衡电桥，其特性是非线性的。

1）电阻电桥的输出电压

直流电阻电桥如图 2-6（a）～（c）所示，其初始状态可通过 R_{P1} 调零。若采用交流电源供电，则称之为交流电桥，如图 2-6（d）所示，它可通过 R_{P1} 和 R_{P2} 调零。当电桥平衡时，输出电压 $U_o = 0$。电桥的平衡条件是对边臂电阻乘积相等，即

$$R_1 R_3 = R_2 R_4 \quad\quad (2\text{-}13)$$

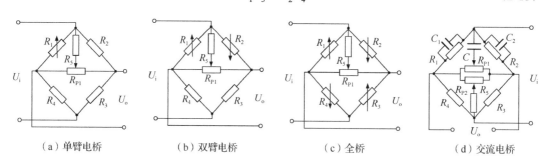

（a）单臂电桥   （b）双臂电桥   （c）全桥   （d）交流电桥

图 2-6 直流电阻电桥和交流电桥

通常 4 个电阻不可能刚好满足平衡条件，因此电桥都设置有调零电路。调零电路由 R_{P1} 和 R_5 组成。当电桥不平衡时，将有电压输出。根据电路原理可知，其输出电压为

$$U_o = \left(\frac{R_3}{R_2 + R_3} - \frac{R_4}{R_1 + R_4} \right) U_i = \frac{R_1 R_3 - R_2 R_4}{(R_2 + R_3)(R_1 + R_4)} U_i \quad\quad (2\text{-}14)$$

4 个桥臂电阻 R_1、R_2、R_3、R_4 分别发生 ΔR_1、ΔR_2、ΔR_3、ΔR_4 的变化量时，式（2-14）

分母中将含有变量 ΔR 项，分子中将含有 ΔR^2 项，因此电桥为非线性特性。在满足式（2-13）条件下，略去分母中的 ΔR 项和分子中的 ΔR^2 项，整理后可得

$$U_o \approx \frac{U_i}{4} k \left(\frac{\Delta R_1}{R_1} - \frac{\Delta R_2}{R_2} + \frac{\Delta R_3}{R_3} - \frac{\Delta R_4}{R_4} \right) \tag{2-15}$$

若 4 个桥臂电阻都是电阻应变片，可将式（2-2）代入式（2-15），得

$$U_o \approx \frac{U_i}{4} k (\varepsilon_1 - \varepsilon_2 + \varepsilon_3 - \varepsilon_4) \tag{2-16}$$

式（2-15）和式（2-16）为全桥的输出电压表达式。

2）应变电桥的工作方式

对于应变式传感器，其电桥电路可分为全桥、单臂电桥和双臂电桥三种工作方式。全桥和双臂电桥还可构成差动工作方式。

（1）单臂电桥工作方式。

如图 2-6（a）所示，R_1 为电阻应变片，$R_2 \sim R_4$ 为固定电阻，由式（2-15）和式（2-16）可得

$$U_o \approx \frac{U_i}{4} \frac{\Delta R_1}{R_1} = \frac{U_i}{4} k \varepsilon_1 \tag{2-17}$$

（2）双臂电桥工作方式。

如图 2-6（b）所示，R_1、R_2 均为电阻应变片，R_3、R_4 为固定电阻，同理可得

$$U_o \approx \frac{U_i}{4} \left(\frac{\Delta R_1}{R_1} - \frac{\Delta R_2}{R_2} \right) = \frac{U_i}{4} k (\varepsilon_1 - \varepsilon_2) \tag{2-18}$$

（3）差动电桥。

在式（2-16）中，相邻桥臂间为相减关系，相对桥臂间为相加关系。因此，构成差动电桥的条件为：相邻桥臂应变片的应变方向相反，相对桥臂应变片的应变方向相同。如果各应变片的应变量相等，则称之为对称电桥。式（2-18）和式（2-15）可改写为

$$U_o \approx \frac{U_i}{2} \frac{\Delta R_1}{R_1} = \frac{U_i}{2} k \varepsilon_1 \tag{2-19}$$

$$U_o \approx U_i \frac{\Delta R_1}{R_1} = U_i k \varepsilon_1 \tag{2-20}$$

式（2-19）为对称差动双臂电桥的输出电压表达式，式（2-20）为对称差动全桥的输出电压表达式。由此可见，差动电桥可以提高电桥的灵敏度。由于消除或减小了分母中的 ΔR 和分子中的 ΔR^2 项，因此减小了电桥的非线性。同时，相邻桥臂对相同方向的变化有补偿（相互抵消）作用，因此还可以实现温度补偿。

2.1.2 电容式传感器

电容式传感器是将被测非电量的变化转换为电容量变化的一种传感器，它具有结构简单、动态响应快、易于实现非接触测量等突出优点，能够在高温、辐射和强烈振动等恶劣条件下工作。电容式传感器广泛应用于压力、压差、液位、振动、位移、加速度、成分含量等物理量的测量中。

1. 工作原理

由绝缘介质分开的两个平行金属板组成的平板电容器，如果不考虑边缘效应的影响，其电容量 C 与极板间介质的介电常数 ε、极板间的有效面积 S 及两个极板间的距离 d 有关。

$$C = \frac{\varepsilon S}{d} = \frac{\varepsilon_0 \varepsilon_r S}{d} \tag{2-21}$$

式中，S 为两个平行极板间相互覆盖的有效面积；d 为两个极板间的距离；ε 为两个极板间介质的介电常数，$\varepsilon = \varepsilon_0 \varepsilon_r$；$\varepsilon_0$ 为真空介电常数，$\varepsilon_0 = 8.854 \times 10^{-12}$ F/m；ε_r 为介质的相对介电常数，对于空气介质而言，$\varepsilon_r \approx 1$。

当被测参数的变化使式（2-21）中 d、ε_r、S 三个参量中任意一个发生变化时，都会引起电容量的变化。如果保持其中两个参数不变，而仅改变其中一个参数，则可把该参数的变化转换为电容量的变化，通过测量电路就可转换为电量输出。因此，电容式传感器可分为变极距型、变面积型和变介质（变介电常数）型三种。

2. 类型和特性

1）变极距型电容式传感器

图 2-7 所示为变极距型电容式传感器原理图。传感器两个极板间的 ε 和 S 为常数，通过电容极板间距离的变化实现对相关物理量的测量。显然，C-d 并不是线性关系，其特性曲线如图 2-8 所示。

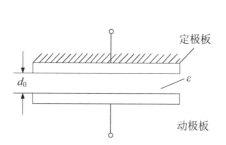

图 2-7 变极距型电容式传感器原理图

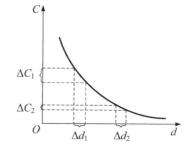

图 2-8 电容量与极板间距离的特性曲线

设初始极距为 d_0，则初始电容量 $C_0 = \varepsilon S / d_0$。当电容动极板因被测量变化而向上移动 Δd 时，则极板间距变为 $d = d_0 - \Delta d$，电容量为

$$C = \frac{\varepsilon S}{d_0 - \Delta d}$$

（2-22）

极板移动前后电容的变化量 ΔC 为

$$\Delta C = C - C_0 = \frac{\varepsilon S}{d_0 - \Delta d} - \frac{\varepsilon S}{d_0} = \frac{\varepsilon S}{d_0} \cdot \frac{\Delta d}{d_0 - \Delta d} = C_0 \cdot \frac{\Delta d}{d_0 - \Delta d}$$

（2-23）

上式表明，ΔC 和 Δd 之间不是线性关系。但当 $\Delta d \ll d_0$（量程远小于极板间初始距离）时，可以认为 ΔC-Δd 的关系为线性的，因此有

$$\Delta C \approx C_0 \frac{\Delta d}{d_0}$$

（2-24）

则其灵敏度系数 K 为

$$K = \frac{\Delta C}{\Delta d} = \frac{C_0}{d_0} = \frac{\varepsilon S}{d_0^2}$$

（2-25）

因此，变极距型电容式传感器只在 $\Delta d / d_0$ 很小时，才有近似线性输出，其灵敏度系数 K 与初始极距 d_0 的二次成反比，故可通过减小 d_0 来提高灵敏度。变极距型电容式传感器的分辨力极高，一般用来测量微小变化的量，如对 $0.01\mu\text{m} \sim 0.9\text{mm}$ 位移的测量等。

电容初始极距 d_0 的减小有利于灵敏度的提高，但 d_0 过小可能会引起电容器击穿或短路。为此，极板间可采用高介电常数的材料，如云母、塑料膜等作为介质，放置介质的电容器结构如图 2-9 所示。此时，电容 C 变为

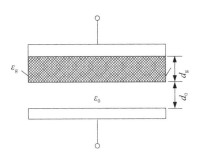

图 2-9　放置介质的电容器结构

$$C = \frac{\varepsilon_0 S}{d_0 + \dfrac{d_g}{\varepsilon_{r_2}}}$$

（2-26）

式中，d_g、ε_{r_2} 分别为中间介质的厚度、相对介电常数。以云母片为例，其相对介电常数是空气的 7 倍，其击穿电压不小于 1000kV/mm，而空气的击穿电压仅为 3kV/mm。因此有了云母片等介质后，极板初始间距可大大减小。

2）变面积型电容式传感器

变面积型电容式传感器的原理图如图 2-10 所示。测量时动极板移动，两个极板间的相对有效面积 S 发生变化，引起电容 C 发生变化。当电容两个极板间有效覆盖面积由 S_0 变为 S 时，电容的变化量为

$$\Delta C = \frac{\varepsilon S_0}{d} - \frac{\varepsilon S}{d} = \frac{\varepsilon (S_0 - S)}{d} = \frac{\varepsilon \cdot \Delta S}{d}$$

（2-27）

可见电容的变化量与面积的变化量呈线性关系，其灵敏度系数 $K = \dfrac{\Delta C}{\Delta S} = \dfrac{\varepsilon}{d}$ 为常数。对于图 2-10（a）所示的线位移式传感器，设动极板相对定极板沿长度 l_0 方向平移 Δl，则 $\Delta S = \Delta l \cdot b_0$，于是式（2-27）变为

$$\Delta C = \frac{\varepsilon \cdot \Delta S}{d} = \frac{\varepsilon b_0}{d} \Delta l = \frac{\varepsilon b_0 l_0}{d} \frac{\Delta l}{l_0} = C_0 \frac{\Delta l}{l_0} \tag{2-28}$$

则

$$\frac{\Delta C}{C_0} = \frac{\Delta l}{l_0} \tag{2-29}$$

对于图 2-10（b）所示的角位移式传感器，当动极板有一个角位移 θ 时，与定极板间的有效面积发生改变。设 $\theta = 0$ 时两个极板相对有效面积为 S_0，而转动 θ 后两个极板间相对有效面积为

$$S = S_0 \left(1 - \frac{\theta}{\pi} \right) \tag{2-30}$$

于是，电容为

$$C = \frac{\varepsilon}{d} S = \frac{\varepsilon}{d} S_0 \left(1 - \frac{\theta}{\pi} \right) = C_0 \left(1 - \frac{\theta}{\pi} \right) = C_0 - C_0 \frac{\theta}{\pi} \tag{2-31}$$

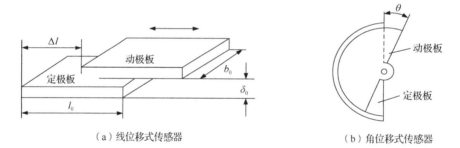

（a）线位移式传感器　　　　　　（b）角位移式传感器

图 2-10　变面积型电容式传感器的原理图

则电容器灵敏度系数 K 为

$$K = \frac{\Delta C}{\theta} = \frac{C_0}{\pi} = \frac{\varepsilon S_0}{d\pi} \tag{2-32}$$

由式（2-31）可以看出，传感器的电容量与角位移 θ 呈线性关系。式（2-32）可见，增大传感器的初始面积或减小极板间距 d 有利于增大传感器的灵敏度系数 K。

3）变介质型电容式传感器

变介质电容式传感器的结构形式较多，它可以用来测量纸张、绝缘薄膜等的厚度及液位高低等，也可用来测量粮食、纺织品、木材或煤等非导电固体物质的湿度。

图 2-11 所示为变介质型电容式传感器的结构原理图。图中两个平行极板固定不动，极距为 d_0，相对介电常数为 ε_{r_2} 的电介质以不同深度插入电容器中。传感器的总电容 C 相当

于两个电容 C_1 和 C_2 的并联，即

$$C = C_1 + C_2 = \frac{\varepsilon_0 b_0}{d_0}\left[\varepsilon_{r_1}(L_0 - L) + \varepsilon_{r_2} L\right] \tag{2-33}$$

式中，L_0、b_0 为极板的长度和宽度；L 为第 2 种介质进入极板间的长度。

若电介质 $\varepsilon_{r_1} = 1$，当 $L = 0$ 时，传感器的初始电容为 $C_0 = \varepsilon_0 L_0 b_0 / d_0$。当被测介质 ε_{r_2} 进入极板间 L 深度时，引起电容相对变化量为

$$\frac{\Delta C}{C_0} = \frac{C - C_0}{C_0} = \frac{\varepsilon_{r_1} - 1}{L_0} L \tag{2-34}$$

由此可见，电容量的变化与被测电介质的移动量 L 呈线性关系。

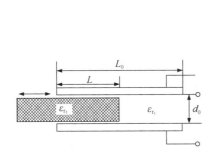

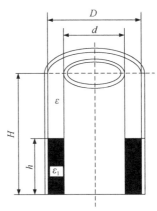

图 2-11　变介质型电容式传感器的结构原理图　　图 2-12　电容式液位变换器的结构原理图

图 2-12 所示的是电容式液位变换器的结构原理图。它可用于测量液位高低。设被测介质的介电常数为 ε_1，液位高度为 h，变换器高度为 H，内筒外径为 d，外筒内径为 D，此时变换器电容为

$$C = \frac{2\pi\varepsilon_1 h}{\ln\dfrac{D}{d}} + \frac{2\pi\varepsilon(H-h)}{\ln\dfrac{D}{d}} = \frac{2\pi\varepsilon H}{\ln\dfrac{D}{d}} + \frac{2\pi h(\varepsilon_1 - \varepsilon)}{\ln\dfrac{D}{d}} = C_0 + \frac{2\pi h(\varepsilon_1 - \varepsilon)}{\ln\dfrac{D}{d}} \tag{2-35}$$

式中，ε 为空气介电常数；C_0 为由变换器的基本尺寸决定的初始电容值，即 $C_0 = \dfrac{2\pi\varepsilon H}{\ln\dfrac{D}{d}}$。

由式（2-35）可知，此变换器的电容增量正比于被测液位高度 h。

3. 电容式传感器的测量电路

随着电容式传感器测量技术的发展，它的应用越来越广泛。电容式传感器具有很多独特的优点。

☺ 分辨力很高，能测量低至 10^{-7}F 的电容值或 $0.01\mu m$ 的绝对变化量，或者高达 $100\% \sim 200\%$ 的相对变化量（$\Delta C/C$），因此适合微信息的检测；

☺ 动极板质量很小，自身的功耗、发热和迟滞极小，可获得高的静态精度，并具有很好的动态特性；

☺ 结构简单，不含有机材料或磁性材料，对环境（除高湿外）的适应性强；

☺ 过载能力强，可实现无接触测量。

下面简要介绍两种典型的结构及应用。

1）电容式压力传感器

图 2-13 所示为差动电容式压力传感器的结构图。图中所示膜片为动极板，两个在凹形玻璃上的金属镀层为固定电极，从而构成了差动电容式传感器。

当被测压力或压力差作用于膜片并产生位移时，所形成的两个电容器中一个电容量增大、另一个减小。该电容量的变化经测量电路转换成与压力或压力差相对应的电流或电压的变化，从而实现了对压力或压力差的测量。

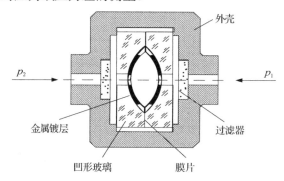

图 2-13　差动电容式压力传感器的结构图

2）电容式加速度传感器

图 2-14 所示为差动电容式加速度传感器的结构图。它有两个固定极板（与壳体绝缘），中间有一个用弹簧片支撑的质量块，此质量块的两个端面经过磨平抛光后作为两个动极板（与壳体电连接）。

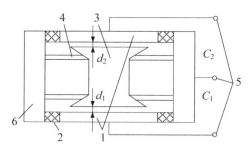

1—固定极板；2—绝缘垫；3—质量块；4—弹簧；5—输出端；6—壳体

图 2-14　差动电容式加速度传感器的结构图

当传感器壳体随被测对象沿垂直方向做加速运动时，质量块由于惯性作用，相对于壳体做相反方向的运动，从而产生正比于加速度的位移变化。此位移使两个固定极板与两个动极板间的间隙发生变化：一个增加，另一个减小，从而使上下两个电容产生大小相等、符号相反的变化。通过一定的测量电路，便可以测量出该加速度的大小。

电容式加速度传感器的主要特点是频率响应快、量程范围大，大多采用空气或其他气体作阻尼物质。

电容式传感器中电容值及电容量的变化都十分微小，这样微小的电容量变化必须借助一定的测量电路进行检测，才能将其转换成电压、电流或频率信号输出。

2.1.3　电感式传感器

利用电磁感应原理将被测的非电量，如位移、振动、压力、流量、比重等参数，转换成线圈自感系数 L 或互感系数 M 的变化，再由测量电路转换为电压或电流输出，这种装置称为电感式传感器。

和其他传感器相比，电感式传感器具有结构简单、工作可靠、分辨力高、重复性好等优点。当然，电感式传感器也有不足之处，如存在交流零位信号，不宜于高频动态测量等。电感式传感器种类很多，根据转换原理不同，可分为自感式和互感式两种；根据结构形式不同，可分为气隙式和螺管式两种。

1．自感式传感器

自感式传感器的结构形式分为变气隙（闭磁路）式和螺管（开磁路）式两种。

1）变气隙（闭磁路）自感式传感器

变气隙自感式传感器的结构原理图如图 2-15 所示。它们由铁心、线圈、衔铁、测杆及弹簧等组成。铁心和衔铁构成闭合磁路，其中有很小的空气隙。铁心和衔铁均为导磁材料，磁阻可忽略不计。

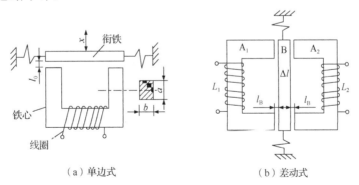

（a）单边式　　　　　　　　　　（b）差动式

图 2-15　变气隙自感式传感器的结构原理图

相比之下，空气隙的磁阻很大。当衔铁发生位移时，空气隙的长度或截面积发生变化，线圈的电感量就会发生变化。根据电工知识，线圈的自感系数 L 与线圈的匝数 N 和两个空气隙的参数之间的关系为

$$L \approx \frac{N^2 \mu_0 S_0}{2l_0}$$ （2-36）

式中，S_0 为气隙的等效截面积；l_0 为一个空气隙的长度；μ_0 为空气的磁导率。其中有两个变量：空气隙长度 l_0 和等效截面积 S_0。因此，变气隙自感式传感器可分为变气隙长度式和变气隙截面积式两种类型。

☺ 变气隙长度自感式传感器：由式（2-36）可知，电感 L 与气隙长度 l_0 成反比。因此，变气隙长度自感式传感器的特性曲线线性度差、示值范围窄、自由行程小，常用于直线小位移的测量，结合弹性敏感元件可构成压力传感器、加速度传感器等。

☺ 变气隙截面积自感式传感器：同样由式（2-36）可知，L 与 S_0 成正比。因此，变气隙截面积自感式传感器具有良好的线性度、自由行程大、示值范围宽，但灵敏度较低，通常用来测量比较大的直线位移和角位移。

为了扩大示值范围、减小非线性误差，可采用差动式结构，如图 2-15（b）所示。另外，差动电感式角位移传感器如图 2-16 所示，旋转衔铁可改变气隙的截面积，可以测量角位移。差动式有两个线圈 L_1 和 L_2，将它们接在电桥的相邻臂，构成差动电桥，不仅可使灵敏度提高一倍，还可使非线性误差大为减小。例如，当 $\Delta x / l_0 = 10\%$ 时，单边式非线性误差小于 10%，而差动式非线性误差小于 1%。

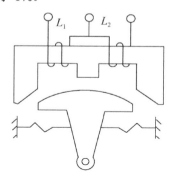

图 2-16 差动电感式角位移传感器

2）螺管（开磁路）自感式传感器

图 2-17 所示为电感测微仪结构图及其测量电路框图。螺管自感式传感器是在螺线管中插入圆柱形衔铁构成的。其磁路是开放的，气隙磁路占很长的部分，常采用差动式结构，两线圈接成桥式电路，由振荡电路提供激励电源。不平衡电桥输出的调幅信号经交流放大器放大、相敏检波器检波后，输出与衔铁位移成正比的电压，送指示器显示被测位移。使用时，将测头接触被测物表面，可测量位移及物体表面粗糙度等。

常用的电感测微仪为 CDH 型，其量程分为 $\pm 3\mu m$、$\pm 10\mu m$、$\pm 50\mu m$ 和 $\pm 100\mu m$ 四挡，各挡相应的指示仪表分度值为 $0.1\mu m$、$0.5\mu m$、$1\mu m$ 和 $5\mu m$。

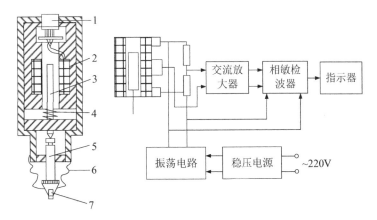

1—引线；2—线圈；3—衔铁；4—弹簧；5—导杆；6—密封罩；7—测头

图 2-17　电感测微仪结构图及其测量电路框图

2．电感式传感器的转换电路

电感式传感器常用交流阻抗电桥和谐振电路实现信号转换。图 2-18 所示为电感式传感器交流阻抗电桥。

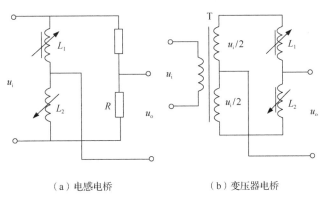

（a）电感电桥　　　　　　　　（b）变压器电桥

图 2-18　电感式传感器交流阻抗电桥

图 2-18（a）所示为电感电桥，为了便于选择元件，另外两臂常采用固定电阻；图 2-18（b）所示为变压器电桥，其中两桥臂为变压器二次绕组，L_1、L_2 为差动电感式传感器的线圈。若忽略线圈的电阻变化，则电桥的输出电压为

$$u_o = \frac{u_i}{2} \frac{\Delta L}{L} \tag{2-37}$$

当衔铁移动方向相反时，输出电压的相位将翻转 180°。

3．差动变压器

1）差动变压器的结构与原理

差动变压器的结构与原理图如图 2-19（a）所示，在差动螺管自感式传感器的两个线圈中间增加一个线圈，作为一次绕组，原来的两个线圈作为二次绕组，即构成差动变压器。

33

绕组的排列方式有二节形、三节形和多节形等。

在忽略了铁损、导磁体磁阻和绕组间寄生电容的理想情况下，差动变压器的等效电路如图 2-19（b）所示。图中，L_1、R_1 为一次绕组的电感和电阻，L_{21}、L_{22} 和 R_{21}、R_{22} 为两个二次绕组的电感和电阻。给一次绕组 L_1 加激励电动势 e_1，在两个二次绕组 L_{21} 和 L_{22} 上，分别产生感应电动势 e_{21} 和 e_{22}。两个二次绕组反极性串联，因此输出电动势 $e_2 = e_{21} - e_{22}$。由电路原理可以得出

$$e_2 = k(M_1 - M_2) = k\Delta M \tag{2-38}$$

式中，k 与一次绕组的电流变化率有关；在一定范围内 ΔM 与衔铁位置移动呈线性关系。当位移 $x=0$ 时，$\Delta M = 0$，则 $e_2=0$。

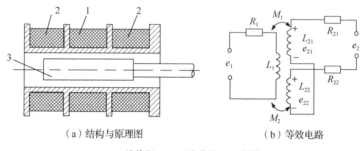

（a）结构与原理图　　　　（b）等效电路

1——一次绕组；2——二次绕组；3——衔铁

图 2-19　差动变压器

2）差动变压器的特性

☺　主要技术指标：WY 系列差动变压器式位移传感器的主要技术指标有线性量程、精度等级、灵敏度、激励电压、电源频率、动态频率、温度漂移、负载阻抗、工作温度等。

☺　输出特性曲线：差动变压器的理想输出特性如图 2-20（a）所示，在线性范围内，输出电动势随衔铁正、负位移而线性增大。

☺　零点残余电压：首先由于工艺的原因，差动变压器的两个二次绕组不可能完全对称，其次由于线圈中的铜损，磁性材料的铁损和材质的不均匀性，线圈匝间分布电容的存在，以及导磁材料磁化特性的非线性引起电流波形畸变而产生的高次谐波，使励磁电流与所产生的磁通不同相，当位移 $x=0$ 时，输出电动势 e 不等于零，这个不为零的输出电动势 e_0 称为零点残余电压，如图 2-20（b）所示。为了消除零点残余电压，除了从设计和工艺上采取措施，也常采用相敏检波电路和适当的补偿电路。相敏检波电路不仅可以鉴别衔铁的移动方向，而且有利于消除零点残余电压，其特性如图 2-20（c）所示。

☺　灵敏度与激励电源的关系：差动变压器的灵敏度用(mV/mm)/V 来表示，它与激励电动势和频率有关。e_1 越大，灵敏度越高。但 e_1 过大，会使差动变压器绕组发热

而引起输出信号漂移，e_1 常取为 3~8V；激励电源频率过高或过低都会使灵敏度降低，常选 4~10kHz。

☺ 灵敏度与二次绕组匝数的关系：二次绕组匝数越多，灵敏度越高，二者呈线性关系。但是匝数增加，零点残余电压也随之变大。

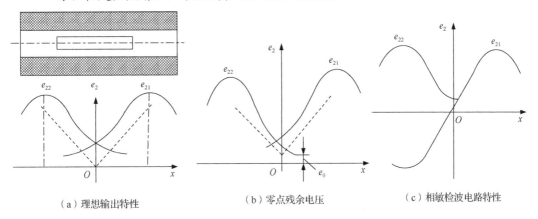

（a）理想输出特性　　　　　　　（b）零点残余电压　　　　　　　（c）相敏检波电路特性

图 2-20　差动变压器的输出特性

3）差动变压器的差动整流电路

差动变压器灵敏度较高，一般满量程输出电压可达几伏，在要求不高时，可直接接入整流电路。常用的差动整流电路如图 2-21 所示。

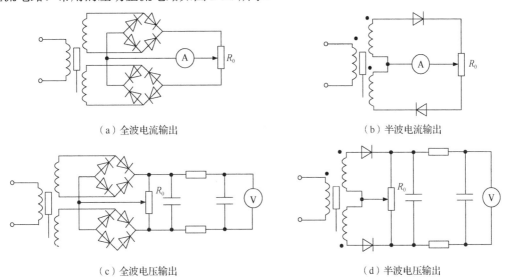

（a）全波电流输出　　　　　　　　　　　（b）半波电流输出

（c）全波电压输出　　　　　　　　　　　（d）半波电压输出

图 2-21　常用的差动整流电路

2.1.4　电涡流式传感器

电涡流在用电中是有害的，应尽量避免，如电机、变压器的铁心用相互绝缘的硅钢片叠成，以切断电涡流的通路；而在电加热方面电涡流却广泛应用，如金属热加工的 400Hz 中频炉、表面淬火的 2 MHz 高频炉、烹饪用的电磁炉等。在检测领域，电涡流式传感器结构简单，其最大特点是可以实现非接触测量，因此在工业检测中得到了越来越广泛的应用。例如，位移、厚度、振动、速度、流量和硬度等，都可以使用电涡流式传感器来测量。

1．电涡流式传感器的工作原理

当成块的金属物体置于变化的磁场中，或者在磁场中运动时，在金属导体中会感应出一圈圈自相闭合的电流，称之为电涡流。电涡流式传感器是一个绕在骨架上的导线所构成的空心线圈，它与正弦交流电源接通，通过线圈的电流会在线圈周围空间产生交变磁场。当导电的金属靠近这个线圈时，金属导体中便会产生电涡流，电涡流的作用原理如图 2-22 所示。电涡流的大小与金属导体的电阻率、磁导率、厚度、线圈与金属导体的距离以及线圈励磁电流的角频率等参数有关。固定其中某些参数，就能由电涡流的大小测量出另外一些参数。

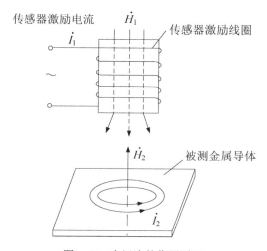

图 2-22　电涡流的作用原理

由电涡流造成的能量损耗将使线圈电阻有功分量增加，由电涡流产生反磁场的去磁作用将使线圈电感量减小，从而引起线圈等效阻抗 Z 及等效品质因数 Q 值的变化。所以，凡是能引起电涡流变化的非电量，如金属的电导率、磁导率、几何形状、线圈与导体的距离等，均可通过测量线圈的等效电阻 R、等效电感 L、等效阻抗 Z 及等效品质因数 Q 来测量。

2．电涡流式传感器的结构

电涡流式传感器的结构主要是一个绕制在框架上的线圈，目前使用比较普遍的是矩形截面的扁平线圈。图 2-23 所示为 CZF-1 型电涡流式传感器的结构图，它采用导线绕在框架上的形式，框架采用聚四氟乙烯材料。

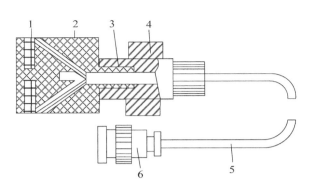

1—线圈；2—框架；3—框架衬套；4—支座；5—电缆；6—插头

图 2-23　CZF-1 型电涡流式传感器的结构图

3．电涡流式传感器的转换电路

由电感和电容可构成谐振电路，因此电感式、电容式和电涡流式传感器都可以采用谐振电路来转换。谐振电路的输出也是调制波，控制幅值变化的称为调幅波，控制频率变化的称为调频波。调幅波要经过幅值检波，调频波要经过鉴频，这样才能获得被测量的电压。

CZF-1 型电涡流式传感器的测量电路框图如图 2-24 所示。晶体振荡器输出频率固定的正弦波，经耦合电阻 R 接电涡流传感器线圈与电容器的并联电路。当 LC 谐振频率等于晶振频率时输出电压幅值最大，偏离时输出电压幅值随之减小，这是一种调幅波。该调幅信号经高频放大、幅值检波、滤波后输出与被测量相应变化的直流电压信号。

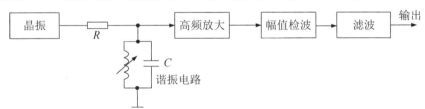

图 2-24　CZF-1 型电涡流式传感器的测量电路框图

4．电涡流式传感器的使用注意事项

电涡流式传感器是以改变其与被检金属物体之间的磁耦合程度为测试基础的传感器。线圈装置仅为实际测试系统的一部分，而另一部分是被测体，因此电涡流式传感器在实际使用时还必须注意以下问题。

1）电涡流轴向贯穿深度的影响

电涡流的轴向贯穿深度是指涡流密度衰减到等于表面涡流密度的 1/e 处与导体表面的距离。涡流在金属导体中的轴向分布是按指数规律衰减的，衰减深度 t 可以表示为

$$t = \sqrt{\frac{\rho}{\mu_0 \mu_r \pi f}} \tag{2-39}$$

式中，ρ 为导体电阻率；f 为励磁电源的频率。

为充分利用电涡流以获得准确的测量效果，使用时应注意以下事项。

☺ 导体厚度的选择：利用电涡流式传感器测量距离时，应使导体的厚度远大于电涡流的轴向贯穿深度；采用透射法测量厚度时，应使导体的厚度小于轴向贯穿深度。

☺ 励磁电源频率的选择：导体材料确定之后，可以通过改变励磁电源频率来改变轴向贯穿深度。对于电阻率较大的材料，应选用较高的励磁频率；对于电阻率较小的材料，应选用较低的励磁频率。

2）电涡流的径向形成范围

线圈电流产生的磁场不能涉及无限大的范围，电涡流密度也有一定的径向形成范围。在线圈轴线附近，电涡流的密度非常小，越靠近线圈的外径处，电涡流的密度越大，而在等于线圈外径 1.8 倍处，电涡流的密度将衰减到最大值的 5%。为了充分利用涡流效应，被测金属导体的横向尺寸应大于线圈外径的 1.8 倍；对于圆柱形被测物体，其直径应大于线圈外径的 3.5 倍。

3）电涡流强度与距离的关系

电涡流强度随着距离与线圈外径比值的增加而减小，当线圈与导体之间的距离大于线圈半径时，电涡流强度已很微弱。为了能够产生相当强度的电涡流效应，通常取距离与线圈外径的比值为 0.05～0.15。

4）非被测金属物体的影响

由于任何金属物体接近高频交流线圈时都会产生涡流，为了保证测量精度，测量时应禁止其他金属物体接近传感器线圈。

5．电涡流式传感器测位移

使用电涡流式传感器可以测量各种形状试件的位移量，位移测量原理如图 2-25 所示。测量位移的范围为 0～1mm 或 0～30mm。一般的分辨力为满量程的 0.1%，其绝对值可达 0.05μm（满量程为 0～5μm）。凡是可以变成位移变化的非电量，如钢液液位、纱线张力和流体压力等，都可使用电涡流式传感器来测量。

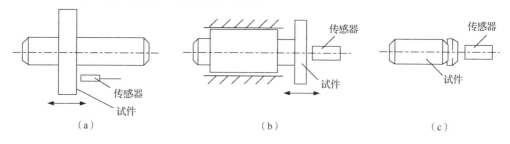

图 2-25 位移测量原理

CZF-1 型电涡流式传感器性能如表 2-3 所示。

表 2-3　CZF-1 型电涡流式传感器性能

型号	线性范围/μm	线圈外径/mm	分辨力/μm	线性误差/%	使用温度范围/℃
CZF-1000	1000	7	1	<1	−15～80
CZF-3000	3000	15	3	<3	−15～80
CZF-5000	5000	28	5	<5	−15～80

2.2　物性型传感器

2.2.1　压阻式传感器

随着半导体技术的发展，压力传感器正向半导体化和集成化方向发展。研究发现，固体受到力作用后，其电阻率（或电阻）就会发生变化，所有的固体材料都有这个特点，其中以半导体材料最为显著。当半导体材料在某一方向上承受应力时，它的电阻率发生显著变化，这种现象称为半导体压阻效应。

压阻式传感器是利用固体的压阻效应制成的，主要用于测量压力、加速度和载荷等参数。压阻式传感器有两种类型：一种是利用半导体材料的体电阻制成粘贴式的应变片；另一种是在半导体的基片上用集成电路工艺制成扩散型压敏电阻，用它作为传感元件制成的传感器，称为固态压阻式传感器，也称扩散型压阻式传感器。

1．工作原理

1）半导体压阻效应

任何固体材料发生形变时，其电阻的变化率由下式决定：

$$\frac{\Delta R}{R} = \frac{\Delta l}{l} - \frac{\Delta S}{S} + \frac{\Delta \rho}{\rho} \tag{2-40}$$

对于金属材料而言，$\Delta R / R = [(1+2\mu)+c(1-2\mu)]\varepsilon$。在式（2-40）中，$\Delta l / l$ 与 $\Delta S/ S$ 两项表示应变发生后，引起材料的几何尺寸的变化，从而带来电阻的变化。电阻变化率 $\Delta \rho /\rho$ 较小，有时可忽略不计，而 $\Delta l / l$ 与 $\Delta S/ S$ 两项几何尺寸变化带来的影响较大，故金属电阻的变化率主要是由 $\Delta l / l$ 与 $\Delta S/ S$ 两项引起的。这是金属材料的应变电阻效应。

对于半导体材料而言，$\Delta R / R = (1+2\mu)\varepsilon + \Delta\rho/\rho = (1+2\mu)\varepsilon +\pi E\varepsilon$，它由两部分组成：前一部分 $(1+2\mu)\varepsilon$ 表示由尺寸变化所致，后一部分 $\pi E\varepsilon$ 表示由半导体材料的压阻效应所致。实验表明，$\pi E >> 1+2\mu$，即半导体材料的电阻值变化主要是由电阻率变化引起的。因此可有

$$\frac{\Delta R}{R} \approx \frac{\Delta \rho}{\rho} = \pi E\varepsilon = \pi\sigma \tag{2-41}$$

式中，ρ 表示压阻系数。半导体电阻率随应变而引起的变化称为半导体的压阻效应。

39

半导体电阻材料有结晶的硅和锗，掺入杂质后则分别形成 P 型和 N 型半导体。半导体在外力作用下，原子点阵排列发生变化，导致载流子迁移率及浓度发生变化，从而引起半导体电阻的变化。由于半导体是各向异性材料，因此它的压阻系数不仅与掺杂浓度、温度和材料类型有关，还与晶向有关。

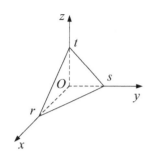

2）晶向的表示方法

扩散型压阻式传感器的基片是半导体单晶硅，而单晶硅是各向异性材料，取向不同，特性也不一样。取向是用晶向来表示的，晶向就是晶面的法线方向，晶向的表示方法有两种，一种是截距法，另一种是法线法。

对于如图 2-26 所示的平面，如果用截距法，则可表示为

图 2-26　晶向的平面截距表示法

$$\frac{x}{r}+\frac{y}{s}+\frac{z}{t}=1 \tag{2-42}$$

式中，r、s、t 分别表示 x、y、z 轴的截距。

如果用法线法，则可表示为

$$x\cos\alpha+y\cos\beta+z\cos\gamma=p \tag{2-43}$$

进一步写为

$$\frac{x}{p}\cos\alpha+\frac{y}{p}\cos\beta+\frac{z}{p}\cos\gamma=1 \tag{2-44}$$

式中，p 表示法线长度；$\cos\alpha$、$\cos\beta$、$\cos\gamma$ 表示法线的方向余弦。

如果法线的大小与方向（方向余弦）均为已知，则该平面就是确定的。如果只知道方向而不知道大小，则该平面的方位是确定的。由于式（2-42）、式（2-44）表示的是同一平面，因而可有

$$\cos\alpha:\cos\beta:\cos\gamma=\frac{1}{r}:\frac{1}{s}:\frac{1}{t} \tag{2-45}$$

由式（2-45）可知，已知 r、s、t，就可求出 $\cos\alpha$、$\cos\beta$、$\cos\gamma$，法线的方向也就可以确定。如果将 $1/r$、$1/s$、$1/t$ 乘上 r、s、t 的最小公倍数化成三个没有公约数的整数 h、k、l，则知道 h、k、l 后就等于知道了三个方向余弦，也就等于知道了晶向。h、k、l 称为米勒指数，晶向就是用它表示的。米勒指数就是截距的倒数化成的三个没有公约数的整数。

知道晶向后，晶面就确定了。我国规定用 <h k l> 表示晶向，用（h k l）表示晶面，用 {h k l} 表示晶面族。

图 2-27（a）中的平面与 x、y、z 轴的截距为-2、-2、4，截距的倒数为-1/2、-1/2、1/4，米勒指数为 2、2、1，故晶向、晶面、晶面族分别为 <2 2 1>、（2 2 1）、{2 2 1}。

图 2-27（b）中的平面与 x、y、z 轴的截距为 1、1、1，截距的倒数为 1、1、1，米勒指数为 1、1、1，故晶向、晶面、晶面族分别为 <1 1 1>、（1 1 1）、{1 1 1}。

图 2-27（c）中，$ABCD$ 面的截距为 1、∞、∞，米勒指数为 1、0、0，故 $ABCD$ 面的晶向、晶面、晶面族分别为<1 0 0>、（1 0 0）、{1 0 0}。

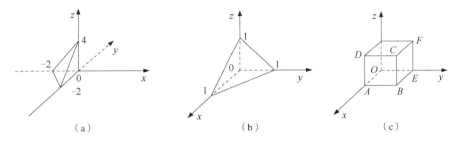

图 2-27　平面的截距表示法

在压阻式传感器的设计中，有时要判断两个晶向是否垂直，可将两个晶向作为两向量看待。$A(a_1，a_2，a_3)$、$B(b_1，b_2，b_3)$ 两向量点乘时，如果 $A \perp B$，必有 $a_1b_1 + a_2b_2 + a_3b_3 = 0$。因此，根据此式可以判断两个晶向是否垂直。例如，对于晶向<1 1 0>、<0 0 1>，由于 $1 \times 0 + 1 \times 0 + 0 \times 1 = 0$，所以可判断两个晶向<1 1 0>、<0 0 1>垂直。

3）压阻系数

半导体材料（一般是单晶硅）沿三个晶轴方向取出一个微元素，单晶硅上受到作用力时，微元素上的应力分量应该有 9 个，单晶硅微元素上的应力分量图如图 2-28 所示。但剪切应力总是两两相等的，即有

$$\sigma_{23} = \sigma_{32}，\quad \sigma_{13} = \sigma_{31}，\quad \sigma_{12} = \sigma_{21}$$

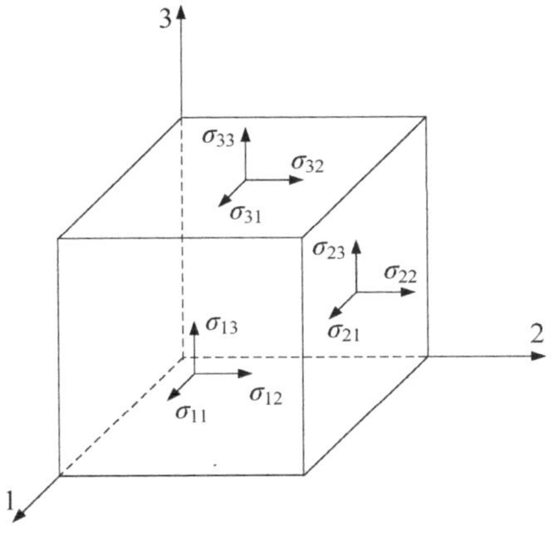

图 2-28　单晶硅微元素上的应力分量图

9 个分量中只有 6 个是独立的，即 σ_{11}、σ_{22}、σ_{33}、σ_{23}、σ_{31}、σ_{12} 是独立的，若将下标改用下列方法来表示：

$$11 \to 1 \quad 22 \to 2 \quad 33 \to 3$$
$$23 \to 4 \quad 31 \to 5 \quad 12 \to 6$$

则 6 个独立应力分量可写成 σ_1、σ_2、σ_3、σ_4、σ_5、σ_6。有应力存在就会产生电阻率的变化。6 个独立应力分量分别可在 6 个相应的方向产生独立的电阻率变化，若电阻率的

变化率 $\Delta\rho/\rho$ 用符号 δ 表示，则 6 个独立的电阻率的变化率可写成 δ_1、δ_2、δ_3、δ_4、δ_5、δ_6。

电阻率的变化率与应力之间通过压阻系数 π 相联系，6 个独立的电阻率的变化率与 6 个独立的应力分量之间的压阻系数关系如表 2-4 所示。

表2-4 6个独立的电阻率的变化率与6个独立的应力分量之间的压阻系数关系

电阻率的变化率	σ_1	σ_2	σ_3	σ_4	σ_5	σ_6
δ_1	π_{11}	π_{12}	π_{13}	π_{14}	π_{15}	π_{16}
δ_2	π_{21}	π_{22}	π_{23}	π_{24}	π_{25}	π_{26}
δ_3	π_{31}	π_{32}	π_{33}	π_{34}	π_{35}	π_{36}
δ_4	π_{41}	π_{42}	π_{43}	π_{44}	π_{45}	π_{46}
δ_5	π_{51}	π_{52}	π_{53}	π_{54}	π_{55}	π_{56}
δ_6	π_{61}	π_{62}	π_{63}	π_{64}	π_{65}	π_{66}

根据表 2-4 可得下列矩阵方程

$$\begin{bmatrix} \delta_1 \\ \delta_2 \\ \vdots \\ \delta_4 \end{bmatrix} = \begin{bmatrix} \pi_{11} & \pi_{12} & \pi_{13} & \pi_{14} & \pi_{15} & \pi_{16} \\ \pi_{21} & \pi_{22} & \pi_{23} & \pi_{24} & \pi_{25} & \pi_{26} \\ \vdots & \vdots & \vdots & \vdots & \vdots & \vdots \\ \pi_{61} & \pi_{62} & \pi_{63} & \pi_{64} & \pi_{65} & \pi_{66} \end{bmatrix} \begin{bmatrix} \sigma_1 \\ \sigma_2 \\ \vdots \\ \sigma_6 \end{bmatrix} \tag{2-46}$$

由于剪切应力不可能产生正向压阻效应，故有

$$\pi_{14} = \pi_{15} = \pi_{16} = \pi_{24} = \pi_{25} = \pi_{26} = \pi_{34} = \pi_{35} = \pi_{36} = 0$$

正向应力不可能产生剪切压阻效应，故有

$$\pi_{41} = \pi_{42} = \pi_{43} = \pi_{51} = \pi_{52} = \pi_{53} = \pi_{61} = \pi_{62} = \pi_{63} = 0$$

剪切应力只能在剪切应力平面内产生压阻效应，因此有

$$\pi_{45} = \pi_{46} = \pi_{54} = \pi_{56} = \pi_{64} = \pi_{65} = 0$$

由于单晶硅是正立方体晶体，考虑到正立方体晶体的对称性，则正向压阻效应相等、横向压阻效应相等、剪切压阻效应相等，因而有

$$\pi_{11} = \pi_{22} = \pi_{33}，\quad \pi_{12} = \pi_{21} = \pi_{13} = \pi_{31} = \pi_{23} = \pi_{32}，\quad \pi_{44} = \pi_{55} = \pi_{66}$$

基于以上考虑，压阻系数的矩阵为

$$\Pi = \begin{bmatrix} \pi_{11} & \pi_{12} & \pi_{12} & 0 & 0 & 0 \\ \pi_{12} & \pi_{11} & \pi_{12} & 0 & 0 & 0 \\ \pi_{12} & \pi_{12} & \pi_{11} & 0 & 0 & 0 \\ 0 & 0 & 0 & \pi_{44} & 0 & 0 \\ 0 & 0 & 0 & 0 & \pi_{44} & 0 \\ 0 & 0 & 0 & 0 & 0 & \pi_{44} \end{bmatrix} \tag{2-47}$$

由此可以看出，相对晶轴坐标系得到的压阻系数矩阵中，独立的压阻系数分量仅有 π_{11}、π_{12}、π_{44} 3 个，π_{11} 称为纵向压阻系数，π_{12} 称为横向压阻系数，π_{44} 称为剪切压阻系数。

如果在晶轴坐标系中求任意晶向的压阻系数，可分两种情况考虑：一是求纵向压阻系数，二是求横向压阻系数。若电流 I 通过单晶硅的方向为 P，P 为任意方向，则电阻沿此方向变化，因此称此方向为纵向，沿此方向作用在单晶硅上的应力为纵向应力 σ_1，可将式（2-47）中各压阻系数分量全部投影到 P，即可求得纵向应力 σ_1 在 P 方向的纵向压阻系数 π_1；沿着与 P 垂直的方向作用在单晶硅上的应力称为横向应力 σ_t，同样可以求得横向压阻系数 π_t。求得纵向压阻系数、横向压阻系数后，在纵向应力和横向应力作用下，在此晶向上电阻的变化可按以下公式进行计算：

$$\frac{\Delta R}{R} = \pi_1\sigma_1 + \pi_t\sigma_t \qquad （2\text{-}48）$$

影响压阻系数的因素主要是扩散电阻的表面杂质浓度和温度。扩散杂质浓度增加时，压阻系数就会减小。表面杂质浓度低时，温度升高则压阻系数下降得快；表面杂质浓度高时，温度升高则压阻系数下降得慢。

2. 结构与类型

1）压阻式传感器的结构原理

硅压阻式传感器由外壳、硅膜片和引线组成，其结构原理图如图 2-29 所示。其核心部分做成杯状的硅膜片，通常称之为硅杯。外壳则因不同用途而异。在硅膜片上，用半导体工艺中的扩散掺杂法制作 4 个相等的电阻，经蒸镀铝电极及连线，接成惠斯通电桥，再用压焊法与外引线相连。硅膜片的一侧是和被测系统相连接的高压腔，另一侧是低压腔，通常和大气相通，也有制成真空的。

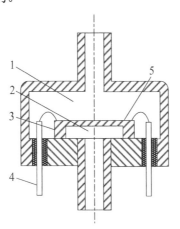

1—低压腔；2—高压腔；3—硅杯；4—引线；5—硅膜片

图 2-29　硅压阻式传感器的结构原理图

当硅膜片两边存在压力差而发生形变时，硅膜片各点产生应力，从而使扩散电阻的电阻值发生变化，电桥失去平衡，输出相应的电压，其电压大小反映了硅膜片所受的压力差值。

对压阻式传感器而言，纵向应力与横向应力应该根据圆形硅膜片上各点的径向应力 σ_r 与切向应力 σ_t 来决定。设均布压力为 P，则圆形平膜片上各点的径向应力 σ_r 与切向应力 σ_t

可用下式表示：

$$\sigma_r = \frac{3p}{8h^2}\left[(1+\mu)r_0^2 - (1+3\mu)r^2\right] \ (\text{N/m}^2) \quad (2\text{-}49)$$

$$\sigma_t = \frac{3p}{8h^2}\left[(1+\mu)r_0^2 - (1+3\mu)r^2\right] \ (\text{N/m}^2) \quad (2\text{-}50)$$

式（2-49）、式（2-50）中，r_0、r、h 分别表示硅膜片的有效半径、计算点半径、厚度；μ 表示硅膜片的泊松比，对于硅来讲，$\mu = 0.35$。

由图 2-30 可见，均布压力 P 产生的应力是不均匀的，且有正应力区和负应力区。当 $r = 0.635r_0$ 时，$\sigma_r = 0$；当 $r < 0.635r_0$ 时，$\sigma_r > 0$，为拉应力；当 $r > 0.635r_0$ 时，$\sigma_r < 0$，为压应力。当 $r = 0.812r_0$ 时，$\sigma_t = 0$，仅有 σ_r 存在，且 $\sigma_r < 0$，为压应力。利用这一特性，选择适当的位置布置电阻，使其接入电桥的四臂中，两两电阻在受力时一增一减，且电阻值增加的两个电阻和电阻值减小的两个电阻分别对接，形成差动全桥。

2）压阻式传感器的基本类型

利用半导体的压阻效应，针对不同的对象可设计多种类型的传感器。常见的两种基本类型是压阻式压力传感器和压阻式加速度传感器。前面已经介绍了压阻式压力传感器，这里以压阻式加速度传感器为例加以介绍。

压阻式加速度传感器的结构图如图 2-31 所示，它的悬臂梁由单晶硅制成，4 个扩散电阻扩散在其根部两面（上、下面各两个等值电阻）。当梁自由端的质量块受到加速度作用时，悬臂梁受到弯矩作用而发生形变，产生应力，使电阻值发生变化。由 4 个电阻组成的电桥产生与加速度成比例的电压输出，从而完成对加速度的测量。

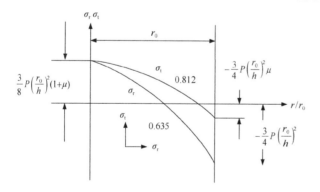

图 2-30　硅膜片的应力分布图

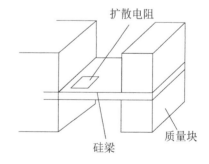

图 2-31　压阻式加速度传感器的结构图

2.2.2　压电式传感器

某些介质材料在受力作用下，其表面会有电荷产生。根据这种现象制成的压电式传感器，是一种有源的双向机电传感器，具有体积小、质量小、工作频带宽等特点，用于各种动态力、机械冲击与振动的测量，并在声学、医学、力学、宇航等方面得到了非常广泛的应用。

1. 压电效应

由物理学可知，一些离子型晶体的电介质，如石英、酒石酸钾钠、钛酸钡等，当沿着一定方向施加机械力作用而产生形变时，就会引起它内部正负电荷中心相对位移产生电的极化，从而导致其两个相对表面（极化面）上出现符号相反的电荷；当外力去掉后，又恢复到不带电状态，这种现象称为压电效应，正压电效应示意图如图 2-32（a）所示。当作用力方向改变时，电荷的极性也随之改变。这种将机械能转换为电能的现象，称为"正压电效应"。研究发现，当在电介质方向施加电场时，这些电介质也会产生几何形变，这种现象称为"逆压电效应"，也称"电致伸缩效应"。具有压电效应的材料称为压电材料，压电材料能够实现"机-电"能量的相互转换，压电效应的可逆性如图 2-32（b）所示。

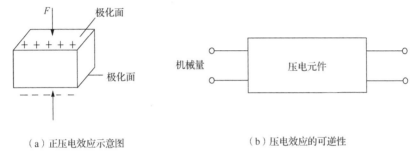

（a）正压电效应示意图　　　　　　　　　　（b）压电效应的可逆性

图 2-32　压电效应示意图

2. 压电材料

自然界中大多数晶体都具有压电效应，材料不同，压电效应强、弱也不同。随着对材料的深入研究发现，石英晶体、钛酸钡等材料的压电效应比较明显，它们是性能优良的压电材料。压电材料可以分为三大类：压电晶体（包括石英晶体和其他单晶体材料等）、压电陶瓷、新型压电材料（如压电半导体、有机高分子材料等）。

选用合适的压电材料是设计高性能传感器的关键，一般应考虑以下几个方面的主要特性参数。

☺ 压电常数：这是衡量材料压电效应强弱的参数，直接关系到压电输出灵敏度，表征材料"机-电"转换的性能。

☺ 弹性常数：压电材料的弹性常数、刚度等决定了压电器件的固有频率和动态特性。

☺ 介电常数：对于一定形状、尺寸的压电元件，其固有电容与介电常数有关，而固有电容又影响着压电传感器的频率下限。理想的压电材料应具有较大的介电常数，以减小外部分布电容的影响并获得良好的低频特性。

☺ 电阻：压电材料的绝缘电阻将减少电荷泄漏。理想的压电材料应具有较高的电阻率，从而改善压电传感器的低频特性。

☺ 居里点温度：压电材料开始丧失压电特性的温度。理想的压电材料应具有较高的居里点温度，从而具有较宽的工作温度范围。

☺ 稳定性：压电常数会随着温度、湿度及时间而发生变化。理想的压电材料的稳定性好，压电特性不随时间改变。

常用压电材料的性能参数如表 2-5 所示。

表2-5 常用压电材料的性能参数

性能参数	石英	钛酸钡	锆钛酸铅		
			PZT-4	PZT-5	PZT-8
电系数/(pC/N)	d11=2.31 d14=0.73	d15=260 d31=−78 d33=190	d15≈410 d31=−100 d33=230	d15≈670 d31=185 d33=600	d15=330 d31=−90 d33=200
相对介电常数	4.5	1200	1050	2100	1000
居里点温度/℃	573	115	310	260	300
密度/(×10³kg/m³)	2.65	5.5	7.45	7.5	7.45
弹性模量/(kN/m²)	80	110	83.3	117	123
机械品质因数	10⁵~10⁶		≥500	80	≥800
最大安全应力/(kN/m²)	95~100	81	76	76	83
体积电阻率/(Ω·m)	>10¹²	10¹⁰(25℃)	>10¹⁰	10¹¹(25℃)	
最高允许温度/℃	550	80	250	250	
最高允许湿度（%）	100	100	100	100	

1）压电晶体

具有压电特性的单晶体统称为压电晶体。下面以石英为例，介绍其压电效应。

石英晶体俗称水晶，有天然和人工之分，其化学成分为 SiO_2，图 2-33 所示为天然石英晶体外形及坐标定义，它是一个正六角形的晶柱。按图中所示进行直角坐标定义：纵向 z 轴称为光轴，也称中性轴，当光线沿此轴通过石英晶体时，无折射；经过六面体棱线并垂直于光轴的 x 轴称为电轴，在垂直于此轴的面上压电效应最强；与 x 轴、z 轴垂直的 y 轴称为机械轴，在电场的作用下，沿该轴方向的机械形变最明显。

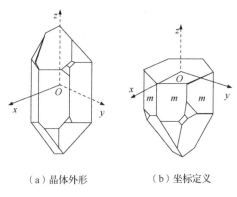

（a）晶体外形　　　　（b）坐标定义

图 2-33 天然石英晶体外形及坐标定义

在石英晶体中，硅离子和氧离子在垂直于 z 轴的平面上呈正六边形排列，如图 2-34（a）所示，其中"⊕"代表正的硅离子 Si^{4+}，"⊖"代表负的氧离子 O^{2-}。当石英晶体不受力作用时，正、负离子正好分布在正六边形的顶角上，正、负电荷的中心重合，从而呈现电中性状态。

当石英晶体沿 x 轴方向受压力 F_x 作用时，晶体沿 x 轴方向产生压缩变形，正、负离子的相对位置随之变动，正、负电荷的中心不再重合，如图 2-34（b）所示，在 x 轴正方向的晶体表面上出现正电荷，负方向的晶体表面上出现负电荷。而在 y 轴和 z 轴方向的分量均为零，不出现电荷。若沿 x 轴受拉力作用，则电荷极性相反，x 轴正方向的晶体表面上出现负电荷。

当石英晶体沿 y 轴方向受压力 F_y 作用时，晶体沿 y 轴方向产生压缩变形，正、负离子的相对位置随之变动，正、负电荷的中心不再重合，如图 2-34（c）所示，在 x 轴正方向的晶体表面上出现负电荷，负方向的晶体表面上出现正电荷。而在 y 轴和 z 轴方向的分量均为零，不出现电荷。

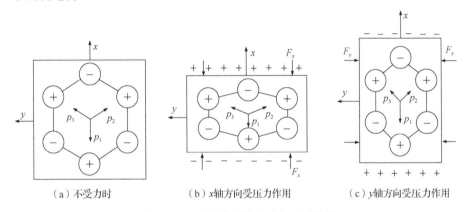

（a）不受力时　　　　（b）x 轴方向受压力作用　　　　（c）y 轴方向受压力作用

图 2-34　石英晶体压电效应机理示意图

如果沿 z 轴方向施加作用力，因为晶体在 x 轴方向和 y 轴方向产生的变形完全相同，所以正、负电荷的重心保持重合，石英晶体不产生电荷，也就不产生压电效应。

当作用力 F_x、F_y 的方向相反时，电荷的极性将随之改变。如果石英晶体的各个方向同时受到均等的作用力（如液体、气体压力），石英晶体将保持电中性，所以石英晶体没有体积变形的压电效应。

通常把沿电轴 x 轴方向的力作用下产生的压电效应称为"纵向压电效应"，而把沿机械轴 y 轴方向的力作用下产生的压电效应称为"横向压电效应"，而沿光轴 z 轴方向的力作用下不产生压电效应。

石英晶体切片如图 2-35 所示，从晶体上沿 x-y-z 轴方向切下的薄片称为晶体切片，其长度、厚度、高度分别为 a、b、c。当沿 x 轴方向施加作用力 F_x 时，则在与电轴垂直的平面上产生电荷 Q_{xx}，它与力 F_x 成正比，即

$$Q_{xx} = d_{11}F_x \tag{2-51}$$

式中，d_{11} 为压电系数，单位为 C/N，对于石英晶体而言，$d_{11} = 2.31 \times 10^{-12}\,\text{C/N}$。

如果在同一切片上，沿机械轴 y 轴方向施加作用力 F_y，则在与 x 轴垂直的平面上产生

电荷 Q_{xy}，其大小为

$$Q_{xy} = d_{12}\frac{a}{b}F_y \qquad (2\text{-}52)$$

式中，d_{12} 为压电系数。由于石英晶体对称，所以有 $d_{12} = {}^-d_{11}$。

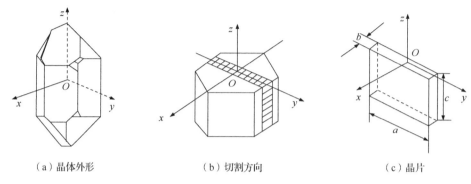

（a）晶体外形　　　　　　（b）切割方向　　　　　　（c）晶片

图 2-35　石英晶体切片

从式（2-51）、式（2-52）可以看出，沿电轴方向施加作用力时切片上产生的电荷多少与切片的几何尺寸无关，而沿机械轴方向施加作用力时切片上产生的电荷多少与切片的几何尺寸有关。产生的电荷的极性由施加的作用力是压力还是拉力决定。石英晶体切片上电荷符号与受力方向的关系如图 2-36 所示。

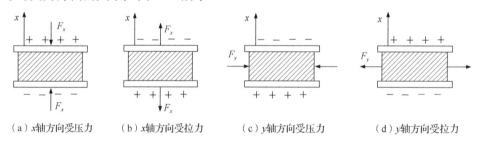

（a）x 轴方向受压力　　（b）x 轴方向受拉力　　（c）y 轴方向受压力　　（d）y 轴方向受拉力

图 2-36　石英晶体切片上电荷符号与受力方向的关系

压电元件在受到力作用时，会在相应的表面上产生表面电荷，这时其电荷的表面密度 q 与施加的应力 σ 成正比，其计算公式如下

$$q = d_{ij}\sigma \qquad (2\text{-}53)$$

式中，d_{ij} 为压电常数。d_{ij} 下标中的 "i" 表示晶体的极化方向或电荷面的轴向，当产生电荷的表面垂直于 x 轴、y 轴、z 轴时，i 分别记为 1、2、3；d_{ij} 下标中的 "j" 表示施加力的轴向，"1、2、3" 分别表示施加的力沿 x 轴、y 轴、z 轴，"4、5、6" 分别表示晶体在 yz 平面、zx 平面、xy 平面上承受剪切应力。例如，d_{11} 表示沿 x 轴方向受力作用而在垂直于 x 轴的表面上出现电荷，d_{12} 表示沿 y 轴方向施力而在垂直于 x 轴的表面上出现电荷。根据石英晶体的对称条件，有 $d_{12} = -d_{11}$。由于 z 轴（光轴方向）受应力时不产生电荷，因此有 $d_{13} = 0$。

石英晶体的主要性能特点如下所述。

☺　压电常数小，其时间和温度稳定性极好，常温下几乎不变，在 20~200℃ 范围内温度变化率仅为−0.016%/℃；

☺　机械强度和品质因数高，许用应力高达（6.8~9.8）×10^{7}Pa，且刚度大，固有频率高，动态特性好；

☺　居里点温度为 573℃，无热释电性，且绝缘性、重复性好。

2）压电陶瓷

压电陶瓷是一种经极化处理后的人工多晶铁电体。材料内部的晶粒由许多自发极化的"电畴"组成，每个电畴具有一定的极化方向，从而存在电场。在无外电场作用时，电畴在晶体中杂乱分布，它们各自的极化效应被相互抵消，压电陶瓷内极化强度为零。因此，原始的压电陶瓷呈电中性，不具有压电性质，如图 2-37（a）所示。

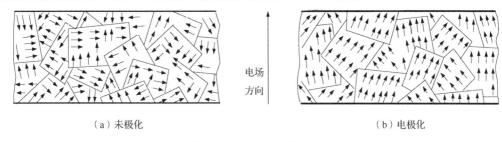

（a）未极化　　　　　　　　　　　　　　　　　　　　（b）电极化

图 2-37　压电陶瓷的极化

在陶瓷上施加外电场时，电畴的极化方向发生转动，趋向于按外电场方向进行排列，从而使材料得到极化。外电场愈强，就有更多的电畴转向外电场方向。当外电场去掉后，电畴的极化方向基本不变，形成很强的剩余极化，从而呈现出压电性，如图 2-37（b）所示。

极化处理后的陶瓷材料，当受到外力作用时，电畴的界限发生移动，电畴发生偏转，从而引起剩余极化强度的变化，因而在垂直于极化方向的平面上将出现极化电荷的变化。这种因受力而产生的由机械能转变为电能的现象，就是压电陶瓷的正压电效应。

与石英晶体相比，当压电陶瓷的各个方向同时受到均等的作用力（如液体、气体压力）时，压电陶瓷将产生极化电荷，所以压电陶瓷具有体积形变的压电效应，可用于液体、气体等流体的测量。

压电陶瓷的压电系数比石英晶体大很多，灵敏度高；制造工艺成熟，可通过合理配方和掺杂等人工控制来达到所要求的性能；成形工艺性好，成本低廉，利于广泛应用。压电陶瓷除具有压电性外，还具有热释电性，因此可利用它制作热电传感器而用于红外探测。但压电陶瓷作压电器件应用时，会给压电传感器造成热干扰，降低稳定性。故在高稳定性的应用场合，压电陶瓷的应用受到限制。

传感器技术中常用的压电陶瓷材料如下所述。

☺　钛酸钡（$BaTiO_3$）是由碳酸钡和二氧化钛按 1:1 摩尔分子比例混合后烧结而成的，其压电系数约为石英的 50 倍，但其居里点温度只有 115℃，使用温度不超过 70℃，温度稳定性和机械强度不如石英晶体。

☺ 锆钛酸铅（PZT）系列压电陶瓷是由钛酸铅（$PbTiO_3$）和锆酸铅（$PbZrO_3$）组成的固溶体 Pb（ZrTi）O_3。它与钛酸钡相比，压电系数更大，居里点温度在 300℃ 以上，各项机电参数受温度影响小，时间稳定性好。

3）新型压电材料

随着科技的发展，不断出现一些新型的压电材料。20 世纪 70 年代出现了半导体压电材料，如硫化锌（ZnS）、锑化镉等，因其既具有压电特性，又具有半导体特性，故其既可用于压电传感器，又可用于制作电子器件，从而研制成新型集成压电传感器测试系统。近年来研制成功的有机高分子化合物，因其具有质轻柔软、抗拉强度较高、蠕变小、耐冲击等特点，可制成大面积压电元件。为提高其压电性能，还可以掺入压电陶瓷粉末，制成混合复合材料（PVF_2-PZT）。

2.2.3 光电式传感器

在自然界中，光也是重要的信息媒介。光电式传感器把光信号转换为电信号，不仅可以测量光的各种参量，而且可以把其他非电量转换为光信号以实现检测与控制。光电式传感器属于无损伤、非接触测量元件，有灵敏度高、精度高、测量范围宽、响应速度快、体积小、质量小、寿命长、可靠性高、可集成化、价格便宜、使用方便和适于批量生产等优点，因此在传感器系列里，光电式传感器的产量和用量都居首位。光电元件的理论基础是光电效应。

1. 光的知识

1）光的电磁说

光是一种电磁波，其频谱如图 2-38 所示。可见光只是电磁波谱中的一小部分，波长为 780～380nm，红光频率最低，紫光频率最高。光的频率越高，携带的能量越大。

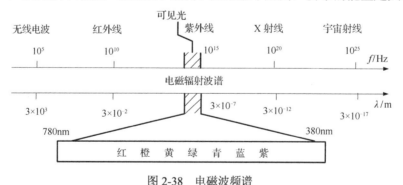

图 2-38 电磁波频谱

2）光的量子说

光是一种带有能量的粒子（又称光子）所形成的粒子流。光子的能量为 $W_e = h\nu$，该式中 $h = 6.63\times10^{-34}$ J·s 为普朗克常数，ν 为光的频率。它是光电元件的理论基础。

2. 光电效应

当物质受光照射后，物质的电子吸收光子的能量所产生的电现象称为光电效应。光电效应分为外光电效应和内光电效应。随着半导体技术的发展，以内光电效应为机理的各种半导体光敏元器件已成为光电式传感器的主流。

1）外光电效应

外光电效应即光电子发射效应，在光的作用下电子逸出物体表面，基于外光电效应的光电器件有光敏二极管、光电倍增管及紫外线传感器等。根据能量守恒定律，要使电子逸出并具有初速度，光子的能量必须大于物体表面的电子逸出功。这一原理可用爱因斯坦光电效应方程来表示：

$$W_e = h\nu = \frac{1}{2}mv_0^2 + A \qquad (2\text{-}54)$$

式中，m 为电子的质量；A 为物体的电子表面逸出功。

由于光子的能量与光的频率成正比，因此要使物体发射光电子，光的频率必须高于某一限值。这个能使物体发射光电子的最低光频率称为红限频率。光频率小于红限频率的入射光，光再强也不会激发光电子；光频率大于红限频率的入射光，光再弱也会激发光电子。单位时间内发射的光电子数称为光电流，它与入射光的光强成正比。对于光电管，即使阳极电压为零，也会有光电流产生。欲使光电流为零，必须加负向的截止电压，截止电压应与入射光的频率成正比。

2）内光电效应

内光电效应有光电导效应、光电动势效应及热电效应。

☺ 光电导效应：在光的作用下，电子吸收光子能量从键合状态过渡到自由状态，从而引起材料的电阻率降低。基于这种效应的光电元件有光敏电阻。

☺ 光电动势效应：当光照射 PN 结时，在结区附近激发出电子-空穴对。基于该效应的光电器件有光电池、光敏二极管、光敏晶体管和光敏晶闸管等。例如，用一只玻璃封装的二极管，接一只 50 μA 的电流表，可以发现，二极管受光照射时有电流输出，无光照射时无电流输出。

☺ 热电效应：利用人体辐射的红外线的热效应制成热释电（人体）传感器。

3. 光电元件

1）光电倍增管

光电倍增管的结构原理如图 2-39 所示，它由光电阴极 K、阳极 A 和倍增极 D 组成。光电阴极发射的光电子在电场作用下被加速，以高速射入倍增极，倍增极表面逸出加倍的电子，称为二次发射。倍增极数目一般为 4～14 个，增益 $G = 10^6 \sim 10^8$。常见的光电倍增管按进光部位可分为侧窗式和端窗式两类；按管内电极构造形状又可分为聚焦式、百叶窗式和盒栅式等。

光电倍增管噪声小、增益高、频带响应宽，在探测微弱光信号领域是其他光电传感器不能取代的。使用和存放光电倍增管时需特别注意：绝对避免强光照射光电阴极面，以防损坏光电阴极。

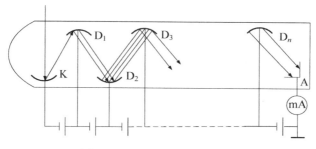

图 2-39　光电倍增管的结构原理

2）紫外线传感器

紫外线传感器是一种专门用来检测紫外线的光电器件。它的光谱响应为 85～260nm，对紫外线特别敏感，尤其对燃烧时产生的紫外线反应更为强烈，甚至可以检测 5m 以内打火机火焰发出的紫外线。它除了会受到高压汞灯、γ 射线、闪电及焊接弧光的干扰，还对可见光不敏感。此外，它还具有灵敏度高、受光角度宽（视角范围达 120°）、响应速度快的特点。因此，紫外线传感器主要用作火灾报警敏感元件，广泛地应用于石油、气体燃料的火灾报警，还可以用于宾馆、饭店、办公室和仓库等重要场合的火灾报警。

紫外线传感器的外形结构如图 2-40 所示，其中图 2-40（a）所示为顶式结构，图 2-40（b）所示为卧式结构。紫外线传感器的结构和光敏二极管的结构非常相似，在玻璃管内有两个电极，即阴极和阳极。在石英玻璃管内封入了特殊的气体。在阴极和阳极间加约 350 V 的电压，当紫外线照射在阴极上时，阴极就会发射光电子。在强电场的作用下，光电子向阳极高速运动，与管内气体分子相碰撞而使气体分子电离，气体分子电离产生的电子再与气体分子相碰撞，最终使阴极和阳极之间被大量的光电子和离子充斥，引起辉光放电现象，电路中形成很大的电流。紫外线传感器的这种工作状态与光电倍增管很相似。没有紫外线照射时，阴极和阳极间呈现相当高的阻抗。

紫外线传感器的基本电路及输出波形如图 2-41 所示，紫外线传感器的基本电路是由 RC 构成的充放电回路，其时间常数称为阻尼时间。电极间残留离子的衰变时间一般为 5～10ms。当入射紫外线光通量低于某值时，从输出端可以得到与入射光量成正比的脉冲数，但若光通量大于此值，由于电容的放电，管内电流会饱和。因此，紫外线传感器适合用来制造光电开关，不适用于精密的紫外线测量。

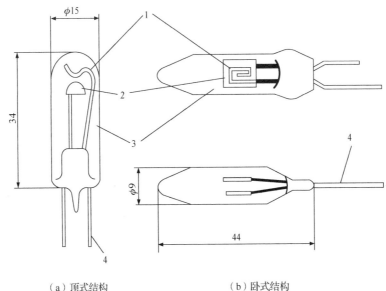

（a）顶式结构　　　　　　　　（b）卧式结构

1—阳极；2—阴极；3—石英玻璃管；4—引脚

图 2-40　紫外线传感器的外形结构

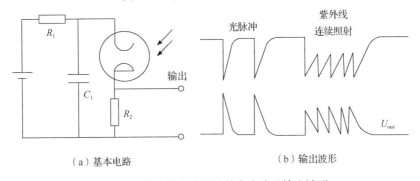

（a）基本电路　　　　　　　　（b）输出波形

图 2-41　紫外线传感器的基本电路及输出波形

3）光敏电阻

光敏电阻又称光导管，是一种均质半导体光电元件。当光照射时，其电阻值降低。将其与一电阻串联并接到电源上，便可把光信号转变成电信号。

按光谱特性及最佳工作波波长范围分类，光敏电阻可分为紫外光光敏电阻、可见光光敏电阻及红外光光敏电阻三类。CdS 光敏电阻覆盖了紫外光和可见光范围，其典型结构如图 2-42 所示。将 CdS 粉末烧结在陶瓷衬底上，形成一层 CdS 膜，用两根引线引出。为防止光敏电阻芯片受潮，均需采用密封结构，常用金属外壳、塑料或防潮涂料等密封。

光敏电阻的灵敏度定义为暗电阻与亮电阻的差和暗电阻的比值，即相对变化值。光敏电阻在一定的外加电压下，当有光（100lx）照射时，流过的电流称为光电流，外加电压与光电流之比称为亮电阻。光敏电阻在一定的外加电压下，当无光（0lx）照射时，流过的电流称为暗电流，外加电压与暗电流之比称为暗电阻。光敏电阻的温度特性是灵敏度随温度升高而降低。光敏电阻用在电路中所允许消耗的功率为额定功率。

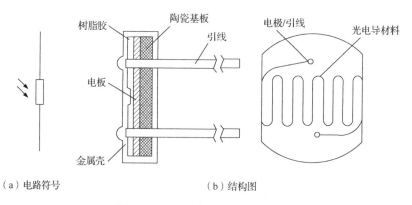

（a）电路符号　　　　　　　　　　（b）结构图

图 2-42　CdS 光敏电阻典型结构

4）光电池

光电池也称太阳能电池，有硒光电池、硅光电池及砷化镓光电池等。目前发展最快、应用最广的是单晶硅及非晶硅光电池。其形状有圆形、方形、矩形、三角形或六角形等。硅光电池的频率特性优于硒光电池。硅光电池的光谱响应峰值波长约为 800nm，适于接收红外光；硒光电池的光谱响应峰值波长约为 540nm，适于接收可见光；砷化镓光电池光谱响应特性与太阳光最吻合，适于用作宇航电源。

图 2-43 所示为硅光电池的电路符号和光照特性，可见开路电压 U 与光照度 E 呈非线性关系。当 $E>1000\text{lx}$ 时，光生电压开始进入饱和状态，适用于低光照度检测并使负载电阻尽量大；而短路电流 I 与光照度 E 之间呈线性关系，可用于高光照度检测并使负载电阻尽量接近短路状态。

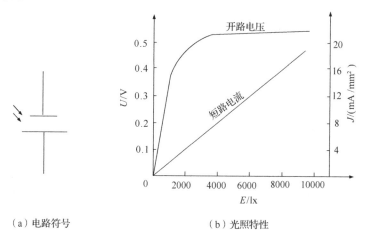

（a）电路符号　　　　　　　　　　（b）光照特性

图 2-43　硅光电池的电路符号和光照特性

5）光敏二极管

光敏二极管与普通半导体二极管的主要区别在于 PN 结面积较大、结深较浅，上电极较小，利于接受光照射以提高光电转换效率。如前所述，它的工作机理是光生电动势效应，即当受光照射时，半导体本征载流子浓度增加，在 P 区和 N 区均为少数载流子，在 PN 结势垒作用下，分别向对方区域漂移。此时，若将两端短路，便构成短路光电流；若两端开路或接负载，则输出光生电动势；若加外电场，则反向饱和电流增加。

光敏二极管的正向伏安特性与普通二极管相似，光电流不明显；其反向特性受光照度控制。因此，光敏二极管一般加反向偏置电压，利用反向饱和电流随光照度强弱而变化进行工作。

光敏二极管的种类很多。按制作材料来分，有硅光敏二极管（2CU、2DU 类）、锗光敏二极管（2AU 类）；按不同峰值波长来分，有近红外光硅光敏二极管（如对红外光最敏感的锂漂移性硅光敏二极管）、蓝光光敏二极管等；其他还有用于激光的 PIN 型硅光敏二极管和灵敏度更高的雪崩光敏二极管等。国产光敏二极管一般有 2CU 和 2DU 两种，常用 2CU系列。

光敏二极管的电路符号和外形如图 2-44 所示。

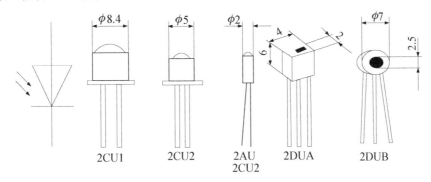

图 2-44　光敏二极管的电路符号和外形

光敏二极管的应用电路如图 2-45 所示。图 2-45（a）所示为亮通光控电路，有光照射时，VT_1、VT_2 导通，继电器 K 工作；图 2-45（b）所示为暗通光控电路，有光照射时，VT_1、VT_2 截止，继电器 K 不工作，只有当没有光照射时，VT_1、VT_2 导通，继电器 K 才能工作。

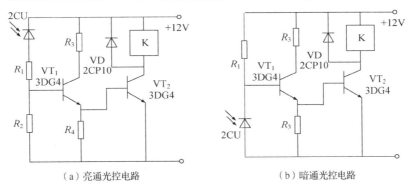

（a）亮通光控电路　　　　　　　　　　（b）暗通光控电路

图 2-45　光敏二极管的应用电路

6）光敏晶体管

光敏晶体管与普通晶体管类似，但发射区较小，当光照射到发射结上时，产生基极光电流 I_L，集电极电流 $I_c = \beta I_L$，显然集电极电流 I_c 正比于照射光的强度。

光敏晶体管的电路符号及其基本应用电路如图 2-46 所示。国产光敏晶体管的型号主要有 3AU、3DU、ZL 系列，日本产的光敏晶体管的型号有 TPS、PT、PPT、PH、PS、PN、T 等系列。

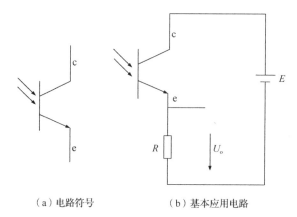

（a）电路符号　　　　（b）基本应用电路

图 2-46　光敏晶体管的电路符号及其基本应用电路

7）光敏晶闸管

光敏晶闸管和普通晶闸管的唯一不同之处就是门极信号。普通晶闸管的门极信号为外加正向电压，而光敏晶闸管的门极控制信号为光照射，光敏晶闸管如图 2-47 所示。当光照射 PN 结时，控制晶闸管导通；当无光照射时，晶闸管在阳极电流小于维持电流或阳极电压过零时关断。

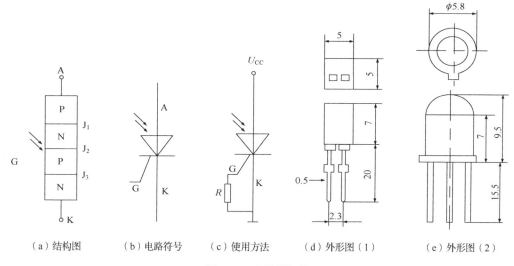

（a）结构图　　（b）电路符号　　（c）使用方法　　（d）外形图（1）　　（e）外形图（2）

图 2-47　光敏晶闸管

8）红外光传感器

红外光传感器是用来检测物体辐射红外线的敏感器件，它分为热电型和量子型两类。

（1）热电型红外光敏器件。

热电型红外光敏器件利用入射红外辐射引起敏感元件温度变化，再利用热电效应产生相应的电信号。热电型探测器的主要类型有热敏电阻型、热电偶型、热释电型和高莱气动型四种。热电型红外光敏器件一般灵敏度低、响应速度慢，但有较宽的红外波长响应范围，而且价格便宜，常用于温度的测量及自动控制。

热释电传感器的电介质在电极化后能保持极化状态，称为自发极化。自发极化随温度升高而减小，在居里点温度降为零。因此，当这种材料受到红外辐射而温度升高时，表面电荷将减少，相当于释放了一部分电荷，故称热释电。释放的电荷经放大器可转换为电压输出，这就是热释电传感器的工作原理。

热释电传感器常用的陶瓷材料是热电系数较高的锆钛酸铅（PZT）系、钽酸锂（LiTaO$_3$）、硫酸三甘钛（TGS）等。将这种热释电元件、结型场效应晶体管和电阻等封装在避光的壳体内，并配以滤光片透光窗口，便组成热释电传感器。图 2-48 所示为 LN074B 型热释电传感器的外形及内部组成。

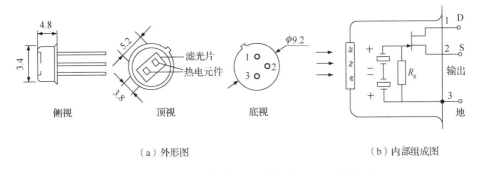

（a）外形图　　　　　　　　　　　　　　（b）内部组成图

图 2-48　LN074B 型热释电传感器的外形及内部组成

滤光片对于太阳和荧光灯的短波长具有较高的反射率，而对人体发出来的红外热源有高的透过性，其光谱响应为 6μm 以上。人体温度为 36.5℃时，辐射的红外线波长为 9.36μm，人体温度为 38℃时，辐射的红外线波长为 9.32μm。因此，热释电传感器又称人体红外传感器，广泛应用于防盗报警、来客告知及非接触开关等红外领域。

当辐射继续作用于热释电元件，使其表面电荷达到平衡时，便不再释放电荷。因此，热释电传感器不能探测恒定的红外辐射，也不能测量居里点温度以上的温度。实际应用中，对恒定的红外辐射进行调制（或称斩光），使其变成交变辐射，不断引起探测器的温度变化，才能使热释电产生，并输出不变的电信号。

热释电元件同样具有压电效应，使用时应避免振动。将两个特性相同的热释电元件反极性串接，可补偿外界环境温度和振动的影响。二元型热释电传感器有 TO-5 金属封装的 P228（LiTaO$_3$）、LS-064、LN-074B、SDO$_2$（PZT）等。此外，用于测温的热释电传感器，其测温范围可达-80～1500℃。

（2）量子型红外光敏器件。

量子型红外光敏器件可直接把红外光能转换成电能，其灵敏度高、响应速度快，但其红外波长响应范围窄，有的只有在低温条件下才能使用。量子型红外光敏器件也可分为外光电类和内光电类。外光电探测器（PE 器件）有光敏二极管和光电倍增管。内光电探测器又分为：光电导器件（PC 器件），如硫化铅（PbS）、硒化铅（Pb-Se）、锑化铟（InSb）、锑镉汞（HgCdTe）等；光伏器件（PU 器件），如砷化铟（InAs）、锑化钢（InSb）、锑锡铅（PbSnTe）等；光磁探测器（PEM 器件），光效应使半导体表面产生载流子（电子-空穴对），磁效应使载流子扩散运动方向偏移形成电场。用量子型红外光敏器件组成的红外探测器广泛应用在遥测、遥感、成像、测温等方面。

9）CCD 图像传感器

电荷耦合器（Charge Coupled Device，CCD）具有存储、转移并逐一读出信号电荷的功能。利用电荷耦合器的这种功能，可以制成图像传感器、数据存储器、延迟线等，电荷耦合器在军事、工业和民用产品领域都有广泛的应用。

电荷耦合器的基本结构原理如图 2-49 所示，在一片硅片上有一系列并排的 MOS 电容，这些 MOS 电容的电极以三相方式连接，即电极 1、4、7…与 Φ_1 相连，电极 2、5、8…与 Φ_2 相连，电极 3、6、9…与 Φ_3 相连。只要在电极上加上电压，电极下面因空穴被排斥而形成电子的低势能区，称为势阱。有光照射时，这些势阱都能收集光生电荷。只要电极上的电压不去掉，这些代表信息的电荷就一直存储在那里。通常把这些被收集在势阱中的信号电荷称为电荷包。

三相 CCD 采用三相交叠脉冲供电，可实现电荷以一定的方向逐个单元转移，设初始时刻 Φ_1 为 10V，其电极下面的深势阱里存储有信号电荷，Φ_2 和 Φ_3 均为大于阈值的较低电压（如 2V）。片刻后，Φ_1 仍保持为 10 V，Φ_2 变到 10V，因这两个电极靠得很紧（间隔只有几微米），它们各自的对应势阱将合并在一起。Φ_1 电极下的电荷变为这两个势阱所共有。第 2 时刻，Φ_1 由 10V 变为 2V，Φ_2 仍为 10V，则共有的电荷转移到 Φ_2 电极下面的势阱中。由此可见，深势阱及电荷包向右移动了一个位置。

直接采用 MOS 电容感光的 CCD 图像传感器对蓝光的透过率差，灵敏度低。现在 CCD 图像传感器已采用光敏二极管作为感光元件。图 2-50 所示为家用摄像机 CCD 图像传感器的外形图。它像一个大规模集成电路，在它的正面有一个长方形的感光区，感光区中有几十万至几百万个像素单元，每一个像素单元上有一个光敏二极管。这些光敏二极管在受到光照射时，便产生与入射光强度相对应的电荷，再通过电注入法将这些电荷引入 CCD 器件的势阱中，便成为用光敏二极管感光的 CCD 图像传感器。它的灵敏度极高，在低光照度下也能获得清晰的图像，在强光下也不会烧伤感光面。目前，它不仅在家用摄像机中得到应用，而且在广播、专业摄像机中也取代了摄像管。

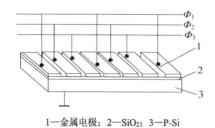

1—金属电极；2—SiO$_2$；3—P-Si

图 2-49　电荷耦合器的基本结构原理

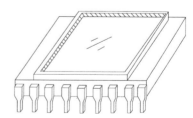

图 2-50　家用摄像机 CCD 图像传感器的外形图

10）位置探测器（Position Sensing Detector，PSD）

PSD 是一种能测量光点在探测器表面上连续位置的光学探测器。PSD 由 P 型衬底、PIN 型光敏二极管及表面电阻组成，PSD 原理图如图 2-51 所示，P 型层在表面，N 型层在底面，I 层在中间。落在 PSD 上的入射光转换成光电子后由 P 型两端的电极输出光电流 I_1 和 I_2。

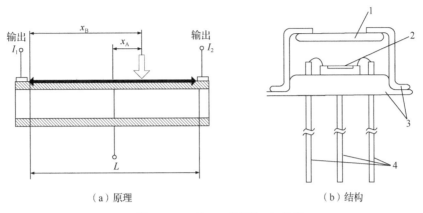

（a）原理　　　　　　　　　　（b）结构

1—窗口；2—PN 结；3—外封装；4—引脚

图 2-51　PSD 原理图

因电荷通过的 P 型层是一均匀的电阻，所设光电流与光的入射点到电极间的距离成反比。若以几何中心为坐标原点，则有

$$\frac{I_1}{I_2} = \frac{L - 2x_A}{L + 2x_A} \tag{2-55}$$

若以一段为坐标原点，则有

$$\frac{I_1}{I_2} = \frac{L - 2x_B}{x_B} \tag{2-56}$$

PSD 与 CCD 器件相比有诸多优点，如位置分辨力高、响应速度快和处理电路简单等。

11）色彩传感器与色彩识别

色彩传感器可实现对色彩的测定而不带人的情感因素，在生产自动化及图像处理等领域有着广泛的应用。

（1）双结色彩传感器。

双结色彩传感器的原理如图 2-52 所示，双结色彩传感器是在一个外壳内封装有两个光敏二极管 VLS_1 和 VLS_2 的双结二极管结构。VLS_1 和 VLS_2 有着不同的光谱特性，其短路电流比值与入射光的波长有一定的比例关系，只要测出短路电流的比值，就可知道入射光的波长，也就确定了入射光的色谱。

（2）全色色彩传感器。

图 2-53 所示为全色色彩传感器的结构原理、等

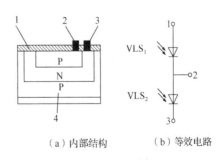

（a）内部结构　　　（b）等效电路

1—绝缘膜；2、3、4—电极1、2、3

图 2-52　双结色彩传感器的原理

效电路和外形尺寸。该传感器在非晶态硅的基片上平排做了三个光敏二极管，并在各个光敏二极管上分别加上红（R）、绿（G）、蓝（B）滤色镜，将来自物体的反射光分解为三种颜色，根据 R、G、B 的短路电流大小，通过电子电路及计算机可以识别 12 种以上的颜色。它也称非晶态色彩传感器。

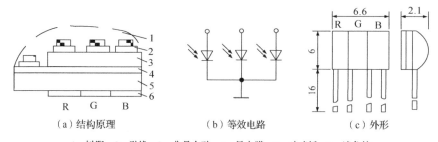

（a）结构原理　　　　（b）等效电路　　　　（c）外形

1—树脂；2—引线；3—非晶态硅；4—导电膜；5—玻璃板；6—滤色镜

图 2-53　全色色彩传感器的结构原理、等效电路和外形尺寸

非晶态色彩传感器光照度特性如图 2-54 所示。在负载电阻为 100kΩ 时，其光照度与输出电压取用对数刻度具有良好的线性度，并且其斜率接近于 1；若将负载电阻接成 1MΩ 以上，则几乎成开路状态，其输出呈非线性并进入饱和状态。因此，传感器上有时并联一个 100kΩ 的电阻，其放大电路如图 2-55 所示。

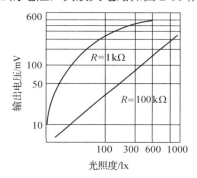

图 2-54　非晶态色彩传感器光照度特性

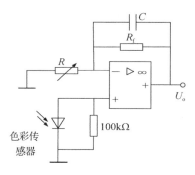

图 2-55　放大电路

4．光电传感器的类型

1）光电检测的组合形式

光电传感器按输出信号分为开关型和模拟型。开关型用于转速测量、模拟开关、位置开关等；模拟型用于光电式位移计、光电比色计等。光电检测必须具备光源、被测物和光电元件。按照光源、被测物和光电元件三者的关系，光电传感器可分为 4 种类型，如图 2-56 所示。

☺ 　被测物发光：被测物为光源，可检测发光物的某些物理参数，如光电比色高温计、光照度计等。

☺ 　被测物透光：可检测被测物与吸收光或透射光特性有关的某些参数，如浊度计和透明度计等。

☺　被测物反光：可检测被测物体表面性质参数或状态参数，如粗糙度计和白度计等。

☺　被测物遮光：检测被测物体的机械变化，如测量物体的位移、振动、尺寸及位置等。

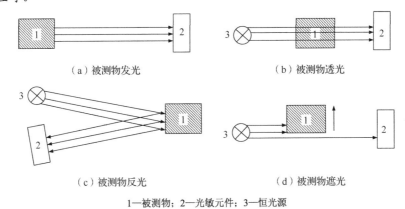

（a）被测物发光　　　　　　　（b）被测物透光

（c）被测物反光　　　　　　　（d）被测物遮光

1—被测物；2—光敏元件；3—恒光源

图 2-56　光电传感器的类型

2）光耦合器件

（1）光耦合器。

如图 2-57 所示，光耦合器是把发光器件和光敏器件组装在同一蔽光壳体内，或用光导纤维把二者连接起来构成的器件。输入端加电信号，发光器件发光，光敏器件受光照射后，输出光电流，实现以光为媒介质的电信号传输，从而实现输入和输出电流的电气隔离。因此，可用它代替继电器、变压器和斩波器等，光耦合器广泛应用于隔离电路、开关电路、数-模转换、逻辑电路、长线传输、过电流保护、高压控制等方面。

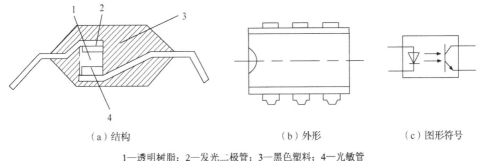

（a）结构　　　　　　　　　　（b）外形　　　　　　（c）图形符号

1—透明树脂；2—发光二极管；3—黑色塑料；4—光敏管

图 2-57　光耦合器

光耦合器有金属密封和塑料密封等形式，目前常见的是塑料密封式，它的光敏元件可以选用光敏电阻、光敏二极管、光敏晶体管、光敏晶闸管、光敏集成电路等，从而构成多种组合形式，其输出有开关型和模拟型两种。

（2）光断续器。

☺　直射型光断续器：如图 2-58 所示，主要用于光电控制和光电计量等电路中，以及检测物体的有无、运动方向、转速等。

☺ 反射型光断续器：如图 2-59 所示，主要用于光电式接近开关、光电自动控制及物体识别等。

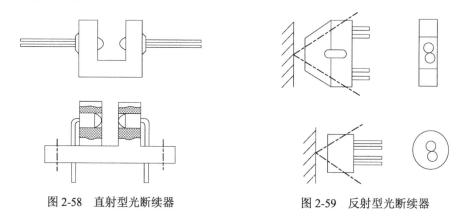

图 2-58 　直射型光断续器　　　　　　　　图 2-59 　反射型光断续器

 思考与练习

（1）什么是金属电阻丝的应变效应和灵敏度系数？

（2）什么是直流电桥？若按不同的桥臂工作方式分类，可分为哪几种？

（3）电阻应变式传感器由哪几部分组成？它能测量哪些物理量？

（4）电容式传感器根据原理可以分为哪几种？它们各自有什么特点？能测量哪些物理量？

（5）电感式传感器有哪几种类型？它们各自有什么特点？能测量哪些物理量？

（6）电涡流传感器的原理是什么？它有什么作用？使用时有哪些注意事项？

（7）什么是正压电效应和逆压电效应？什么是横向压电效应和纵向压电效应？常用的压电材料有哪些？

（8）光电效应有哪几种类型？各生成哪种光电元件？

（9）光电检测需要具备什么条件？光电式传感器有哪几种类型？

（10）光电式传感器有哪些应用？试述光耦合器件的类型与应用。

（11）根据工作原理可将电容式传感器分为哪几类？各有何特点？

（12）拟在一个等截面的悬臂梁上粘贴四个完全相同的电阻应变片，并组成差动全桥电路，试问：四个应变片应如何粘贴？试画出相应的电桥电路图，并说明如何克服温度误差？

（13）变极距型平板电容传感器，当 $d_0 = 1\,\text{mm}$ 时，若要求测量线性度为 0.1 %，则允许测量的最大位移量是多少？

（14）比较差动式自感传感器和差动变压器在结构及工作原理上的异同之处。

（15）什么是压阻效应？什么是压阻系数？晶向的表示方法有哪些？

（16）简述光敏电阻、光敏二极管、光敏晶体管和光电池的工作原理。

第二篇

机器人传感器篇

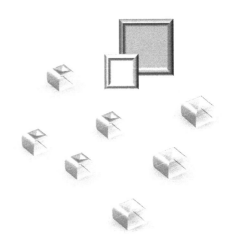

第 3 章

智能传感器

> **学习目标**
>
> ☺ 掌握智能传感器的定义与特点;
> ☺ 掌握典型智能传感器的结构组成;
> ☺ 掌握智能传感器的应用。

3.1 智能传感器的定义与特点

3.1.1 智能传感器的定义

所谓智能传感器,就是一种带有微处理器的兼有信息检测、信息处理、信息记忆、逻辑思维与判断功能的传感器。它具有一定的人工智能,是微型计算机和传感器结合的产物,是传感器技术发展的一个崭新阶段。目前出现的单片式传感器便是其中的一种,就功能而言,单片式传感器是一种将信息检测、驱动电路及信号处理电路集成在一块硅片上的传感器;就制造技术而论,它是一种采用高度发展的硅集成技术的传感器,它体积小,一致性好,利用它可方便地组建高级的传感系统。

智能传感器和普通传感器系统的区分并不非常明显。智能传感器一般将模拟接口电路、集成模/数转换器(Analog-to-Digital-Converter,ADC)的微控制器和输入/输出总线聚合在一起,实现传感技术和换能器的功能聚合。除了上述系统需求,智能传感器还需要有自校准功能、测量补偿功能(用于克服基线漂移、温度等环境变化)和自身状况评估功能。此外,一些智能传感器还具备基于固件的信号处理能力、数据验证和多参数传感能力。智能传感器的这些特征一般都是通过新型的微控制单元(Micro-Controller Unit,MCU)驱动的,MCU 可以用于数字信号处理(Digital Signal Processing,DSP)、基线校正、数据处理、数据存储支持、电源管理和接口功能。

智能传感器的各个部分一般集成在同一个印制电路板(Printed Circuit Board,PCB)上。这种聚合可以提高系统的性能和可靠性,同时降低测试成本。小型化的形式使得检测平台的设计更为灵活，这一点在众多应用中都非常重要，如在生命体征监测中。然而，集成 PCB 形式的智能传感器预付开发成本可能非常高，大体积的智能传感器相对更经济实惠。因为当 PCB 的封装体积很小时，设计者需要仔细考虑 PCB 排布对传感器工作性能的影响，局部加热效应和射频（Radio Frequency，RF）干扰等问题都需要在设计时考虑到，以免影响传感器性能。

3.1.2 智能传感器的特点

- ☺ 具有逻辑思维与判断、信息处理功能，可对检测数值进行分析、修正和误差补偿，因此提高了测量准确度；
- ☺ 具有自诊断、自校准功能，提高了可靠性；
- ☺ 可以实现多传感器、多参数复合测量，扩大了检测与使用的范围；
- ☺ 检测数据可以存取，使用方便；
- ☺ 具有数字通信接口，能与计算机直接联机，相互交换信息。

3.2 智能传感器的构成

智能传感器是由传感器和微处理器相结合而构成的，它充分利用微处理器的计算和存储能力，对传感器采集的数据进行处理，并对它的内部行为进行调节。智能传感器视其传感元件的不同，具有不同的名称和用途，而且其硬件的组合方式也不尽相同，但其结构大致相似，一般由以下 6 个部分组成：①一个或多个敏感元件；②微处理器或微控制器；③非易失性可擦写存储器；④双向数据通信的接口；⑤模拟量输入/输出接口；⑥高效的电源模块。

微处理器是智能传感器的核心，它不仅可以对传感器测量数据进行计算、存储、数据处理，还可以通过反馈回路对传感器进行调节。由于微处理器充分发挥各种软件的功能，可以完成硬件难以完成的任务，从而能有效地降低制造难度，提高传感器性能，降低成本。图 3-1 所示为典型的智能传感器结构组成示意图。

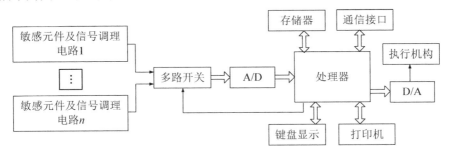

图 3-1　典型的智能传感器结构组成示意图

智能传感器的信号感知器件通常由主传感器和辅助传感器构成。图 3-2 所示为 DIP 型智能压力传感器结构框图。由图可见，智能压力传感器的构成一般分为三个部分：主传感器、辅助传感器和微处理器硬件系统。主传感器用来测量被测量，本例为压力传感器。辅助传感器用来测量主传感器工作环境量的变化，以便修正和补偿因环境量变化影响而带来的测量误差，一般为压力传感器、温度传感器、湿度传感器等，本例为压力和温度传感器。微处理器硬件系统用于对传感器输出的微弱信号进行放大、处理、存储和与计算机通信，具体由传感器应具备的功能而定，DIP 型智能压力传感器就有一个串行输出口，以 RS-232 指令格式传输数据。图中，UART 为异步发送/接收器，PFA 为程控放大器，由此可见，智能传感器具有较强的自适应能力。

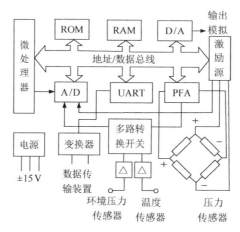

图 3-2 DIP 型智能压力传感器结构框图

3.3 智能传感器的应用

3.3.1 智能 CMOS 传感器

20 世纪 70 年代初期，人们针对 CCD 的不足，另外开发了几种全新固态图像传感器，其中采用标准互补金属氧化物半导体（Complementary Metal Oxide Semiconductor，CMOS）制造工艺的 CMOS 图像传感器是最有发展潜力的。与 CCD 图像传感器相比，CMOS 图像传感器的优点是功耗小、成本低、速度快，但由于受到早期制造工艺技术水平的限制，分辨率低、噪声大、光照灵敏度弱、图像质量差，没有得到充分的重视和发展；而 CCD 因为光照灵敏度高等优点一直主宰着图像传感器市场。20 世纪 90 年代初期，随着超大规模集成电路制造技术的迅速发展，以及集成电路设计技术和工艺水平的提高，采用 CMOS 工艺可在单芯片内集成图像感应单元、信号处理单元、模拟数字转换器、信号处理电路等，大大降低了系统复杂度。CMOS 图像传感器过去存在的缺点，现在都在被有效地克服，而其固有的优点更是 CCD 器件无法比拟的，因而再次成为研究的热点，并获得了迅速的发展。

CMOS 图像传感器不仅大量用于便携式数码相机、手机摄像头、手持摄像机和数码单反相机等消费类电子产品中，而且广泛应用于智能汽车、卫星、安保、机器人视觉等领域。近年来，越来越多的 CMOS 图像传感器出现在生物技术和医药领域。

相比于 CCD 图像传感器成熟的制造工艺，CMOS 图像传感器的制造是基于标准 CMOS 大规模集成电路（LSI）制造工艺的，该特性使 CMOS 图像传感器可以在芯片内部集成相关功能电路以实现智能化，从而使它拥有更优越的性能，并可以实现许多传统图像传感器无法实现的功能。

CMOS 图像传感器一般由光敏单元阵列（像元阵列）、行选通逻辑、列选通逻辑、定时和控制电路、片上模拟信号处理器构成，如图 3-3（a）所示。更高级的 CMOS 图像传感器还集成有片上 ADC，将光敏单元（光敏二极管）阵列、放大器、ADC、DSP、行阵列驱动器、列时序控制逻辑单元、数据总线输出接口及控制接口等部分采用传统的芯片工艺方法集成在一块硅片上。

带 ADC 的 CMOS 图像传感器组成如图 3-3（b）所示，在同一芯片上集成有模拟信号处理电路、I²C 控制接口、曝光及白平衡控制、视频时序产生电路、ADC、行选择、列选择及放大和光敏单元阵列。芯片上的模拟信号处理电路主要执行相关双采样功能，芯片上的 ADC 可以分为像素级、列级和芯片级几种情况，即每个像素采用一个 ADC，或者每个列像素共用一个 ADC，或者每个感光阵列有一个 ADC。由于受芯片尺寸的限制，所以像素级的 ADC 不易实现，CMOS 芯片内部提供了一系列控制寄存器，通过总线编程对自增益、自动曝光、白平衡、校正等功能进行控制，编程简单，控制灵活。直接输出的数字图像信号可以很方便地送至后续电路处理。

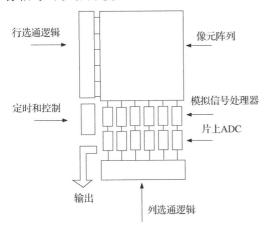
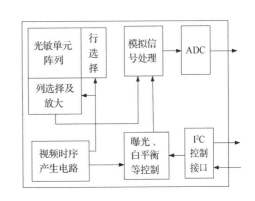

（a）常用CMOS图像传感器组成　　　　　　　　（b）带ADC的CMOS图像传感器组成

图 3-3　CMOS 图像传感器

成像区域是一个二维的像素阵列，每个像素包含一个光电探测器和多个晶体管。这个区域是图像传感器的核心，成像质量很大程度上取决于该区域的性能。寻址电路用于接通一个像素并读取该像素中的信号值，它一般由扫描器或者移位寄存器来实现，而译码单元则被用来随机访问像素，这种特性有时对于智能传感器来说非常重要。读出电路由一维开关阵列和采样保持电路组成，如相关双采样降噪电路就在这个区域中。

智能 CMOS 传感器的基本性能如下所述。

1. 噪声

在图像传感器中，输出信号在空间上的固有变化对图像质量影响很大，这种类型的噪声称为固定模式噪声，它有规律地变化。例如，列固定模式噪声比随机噪声更容易被感知，0.5%的变化是像素固定模式噪声可以接受的阈值，而对于列固定模式噪声来说，0.1%的变化是可以接受的阈值。采用列级放大器有时会产生列固定模式噪声。

2. 动态范围

图像传感器的动态范围（DR）被定义为输出信号范围与输入信号范围的比值。DR 由本底噪声和满阱容量决定。大部分的传感器几乎具有相同的动态范围（约为 70dB），主要由 PD 的阱电容量决定。在一些应用中（如汽车），70dB 是不够的，它们需要超过 100dB 的 DR。

3. 速度

有源像素传感器（APS）的速度受扩散载流子的限制。一些在衬底中深区域的光生载流子最终达到耗尽区，成为慢输出信号。注意，电子和空穴的扩散长度为数十微米，有时达到上百微米，为了高速成像，需要对其认真处理。这会大大降低 PD 的光谱响应，特别是在红外区域。为了减轻这种影响，一些结构被用来防止扩散载流子进入 PD 区域。CR 时间常数是限制速度的另一个因素，因为智能 CMOS 图像传感器中垂直输出线很长，导致相关电阻和寄生电容较大。

4. 色彩

在传统的 CMOS 图像传感器中，识别色彩的方法有三种，如图 3-4 所示。

（1）片上滤色器型。三色的过滤器被直接放置在像素上，通常为红色（R）、绿色（G）和蓝色（B），或者蓝绿色（Cy）、品红色（Mg）、黄色（Ye）和绿色的 CMY 互补色过滤器。CMY 与 RGB 之间的关系如下（W 代表白色）：

$$\begin{cases} Ye = W - B = R + G \\ Mg = W - G = R + B \\ Cy = W - R = B + G \end{cases} \tag{3-1}$$

Bayer 模式常用来放置 3 个 RGB 过滤器。这种类型的片上过滤器广泛用于商用 CMOS 图像传感器。通常该滤色器是有机膜，但有时也用到无机彩色薄膜，控制 α-Si 的厚度以产生颜色反应，这有助于减少滤色器的厚度，对于间距小于 2μm 的小间距像素间的光学串扰是很重要的。

（2）三成像型。在三成像方法中，3 个无滤色器的 CMOS 图像传感器被用于 R、G 和 B 颜色。使用两片分色镜将输入光分成三种颜色，这种结构实现了增强色的保真，但需要复杂的光学系统且非常昂贵。它通常用于需要高品质图像的广播系统中。

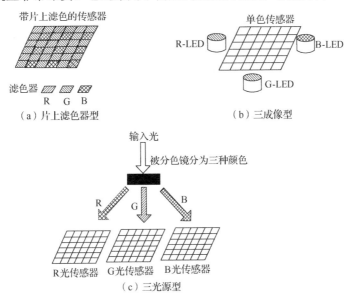

图 3-4　传统 CMOS 图像传感器中识别色彩的方法

（3）三光源型。三光源方法使用人工 RGB 光源，每个 RGB 光源对目标进行顺序照明。一个传感器获取三种颜色的三幅图像，最终的图像需要三幅图像的结合。这种方法主要用于医疗内窥镜。其颜色保真度非常好，但获得整个图像的时间比另两种方法都要长，这种类型的颜色表示不适用于常规 CMOS 图像传感器，因为它通常有一个滚动快门。

智能 CMOS 图像传感器的重要应用方向是胶囊内窥镜。作为一种无缆驱动创新技术，胶囊内窥镜提供了一种无创、无痛的检查方式，基于内嵌视觉系统无线传输图像的胶囊内窥镜，可实现胃肠道内无创诊疗。胶囊内窥镜的大小和外形均类似于胶囊，它由微型摄像头、照明系统、电池和射频电路组成，可在遍历检查过程中对肠道内部进行拍摄，经外部接收器获得发射模块传出的图像，并由胃肠道诊疗专家分析对比进行病患筛查，国内外主要胶囊内窥镜产品如图 3-5 所示。智能 CMOS 图像传感器适用于医学应用的原因如下：首先，它可以集成信号处理器、射频和其他电子设备，即实现片上系统（SoC），因为胶囊内窥镜要求系统体积小、功耗低，所以智能 CMOS 图像传感器很适合医学应用；其次，对医疗应用来说，智能功能非常有用。在不久的将来，医疗领域将是智能 CMOS 图像传感器的最重要应用领域之一。

胶囊内窥镜由图像传感器、光学成像系统、LED 照明灯、射频电路、天线、电池等部分组成。患者吞下胶囊内窥镜后，它会沿着消化道自动移动，与传统的内窥镜相比，胶囊内窥镜无痛、无创伤。胶囊内窥镜既可以应用于小肠，也可以应用于胃和大肠。最近 Given Imaging 公司研发了一种观察食管的胶囊内窥镜，它用两个摄像头来对前后两侧的场景进行成像。

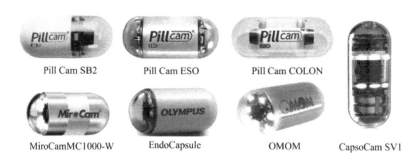

图 3-5　国内外主要胶囊内窥镜产品

　　胶囊内窥镜是一种植入装置，因此其尺寸和功耗是关键问题。智能 CMOS 图像传感器能够满足尺寸和功耗方面的要求，但在应用 CMOS 图像传感器时必须考虑色彩再现问题。医疗用途的色彩再现通常采用三个图像传感器或三个光源的方法来实现。事实上，传统的内窥镜采用的正是三个光源的方法。内窥镜需要在一个小体积外壳内部安装摄像系统，因此三个光源的方法十分适用，然而 CMOS 图像传感器采用的是滚筒曝光机制，三个光源的方法并不适用。

　　在滚筒曝光机制中，每行的快门时间是不同的，因此每个光源在不同时间发光的三个光源的方法不适合。目前在销的胶囊内窥镜是在 CMOS 图像传感器或者 CCD 图像传感器上集成芯片级滤光片。为了在 CMOS 图像传感器里应用三个光源的方法，需要一个全局快门。当应用三个光源的方法时，由于在滚动快门中 RGB 混合比是已知的，因此可以在芯片外单独计算 RGB 分量。虽然色彩再现能力必须详细评估，但对于使用三个光源方法的 CMOS 图像传感器而言，这是一种很有前途的方法。

　　由于胶囊内窥镜使用电池工作，所以整个电子设备必须是低功耗的，同时总体积应该较小。因此，包括射频电路和成像系统的 SoC 是很好的选择。胶囊内窥镜内部的 CMOS 传感器如图 3-6 所示，除了集成了二进制相移键控（BPSK）调制电子的电源（VDD 和 GND），制造的芯片只有一个数字 I/O 端口。在 QVGA 格式 2fps 条件下，该芯片功耗为 2.6mW。虽然目前已经有人使用 SoC，但是图像传感器是分离的，并没有集中在 SoC 中。该系统具有以 2Mbit/s 的速率无线传输 320×288 个像素数据的能力，且功耗为 6.2mW。

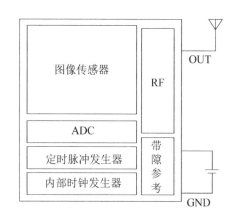

图 3-6　胶囊内窥镜内部的 CMOS 传感器

　　预计在不久的将来，片上图像压缩功能将在胶囊内窥镜上实现。这些 SoC 将结合其他技术并用于胶囊内窥镜中，如利用微机电系统（MEMS）、微全分析系统监测其他物理量（如电势、pH 值和温度等），这种多模态感应适用于智能 CMOS 图像传感器。

3.3.2 智能姿态传感器

1. CXTILT02E 倾斜传感器

CXTILT02E 倾斜传感器如图 3-7 所示。它能提供可靠的分辨率、动态响应时间和精确度。它采用两个微机械加速度计，一个沿着 X 轴，另一个沿着 Y 轴，用于测量物体相对于水平面的倾斜（又称横滚）和俯仰角。

CXTILT02E 倾斜传感器是一个智能传感器，内嵌微处理器、EEPROM 和 ADC。图 3-8 所示为 CXTILT02E 的功能框图。CXTILT02E 内置温度传感器，可以对环境温度变化引起的测量误差进行补偿。其传感元件和数字电路的完美结合，可以保证极高的精确度。智能的算法不需要用户对设备进行校准。为满足用户的不同需求，还可以对传感器滤波的分辨率和时间进行编程。

图 3-7 CXTILT02E 倾斜传感器

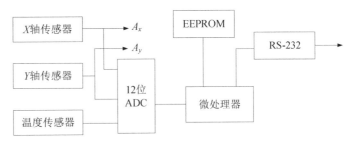

图 3-8 CXTILT02E 的功能框图

CXTILT02E 倾斜传感器的配线如图 3-9 所示，它通过 RS-232 接口传输数据，通过计算机发送单字节或多字节指令到 CXTILT02E 进行参数设置。角度噪声决定传感器的分辨率，而角度噪声又取决于测量带宽。测量带宽由传感器的响应频率设定，带宽越窄，分辨率越高，但响应的时间也越长。用户可以根据需要通过 RS-232 调整 CXTILT02E 的带宽以获得理想分辨率。

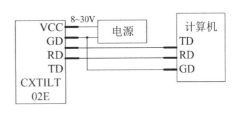

图 3-9 CXTILT02E 倾斜传感器的配线

2. HMR3000 数字罗盘

HMR3000 数字罗盘如图 3-10 所示。它使用磁阻传感器和两轴倾斜传感器提供航向信息。带有电子常平架的罗盘即使倾角达到 40°，也能给出精确的航向。HMR3000 内部全部使用表面贴装元器件，不含任何移动元器件，所以非常可靠和坚固。这个低功耗、小体积的装置带有非铁磁性金属外壳，便于安装在任何一个平台上。

HMR3000 数字罗盘功能框图如图 3-11 所示。它内置一个 2 轴倾角传感器和一个 3 轴磁场传感器，以及模拟驱动电路、EEPROM、电压调节器和微处理器。

71

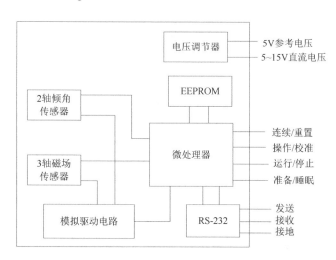

图 3-10　HMR3000 数字罗盘　　　　　　　图 3-11　HMR3000 数字罗盘功能框图

　　安装 HMR3000 时应尽可能远离任何可能产生磁场的位置和铁磁性的金属物体。HMR3000 内部的磁传感器具有较大的磁感应强度检测范围（±1Gs 或±100μT），而地球磁场的磁感应强度最大值为 0.65Gs（65μT），所以在大多数平台上传感器不会饱和。罗盘内部的标定和补偿程序可以有效补偿附加在地球磁场上的静态磁场，但不能对交流或直流电流产生的变化的磁场进行补偿。

　　HMR3000 带有电子常平架，所以不需要使罗盘完全水平。但是，为获得最大的倾斜变化范围，当运载工具或平台处于正常工作位置时，罗盘应安装成水平状态。罗盘的正向可以与平台的正向成任意夹角。使用偏向角参数将罗盘的磁方向转化为运载工具或平台的磁方向或真航向。HMR3000 便于使用，形式多样化，允许用户对罗盘的输出进行组态（包括6 种 NMEA 标准信息的组合，改变磁场计的测量参数以适应不同应用的需要等）。完善的罗盘自动标定程序，可以修正平台的磁影响。

3.3.3　智能加速度传感器

1. MXD7210/7020 系列智能加速度传感器

　　MXD7210/7020 系列是无锡美新（MEMSIC）半导体有限公司生产的低价、低噪声、数字模式输出的加速度传感器，它是采用标准的亚微米 CMOS 制造工艺生产的双轴加速度传感器。MXD7210/7020 内部包含一个内置的温度传感器和参考电压输出，可以进行温度补偿和频率补偿，具有极低的零加速度漂移。

　　MXD7210 的量程范围为±2g，MXD7020 的量程范围为±10g。它既能测量动态加速度（如振动），又能测量静态加速度（如重力加速度）。MXD7210/7020 系列基于热传导原理而设计，在其内部微机械结构中不存在可移动的质量块，这使得它排除了其他电容式加速度传感器存在的黏连、颗粒问题，并能承受大于 50 000g 的冲击。

　　MXD7210/7020 系列是基于单片机和 CMOS 集成电路制造工艺的完整的双轴加速度测

量系统，它以可移动的热对流小气团作为重力块。一个被放置在硅芯片中央的热源在一个空腔中产生一个悬浮的热气团；同时，由铝和多晶硅组成的热电偶组被等距离对称地放置在热源的 4 个方向上。在未感受到加速度或水平放置时，温度的下降陡度是以热源为中心完全对称的。此时，4 个热电偶组因感应温度而产生相同的电压。

由于自由对流热场的传递性，任何方向的加速度都会扰乱热场的形状，从而导致其不对称。此时，4 个热电偶组的输出电压会出现差异，这个差异是直接与感应加速度成比例的。MXD7210/7020 系列内部有两条完全相同的加速度信号传输路径：一条用于测量 X 轴上的感应加速度；另一条则用于测量 Y 轴上的感应加速度。

2. ADXL210/210E 系列智能加速度传感器

ADXL210/210E 系列智能加速度传感器是美国 ADI 公司开发的单片双轴加速度传感器系列，它有两个敏感轴——X 轴和 Y 轴，前者既可以输出模拟量信号，也可以输出数字信号。

ADXL210/210E 原理框图如图 3-12 所示。它有 X、Y 两个通道，是一个单片集成双轴加速度测量系统。它含有硅微加速度传感器和内部信号调理电路，属于开环检测机构。每个轴的输出电路将模拟量信号转换为占空比数字信号，可以用微处理器的计数器或定时器直接解码。ADXL210/210E 系列可以用来测量静加速度，如重力加速度，因此可以作为倾斜传感器使用。

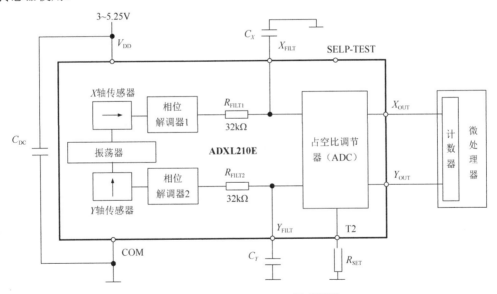

图 3-12 ADXL210/210E 原理框图

ADXL210/210E 内部主要包括 6 部分：X 轴传感器、Y 轴传感器、振荡器（产生相位差为 180°的两路方波信号，分别加至电容式加速度传感器的两个电容基板上）、相位解调器 1 和相位解调器 2、两级低通滤波器（R_{FILT1} 和 C_X、R_{FILT2} 和 C_Y）、占空比调节器（ADC）。C_{DC} 为退耦电容，R_{SET} 用来设定输出占空比信号的周期。

3．MMA6260Q 单片加速度传感器

Motorola 的 Freescale Semiconductor 子公司生产的 MMA6200 单片加速度传感器系列单片双轴加速度传感器，主要型号有 MMA6260Q、MMA6261Q、MMA6262Q、MMA6263Q。它们的工作原理相同，性能指标不同。MMA6260Q 属于硅半导体电容式加速度传感器，芯片中除了传感器还包含 CMOS 信号调理器、一阶低通滤波器、温度补偿电路、自检电路和故障检测电路。芯片中还有低电压检测、时钟监视器、EEPROM 校验等电路，出现故障后能起到保护作用，大大提高了系统的可靠性；故障排除后，利用自检信号可使系统复位。

MMA6260Q 的内部电路框图如图 3-13 所示，可分为两大部分：一部分是传感器单元；另一部分为信号调理器集成电路（ASIC）。电路主要由加速度传感器、积分器、放大器、一阶低通滤波器、温度补偿电路及输出级、时钟发生器和时钟振荡器、控制逻辑与 EEPROM 调整电路、自检电路组成。

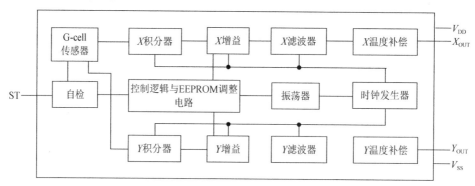

图 3-13　MMA6260Q 的内部电路框图

Freescale Semiconductor 加速度传感器采用表贴封装微型集成电路。器件由表贴封装微型传感单元（G-cell）和信号调理器集成电路（ASIC）组成，采用微型电容薄膜将传感元件密封。

G-cell 是使用半导体处理技术（掩膜和刻蚀）在半导体材料（多晶硅）上制成的机械结构。可以将它模拟成一组横梁，该横梁附属于中心物质，中心物质在固定横梁之间移动。受系统加速度影响，可移动的横梁会偏离静止位置。MMA6260Q 加速度传感器内部结构如图 3-14 所示。

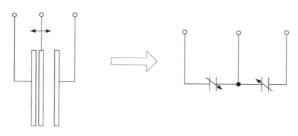

图 3-14　MMA6260Q 加速度传感器内部结构

3.3.4 智能角速率陀螺

1．DSP-3000 智能光纤陀螺

KVH 公司在移动卫星通信、导航和光纤产品的研发方面具有领先水平。DSP-3000 是 KVH 公司推出的具有显著漂移稳定性的开环光纤陀螺仪，包含有极化作用光纤和具有数字信号处理模块的光纤组件。

DSP-3000 是单轴干涉光纤陀螺，具有数字输出接口，主要用于光学平衡和导航领域。DSP-3000 基于独特的极化偏振光纤和精密光纤陀螺技术，是采用数字信号处理器的全光纤系统。它可以精确测量角速率，以±375°/s 的速度输入数字信号，以±100°/s 的速度输入模拟信号，性价比很高。其数字异步传输速率为 100 块/s，带宽为 50Hz；同步传输速率可达 1000 块/s，带宽为 100Hz；模拟传输速率为 100 块/s，带宽为 100Hz。DSP-3000 光纤陀螺具有自检功能，开机 5s 即可工作。

DSP-3000 的灵敏度为 1000×10^{-6}，噪声在采用数字输入时为 4（°/h）/Hz$^{0.5}$，采用模拟输入时为 6（°/h）/Hz$^{0.5}$。数字异步输入速率为 38 400bit/s，同步串行时钟为 3.072MHz；模拟输出为±2V DC（对单端，满量程为±1V DC）。

DSP-3000 可以测量与基准平面垂直的轴线的旋转运动，产品标签用箭头指出正输出的旋转方向，即从正面看为顺时针方向。为了减小输出误差和交叉轴的敏感性，安装 DSP-3000 的平面应该平行于旋转轴线的法平面，若未对准，则输出数据为未对准角的余弦函数。

2．VG700CA 智能垂直光纤陀螺

VG700CA 智能垂直光纤陀螺是 Crossbow 公司的第二代角速率光纤陀螺，它可以在动态环境中稳定检测滚动角和俯仰角，具有很高的稳定性和可靠性，偏置稳定性小（小于 20°/h），噪声低，性能优良。

1）基本性能

VG700CA 主要为输出滚动角和俯仰角设计，但是其内部包含 3 个加速度传感器、3 个光纤陀螺及 1 个温度传感器。除了可以输出滚动角和俯仰角，还可以输出 3 轴加速度信号和 3 轴角速率信号。

VG700CA 陀螺滚动角和俯仰角的测试范围分别为-180°～+180° 和-90°～+90°，静态精度小于±0.5°，动态精度不大于±2°；角速率测量范围为-200°/s~+200°/s，偏差不大于±0.03°/s，非线性小于 1 %FS（"FS"表示满量程），比例因子精度为 2%，带宽大于 100Hz；加速度测量范围为±（2~10）g，比例因子精度小于±1%，非线性小于±1%FS。

VG700CA 既可以通过 RS-232 串行接口输出数字信号，也可以通过 DAC 输出模拟信号。所有模拟量输出经过缓冲，可直接传输给数据采集设备。VG700CA 使用 10～30V 直流电源，输入电流必须小于 0.75A，可在-40～+70℃环境中工作。

2）功能框图

VG700CA 的内部功能框图如图 3-15 所示。加速度传感器、角速率陀螺和温度传感器

的原始输出信号为模拟电压，经过 14 位 ADC 模拟信号转化为数字信号，然后传送到处理器，进行数据校准和温度补偿，通过 RS-232 和 12 位 DAC 输出数字信号和模拟信号。

3）工作模式

VG700CA 有 3 种工作模式：电压模式、工程模式和角度（VG）模式。工作模式可通过 RS-232 接口更改。在电压模式下，模拟量传感器经采样后把数据转换为具有 1mV 精度的数字量，直接作为传感器的输出；在工程模式下，模拟量传感器采样后把数据转换为经温度补偿的工程单位的数字量，输出的数据代表传感器测量的实际值；在角度模式下，VG700CA 作为垂直陀螺，根据角速率和加速度信息输出稳定的俯仰角和滚动角，角速率和加速度根据比例传感模式计算而来。

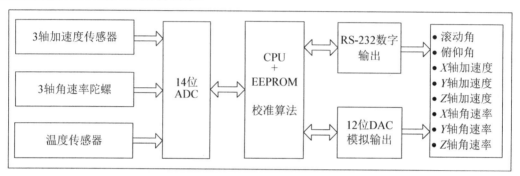

图 3-15　VG700CA 的内部功能框图

3. VG991（D）光纤陀螺

VG991（D）是俄罗斯 FIZOPTIKA 公司的产品，可提供未补偿的角速率模拟量信号或通过 RS-485 输出原始数据的数字信号。

1）基本性能

VG991（D）光纤陀螺的量程为 150° /s，比例因子为 20 mV/（° /s），噪声为 $2\mu V/Hz^{0.5}$。模拟输出滤波器截止频率为 450Hz。VG991（D）既可以输出数字信号，也可以输出模拟信号。VG991（D）的工作电源为+5V DC（从 4.9～5.5V），工作温度为-30～+70℃。

2）系统组成

VG991（D）组成模块如图 3-16 所示。

☺　数字部件：包括接口板 DC02、DC01、DC7716。其中，DC02 用来形成数字板的信号，包括 ADC 输入的校准电路；DC7716 是带 22 位 ADC 和 32MHz DSP 的数字板，用来对 DC02 信号数字化，使其与装入 DSP 的算法一致，通过 DSP 逻辑输出驱动 DC01。

☺　SLD 模块：该模块为光纤耦合集成二极管，具有 0.82μm 波长和 0.1mW 的光纤电源，SLD 芯片通过焊接而成。

☺　耦合器：有保险丝的耦合器是一种单一模式的低耗 2×2 光纤设备。

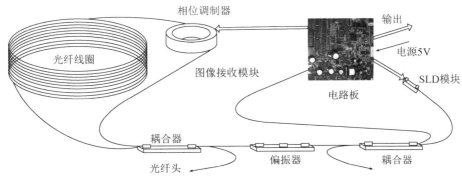

图 3-16　VG991（D）组成模块

☺　偏振器：它由双折射媒质覆层的锥形光纤构成，是 FIZOPTIKA 公司的发明。

☺　光纤线圈：它是四重绕制的极化偏振光纤，外径为 402 μm。

☺　相位调制器（PZT）：用来提高灵敏度。

☺　图像接收模块：该模块基于硅光敏二极管，把输出光强转换为电信号。

☺　电子模块：该模块把综合电信号转变为与速率成比例的电压，采用微型 PCB。

4．ADXRS401 iMEMS 陀螺仪

美国 ADI 公司的 iMEMS 系列陀螺仪在严峻的工作条件下可靠性高、功率低、易于使用、尺寸小、成本低，并且具有更高的鲁棒性。它们采用完全集成的结构，将 MEMS 的横梁结构与全部信号调理电路都集成到一个单片集成电路上。iMEMS 陀螺仪的应用领域包括车辆的翻车保护、车辆的动态平衡控制、导航系统、机器人技术和航空电子学等。

1）ADXRS401 的性能特点

ADXRS401 是基于"音叉陀螺仪"（Tuning Fork Gyro）的原理，采用表面显微机械加工工艺和高容量 BMOS 半导体工艺制成的功能完善、价格低廉的角速率传感器，内部包含两个角速率传感器、共鸣环、信号调理器等，真正实现了角速率陀螺仪的单片集成化。其输出电压与偏航角速率成正比，电压的极性则代表转动方向。

ADXRS401 测量偏航角速率的范围是 ±75°/s，线性放大因子为 15mV/（°/s），零位输出电压为 2.5V。非线性误差为 ±0.1%FS，角速率噪声为 10Hz，带宽为 3mV。−3dB 带宽为 40Hz，固有频率为 14kHz，角速率噪声密度为 0.2（°/s）/Hz$^{0.5}$。通过外部电阻和电容还可分别设定测量角速率的范围、带宽及零位输出电压。

ADXRS401 内部包含电压输出式温度传感器（其电压比例因子为 +8.4mV/K）、+2.5V 基准电压源和电荷泵式 DC/DC 电源变换器（简称泵电源）。利用泵电源可将 +5V 升压到 +12V，供内部电路使用。分别给 ADXRS401 角速率传感器的 ST_1、ST_2 端子接上高电平，即可模拟出对应于 −50°/s 或 +50°/s 角速率时输出电压的变化量，以检查系统是否能正常工作。还可以选择上电自检模式或手动自检模式。补偿技术采用精密参考电压源及温度补偿输出，两个数字自检输入可以激活传感器测试对两个传感器的正确操作和信号调理电路。

2）ADXRS401 的工作原理

ADXRS401 采用 BGA-32 型金属壳表贴式封装，其内部电路框图如图 3-17 所示。ADXRS401 主要由自检电路、两个角速率传感器、共鸣环、科里奥利（CORIOLIS）信号通道（包含 π 型解调器等）、角速率输出电压放大器（A_1）、2.5V 基准电压源、温度传感器及电压放大器（A_2）、+12V 泵电源组成。

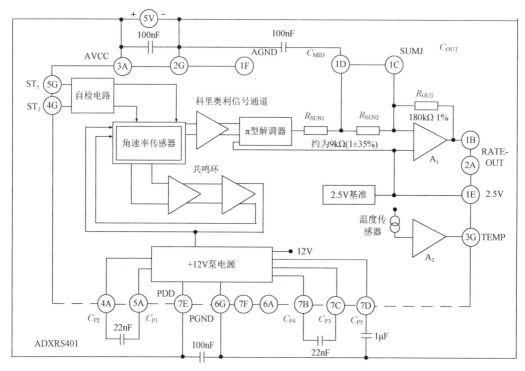

图 3-17　ADXRS401 内部电路框图

ADXRS401 内部的陀螺是经过显微机械加工制成的，它采用音叉陀螺仪（共鸣器）的原理。两个角速率传感器是用多晶硅制成的，每个传感器都包含靠静电力产生谐振的抖动架，形成转动部件。采用两套角速率传感器的设计方案，能消除外部重力和振动对测量的影响。信号调理器的作用是在噪声环境下保证测量精度不变。

ADXRS401 的外围元件主要包括电源退耦电容 C_{P1}、泵电源的特有电容 C_{P2}、充电泵电容 $C_{P3}\sim C_{P5}$、滤波电容 C_{MID} 和 C_{OUT}。芯片内部还有传感电阻（R_{SEN1}、R_{SEN2}）和输出电阻（R_{OUT}）。其中，解调后有一个单级低通滤波器，由外部提供的电容 C_{MID} 与内部 9kΩ 的 R_{SEN1} 组成，当 C_{MID}=0.1μF 时，可滤除 400Hz（1±35%）以上的高频干扰。为防止高频解调后的环境噪声使输出放大器饱和，在制作 R_{SEN1} 和 R_{SEN2} 时专门留出了 ±35% 的裕量，允许它们的电阻值为 9kΩ（1±35%）。因此，C_{MID} 的电容量并不要求很精确，将高频噪声滤波器的下限频率设置低一些，滤波效果会更好。但输出电阻 R_{OUT} 属于精密电阻，其电阻值为 180Ω（1±1%）。由 R_{OUT} 与 C_{OUT} 构成的低通滤波器主要用来设定带宽。取 C_{OUT}=0.022μF 时，设置的带宽为 40Hz（标称值）。

ADXRS401 内部的温度传感器不仅能测量环境温度，还可用来对角速率传感器的输出电压进行温度补偿，以便构成精密角速率检测系统。设温度传感器的输出电压为 U_T，其电压温度比例因子 a_T=+8.4mV/K。U_T 与热力学温度 T（K）成正比，即

$$U_T = a_T T \qquad\qquad (3\text{-}2)$$

3）ADXRS401 的典型应用及电路设计

由 ADXRS401 构成的角速率测量仪电路如图 3-18 所示（芯片为俯视图）。ADXRS401 采用+5V 电源供电。角速率电压信号和温度电压信号分别送给 20V 量程的数字电压表（DVM）。也可采用选择开关分别显示测量角速率和温度电压信号，将角速率读数除以灵敏度就得到 a_v 值，分辨率为 0.1° /s。同理可计算出 T 值，分辨率为 0.1℃。

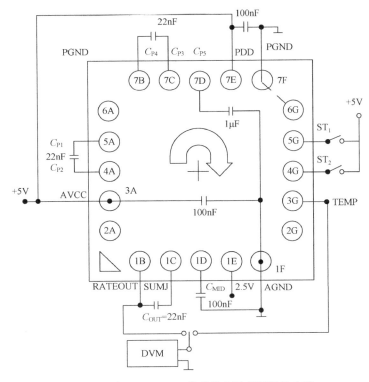

图 3-18   由 ADXRS401 构成的角速率测量仪电路

闭合 ST_1 端的自检开关后，ST_1 接高电平，对角速率传感器进行自检，此时可模拟一个−50° /s 的角速率信号，使 RATEOUT 端产生一个−800mV 的电压变化量（从 2.50V 降为 1.7V）。同理，闭合 ST_2 端接高电平时能模拟一个+50° /s 的角速率信号，使 RATEOUT 端产生一个+800mV 的电压变化量（从 2.50V 升至 3.3V）。而且，ST_1 端和 ST_2 端同时接高电平也不会损坏芯片，只是因两个角速率传感器不可能完全匹配，此时输出端电压会偏离零点。如果在上电过程中将 ST_1 端（或 ST_2 端）置成高电平，还可进行上电自检。

要想构成角速率检测系统，需增加 ADC、单片机，再配上键盘、显示器等外围电路。

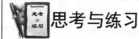思考与练习

（1）智能传感器有什么特点？主要由哪几部分组成？

（2）智能 CMOS 图像传感器的应用方向有哪些？

（3）传统的 CMOS 图像传感器中识别色彩的方法有哪几种？

（4）HMR3000 数字罗盘特点是什么？

（5）VG991（D）光纤陀螺由哪几部分组成？

（6）VG700CA 的内部包含几种传感器？

第 4 章

机器人常用传感器

学习目标

☺ 掌握机器人常用内部传感器的分类及应用；

☺ 掌握机器人常用外部传感器的分类及应用。

4.1 机器人传感器的分类和要求

4.1.1 机器人传感器的分类

传感技术是先进机器人的三大要素（感知、决策和动作）之一。根据机器人完成的任务不同，配置的传感器类型和规格也不同。通常根据用途的不同，机器人传感器可以分为两大类：用于检测机器人自身状态的内部传感器和用于检测机器人相关环境参数的外部传感器。

内部传感器是测量机器人自身状态的功能元件，通常包括位置、加速度、速度、压力等传感器，检测的对象包括关节的线位移、角位移等几何量，速度、加速度、角速度等运动量，还有倾斜角、压力和振动等物理量。内部传感器常用于控制系统、反馈元件，以及检测机器人自身状态参数的检测，如关节运动的位移、速度、加速度、力和力矩等。

外部传感器主要用于测量机器人周边环境参数，通常与机器人的目标识别、作业安全等因素有关。从机器人系统的观点来看，外部传感器的信号一般用于规划决策层。外部传感器可以分为接触传感器和非接触传感器两类，一般包括触觉、接近觉、视觉、听觉、嗅觉和味觉等传感器。

图 4-1 所示为机器人传感器的分类。

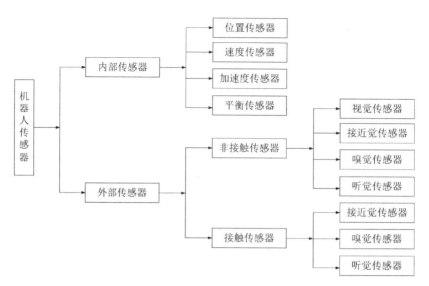

图 4-1　机器人传感器的分类

4.1.2　机器人传感器的要求

选择机器人传感器完全取决于机器人的工作需要和应用特点，对机器人感觉系统的要求是选择机器人传感器的基本依据。和人一样，机器人必须大量收集周围环境的信息才能有效地工作。例如，在捡拾物体时，它们需要知道该物体是否已经被捡到，否则下一步工作无法进行。当机器人手臂在空间运动时，必须避开各种障碍物，并以一定的速度接近工作对象。机器人要处理的工作对象质量很大，有时候容易破碎，有时候温度很高，机器人对这些特征都要识别并做出相应的决策，才能更好地完成任务。

以机器人弧焊加工为例，机器人弧焊是在被焊接件上沿着需要的路线（焊缝）把被焊接件连接在一起。如果机器人没有感觉能力，不能自行观察焊接，那么只能在机器人预先编程时精确地输入焊接位置来工作。实际工作中，焊接不允许有误差，这样机器人的运行轨迹就不允许有误差，否则焊缝会出现误焊，这些要求有时很难达到。因此，人们在弧焊机器人上装备较为先进的焊缝自动跟踪系统，一旦机器人偏离实际工件的焊缝，焊缝跟踪系统将反馈偏离信息。机器人允许被焊接件及其焊缝存在一定的误差，机器人的运动轨迹精度也不需要太高。

机器人对传感器的一般性要求如下。

☺　精度高、重复性好：机器人是否能够准确无误地正常工作，往往取决于其所用传感器的测量精度。

☺　稳定性和可靠性好：保证机器人能够长期、稳定、可靠地工作，尽可能避免在工作中出现故障。

☺　抗干扰能力强：机器人的工作环境往往比较恶劣，其所用传感器应能承受一定的电磁干扰和振动，并能在高温、高压、高污染环境中正常工作。

☺　质量小、体积小、安装方便。

☺　价格低。

4.2　常用内部传感器

4.2.1　位置传感器

位置感觉是机器人最基本的感觉要求，没有这种感觉，机器人将不能正常工作，位置感觉可以通过多种传感器来实现。位置传感器包括位置和角度检测传感器。常用的机器人位置传感器有电位器式、光电式、电感式、电容式、霍尔元件式、磁栅式及机械式位置传感器等。机器人各关节和连杆的运动定位精度要求、重复精度要求及运动范围要求，是选择机器人位置传感器的基本依据。

1．电位器式位置传感器

电位器式位置传感器由 1 个绕线电阻（或薄膜电阻）和 1 个滑动触点组成。其中，滑动触点通过机械装置受被检测量的控制。当被检测的位置量发生变化时，滑动触点也发生位移，改变了滑动触点与电位器各端之间的电阻值和输出电压值。根据这种输出电压值的变化，可以检测出机器人各关节的位置和位移量。

按照电位器式位置传感器的结构，可以把它分为两大类：一类是直线型电位器，如图 4-2 所示；另一类是旋转型电位器，如图 4-3 所示。

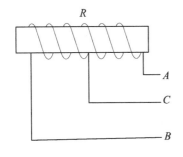

图 4-2　直线型电位器

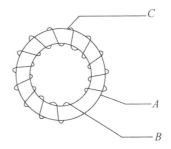

图 4-3　旋转型电位器

直线型电位器主要用于检测直线位移，其电阻器采用直线型螺线管或直线型碳膜电阻，滑动触点只能沿电阻的轴线方向做直线运动。直线型电位器的工作范围和分辨率受电阻器长度的限制，绕线电阻、电阻丝本身的不均匀性会造成电位器式位置传感器的输入/输出关系的非线性。

图 4-4 所示为位置传感器的工作原理。

在载有物体的工作台下面，有与电阻接触的触头。当工作台左右移动时，触头也随之

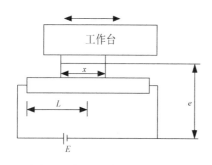

图 4-4　位置传感器的工作原理

运动，从而改变了与电阻接触的位置，检测的是以电阻中心为基准位置的移动距离。假定输入电压为 E，电阻丝长度为 L，触头从中心向左端移动 x，则电阻右侧的输出电压为

$$e = \frac{L+x}{2L}E \qquad (4-1)$$

根据欧姆定律，可得移动距离为

$$x = \frac{L(2e-E)}{E} \qquad (4-2)$$

旋转型电位器的电阻元件是呈圆弧状的，滑动触点也只能在电子元件上做圆周运动。旋转型电位器有单圈电位器和多圈电位器两种。由于滑动触点等的限制，单圈电位器的工作范围小于 360°，分辨率也有一定的限制，但对于大多数应用情况来说，这并不会妨碍它的使用。假如需要更高的分辨率和更大的工作范围，可以选用多圈电位器。

电位器式位置传感器具有很多优点，如输入/输出特性可以是线性的，输出信号选择范围大，不会因为失电而破坏其已感觉到的信息；当电源因故断电时，电位器的滑动触点将保持原来的位置不变；另外，它还具有性能稳定、结构简单、尺寸小、质量小、精度高等优点。电位器式位置传感器的主要缺点是容易磨损（滑动触点和电阻器表面的磨损），使电位器的可靠性和寿命受到一定的影响。因此，电位器式位置传感器在机器人上的应用受到了极大的限制，近年来随着光电编码器价格的降低，电位器式位置传感器逐渐被淘汰。

2．光电编码器

目前，机器人系统中应用的位置传感器一般为光电编码器。光电编码器是一种应用广泛的位置传感器，其分辨率完全能满足机器人的技术要求，这种非接触型位置传感器可分为绝对型光电编码器和相对型光电编码器。前者只要将电源加到用这种传感器的机电系统中，光电编码器就能给出实际的线性或旋转位置。因此，用绝对型光电编码器装备的机器人的关节不要求校准，只要一通电，控制器就知道实际的关节位置。相对型光电编码器只能提供某基准点对应的位置信息，因此用相对型光电编码器的机器人在获得真实位置信息之前，必须先完成校准程序。

1）绝对型光电编码器

绝对型编码器有绝对位置的记忆装置，能测量旋转轴或移动轴的绝对位置，因此在机器人系统中得到大量应用。绝对型光电编码器通常由三个主要元件构成：多路（或通道）光源（如 LED）、光敏元件和光电码盘。

n 个 LED 组成的线性阵列发射的光与码盘成直角，并由码盘反面对应的 2 个光敏晶体管构成的线性阵列接收，电动机栅的绝对型光电编码器如图 4-5 所示。绝对型光电编码器码盘分为周界通道和径向扇形面，利用几种可能的编码形式之一获得绝对角度信息，绝对型光电编码器码盘如图 4-6 所示。在这种码盘上，按一定的编码方式刻有透明区域和不透明区域，光线透过码盘的透明区域使光敏元件导通，产生低电平信号，代表二进制数的"0"；不透明区域代表二进制数的"1"。因此，当某一个径向扇形面处于光源和光传感器之间的位置时，光敏元件即可接收到相应的光信号，相应地得出码盘所处的角度位置。

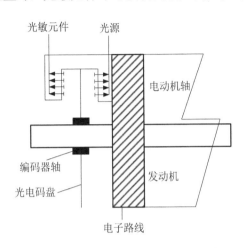

图 4-5   电动机栅的绝对型光电编码器   图 4-6   绝对型光电编码器码盘

4 通道 16 个扇形面的二进制码码盘如图 4-7（a）所示。采用二进制码码盘，在两个码段交替过程中，有可能由于电刷位置安装不准，一些电刷越过分界线，而另一些尚未越过，会产生非单值性误差。为减小这种误差，改进的方法是采用格雷码码盘，如图 4-7（b）所示，其特点是相邻两数的代码中只有一位数发生变化，能够将误差控制在一个数码之内，其误差最多不超过 1。对应于十进制 0～15 的格雷码和二进制码如表 4-1 所示。

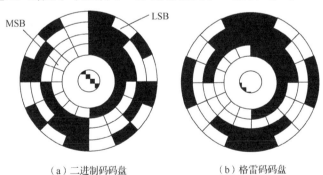

（a）二进制码码盘   （b）格雷码码盘

图 4-7   绝对码盘

表 4-1   对应于十进制 0～15 的格雷码和二进制码

十进制码	格雷码	二进制码	十进制码	格雷码	二进制码
0	0000	0000	8	1100	1000
1	0001	0001	9	1101	1001
2	0011	0010	10	1111	1010
3	0010	0011	11	1110	1011

十进制码	格雷码	二进制码	十进制码	格雷码	二进制码
4	0110	0100	12	1010	1100
5	0111	0101	13	1011	1101
6	0101	0110	14	1001	1110
7	0100	0111	15	1000	1111

编码器的分辨率通常由圆弧道数（位数）n 来确定，分辨率为 $360°/2^n$。例如，12 位编码器的分辨率为 $360°/2^{12}$，格雷码码盘的圆弧道数一般为 8~12，高精度的达到 14。

2）相对型光电编码器

与绝对型光电编码器一样，相对型光电编码器也是由前述三个主要元件构成的，不同的是后者的光源只有一路或两路，光电码盘一般只刻有一圈或两圈透明区域和不透明区域。当光透过码盘时，光敏元件导通，产生低电平信号，代表二进制数的"0"；不透明区域代表二进制数的"1"。因此，这种编码器只能通过计算脉冲个数得到输入轴转过的相对角度。由于相对型光电编码器的码盘加工相对容易，因此其成本比绝对型光电编码器低，而分辨率比绝对型光电编码器高。然而，只有使机器人首先完成校准操作后才能获得绝对位置信息。通常，这不是很大的缺点，因为这样的操作一般只有在加上电源后才能完成。若在操作过程中电源意外消失，则由于相对性编码器没有"记忆"功能，必须再次进行校准。

与之相对的，绝对型光电编码器产生供每种轴用的独立的和单值的码字。与相对型光电编码器不同，它的每个读数都与前面的读数无关，当系统电源中断时，绝对型光电编码器记录发生中断的地点，当电源恢复时，把记录情况通知系统。采用绝对型光电编码器的机器人，电源中断导致旋转部件的位置移动，校准仍保持。

3. 旋转变压器

旋转变压器是一种输出电压随转角变化的检测装置，是用来检测角位移的，其基本结构与交流绕线式异步电动机相似，由定子和转子组成。旋转变压器的原理如图 4-8 所示，定子相当于变压器的一次侧，有两组在空间位置上互相垂直的励磁绕组；转子相当于变压器的二次侧，仅有一个绕组。当定子绕组通交流电流时，转子绕组中便有感应电动势产生。感应电动势的大小等于两个定子绕组单独作用时所产生的感应电动势矢量和。

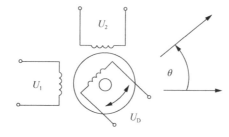

图 4-8 旋转变压器的原理

假设分别在两个定子绕组中加频率 ω 相同、幅值 U_m 相等、而相位相差 90° 的交流励磁

电压 $U_1=U_m\cos\omega t$ 和 $U_2=U_m\sin\omega t$，可以证明，转子输出感应电动势 U_0 仅与转子的转角 θ 有关，即

$$U_0 = K_1 U_m \sin(\omega t + \theta) \tag{4-3}$$

式中，K_1 为转子、定子间的匝数比。

旋转变压器是一种交流励磁型的角度检测器，检测精度较高。在使用时，可以把旋转变压器转子与机器人的关节轴联接，用鉴相器测出转子感应电动势 U_0 的相位，从而确定关节轴旋转的角度。

4．激光干涉式编码器

中国科学院长春光学精密机械与物理研究所利用光学衍射光干涉技术取代传统几何光提取位移信息技术，研制出国内最高水平的高密度光栅盘，刻线密度达到 380 线/mm。1994 年研制成的 $\phi58$mm 带有光学倍频的编码器，无电细分的原始角分辨率达到每圈 162 000 脉冲，即优于 $2''$。高速电处理技术的应用，使响应频率达到 1MHz。绝对零位信息提取的创新技术使定位精度大大提高，全周最大累积误差为 $7.8''$。该编码器可用于高精度 DD 机器人，使我国机器人位置传感器的制造技术处于世界先进水平行列。

4.2.2　速度传感器

速度传感器是机器人内部传感器之一，是闭环控制系统中不可缺少的重要组成部分，它用来测量机器人关节的运动速度。可以进行速度测量的传感器很多，如进行位置测量的传感器大多可同时获得速度的信息。但是应用最广泛、能直接得到代表转速的电压且具有良好的实时性的速度测量传感器是测速发电机。在机器人控制系统中，以速度为首要目标进行伺服控制的并不常见，更常见的是机器人的位置控制。若要考虑机器人运动过程的品质，速度传感器甚至加速度传感器都是需要的。根据输出信号形式的不同，速度传感器可分为模拟式和数字式两种。

1．模拟式速度传感器

测速发电机是最常用的一种模拟式速度传感器，它是一种小型永磁式直流发电机。其工作原理是，当励磁磁通恒定时，其输出电压与转子转速成正比，即

$$U = Kn \tag{4-4}$$

式中，U 为测速发电机输出电压，V；n 为测速发电机转速，r/min；K 为比例系数。当有负载时，电枢绕组流过电流，由于电枢反应而使输出电压降低。若负载较大，或者测量过程中负载变化，则破坏了线性特性而产生误差。为减少误差，必须使负载尽可能地小且性质不变。测速发电机总是与驱动电动机同轴联接，这样就测出了驱动电动机的瞬时速度。测速发电机在机器人控制系统中的应用如图 4-9 所示。

图 4-9　测速发电机在机器人控制系统中的应用

2. 数字式速度传感器

在机器人控制系统中，增量式编码器一般用作位置传感器，但也可以将其用作速度传感器。当把一个增量式编码器用作速度检测元件时，有以下两种使用方法。

1）模拟式方法

在这种方式下，需要一个 F/V 转换器，它必须有尽量小的温度漂移和良好的零输入/输出特性，用它把编码器的脉冲频率输出转换成与转速成正比的模拟电压，它检测的是电动机轴上的瞬时速度，增量编码器用作速度传感器的示意图如图 4-10 所示。

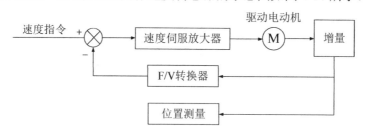

图 4-10　增量编码器用作速度传感器的示意图

2）数字式方法

编码器是数字元件，它的脉冲个数代表了位置，而单位时间里的脉冲个数表示这段时间里的平均速度。显然，单位时间越短越能代表瞬时速度，但在太短的时间里，只能记录几个编码器脉冲，因而降低了速度分辨率。目前在技术上有多种办法可以解决这个问题。例如，采用两个编码器脉冲为一个时间间隔，然后用计数器记录在这段时间里高速脉冲源发出的脉冲个数，编码器测速原理如图 4-11 所示。

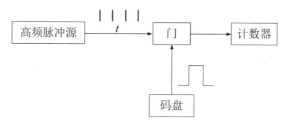

图 4-11　编码器测速原理

设编码器每转输出 1000 个脉冲，高速脉冲源的周期为 0.1ms，门电路每接收一个编码器脉冲就开启，再接到一个编码器脉冲就关闭，这样周而复始，也就是门电路开启时间是两个编码器脉冲的间隔时间。如计数器的计数值为 100，则

编码器角位移：$\Delta\theta = \dfrac{2}{1000} \times 2\pi$

时间增量：$\Delta t = 脉冲源周期 \times 计数值 = 0.1\text{ms} \times 100 = 10\text{ms}$

速度：$\dot{\theta} = \dfrac{\Delta\theta}{\Delta t} = \left(\dfrac{2}{1000} \times 2\pi\right) / (10 \times 10^{-3}) = 1.26(\text{r}/\text{s})$

4.2.3　加速度传感器

随着机器人的高速化、高精度化，由机械运动部分刚性不足引起的振动问题开始受到关注。作为抑制振动问题的对策，有时在机器人的各杆件上安装加速度传感器，测量振动加速度，并把它反馈到杆件底部的驱动器上；有时把加速度传感器安装在机器人术端执行器上，将测得的加速度进行数值积分，加到反馈环节中，以改善机器人的性能。从测量振动的目的出发，加速度传感器日趋受到重视。

机器人的动作是三维的，而且活动范围很广，因此可在连杆等部位直接安装接触式振动传感器。虽然机器人的振动频率仅为数十赫兹，但因为共振特性容易改变，所以要求传感器具有低频、高灵敏度的特性。

1. 应变片加速度传感器

Ni-Cu 或 Ni-Cr 等金属电阻应变片加速度传感器是一个由板簧支承重锤所构成的振动系统，板簧上、下两面分别贴两个应变片，应变片加速度传感器如图 4-12 所示。应变片受振动产生应变，其电阻值的变化通过电桥电路输出电压被检测出来。除了金属电阻，Si 或 Ge 半导体压阻元件也可用于加速度传感器。

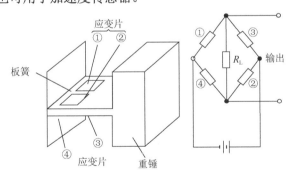

图 4-12　应变片加速度传感器

半导体应变片的应变系数比金属电阻应变片高 50～100 倍，其灵敏度很高，但温度特性差，需要加补偿电路。最近研制出充硅油耐冲击的高精度悬臂结构（重锤的支承部分），包含信号处理电路的超小型芯片式悬臂机构也在研制中。

2. 电容式加速度传感器

近年来，利用表面微加工技术制造的电容式加速度传感器发展迅速，它的核心部分只

有 $\phi3$mm 左右，与测量转换电路封装在一起，有 8 脚的 TO-5 金属封装，也有 16 脚的 DIP 封装，形同普通的集成电路。

图 4-13 所示为表面微加工的电容式加速度传感器结构示意图，它由 3 个多晶硅层组成差动电容。第 1 层和第 3 层固定不动，第 2 层是梁，它以本身的质量构成惯性系统，并与第 1 层和第 3 层构成差动电容 C_1、C_2。当传感器壳体随被测对象沿垂直方向做直线加速运动时，C_1、C_2 作相反的变化，通过集成在一起的检测电路输出相应的电压信号，这种电容式加速度传感器采用空气或其他气体作为阻尼物质，其频率响应高，量程范围大，灵敏度可达 0.35mV/g。

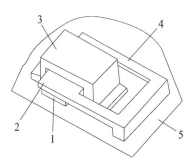

1—第 1 层多晶硅；2—第 2 层多晶硅；3—第 3 层多晶硅；4—悬臂；5—绝缘体

图 4-13　表面微加工的电容式加速度传感器结构示意图

图 4-14 所示为电容式加速度传感器结构示意图。在硅片上安装有类似"H"形的弹性元件，形成 4 个弯曲梁。在弹性元件上加工有 42 组动极片，它们和固定极片是等间隔的，因此所形成的电容 $C_1=C_2$。当硅片受到加速度作用时，弹性元件移位，动极片和固定极片的位置会发生变化，此时 $C_1 \neq C_2$。通过检测电容量的变化就可以检测出传感器所受到的加速度的大小，该传感器输出电压的灵敏度为 19mV/g，加速度的最大测量范围为±50g，相应的电压输出量为±0.95V。

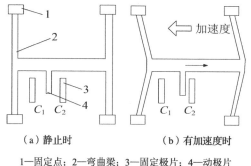

（a）静止时　　　　（b）有加速度时

1—固定点；2—弯曲梁；3—固定极片；4—动极片

图 4-14　电容式加速度传感器结构示意图

3. 电感式加速度传感器

图 4-15 所示为电感式加速度传感器结构示意图。它由悬臂梁和差动变压器构成。测量时，将悬臂梁底座及差动变压器的线圈骨架固定，而将衔铁的 A 端与被测振动体相连，此

时传感器作为加速度测量中的惯性元件,其位移与被测加速度成正比,使加速度测量转变为位移的测量。当被测振动体带动衔铁以 Δx 振动时,导致差动变压器的输出电压也按相同的规律变化。

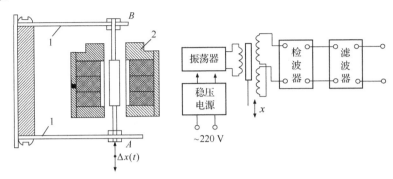

1—悬臂梁;2—差动变压器

图 4-15　电感式加速度传感器结构示意图

4. 磁电式加速度传感器

由磁电式速度传感器配用微分电路,可获取加速度信号。图 4-16 所示为磁电式加速度传感器的结构示意图。其结构特点是:钢制圆形外壳里面用铝支架将圆柱形永磁铁与外壳固定成一体,永磁铁中间有一个小孔,穿过小孔的芯轴两端架起绕组和阻尼环,芯轴两端通过圆形膜片支撑架空且与外壳相连。工作时,传感器与被测物体刚性联接,当物体振动时,传感器外壳和永磁铁随之振动,而架空的芯轴、绕组和阻尼环因惯性而不随之振动。因此,磁路空气隙中的绕组切割磁力线而产生正比于振动速度的感应电动势,绕组再通过引线接到测量电路中。在测量电路中接入微分电路,则输出电压与加速度成正比。

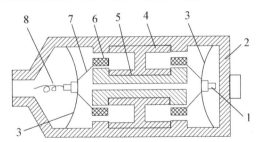

1—芯轴;2—外壳;3—弹簧片;4—铝支架;5—永磁铁;6—绕组;7—阻尼环;8—引线

图 4-16　磁电式加速度传感器的结构示意图

5. 压电式加速度传感器

压电式加速度传感器是利用晶体的压电效应原理而工作的,它主要由压电元件、质量块、弹性元件及外壳组成。图 4-17(a)所示为压缩式压电式加速度传感器的结构示意图。压电元件常由两片压电陶瓷组成,两个压电片之间的金属片为一个电极,基座为另一个电极。在压电片上放一个质量块,用一个弹簧压紧施加预应力。通过基座底部的螺孔将传感器紧固在被测物体上，传感器的输出电荷（或电压）即与被测物体的加速度成正比。其优点是固有频率高、频率响应好、有较高灵敏度，且结构中的敏感元件（弹簧、质量块和压电元件）不与外壳直接接触，受环境影响小，目前这种加速度传感器应用较多。

剪切式压电式加速度传感器结构示意图如图 4-17（b）所示。它利用了压电元件的切变效应。压电元件是一个压电陶瓷圆筒，沿轴向极化。将圆筒套在基座的圆柱上，外面再套惯性质量环。当传感器受到振动时，质量环由于惯性作用，使压电圆筒产生剪切形变，从而在压电圆筒的内外表面上产生电荷，其电场方向垂直于极化方向。其优点是具有很高的灵敏度，横向灵敏度很小，其他方向的作用力造成的测量误差很小。

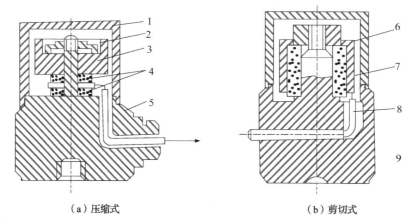

（a）压缩式　　　　　　　　　　　　（b）剪切式

1—壳体；2—弹簧；3—质量块；4—压电片；5—基座；6—质量环；7—压电陶瓷圆筒；8—引线；9—基座

图 4-17　压电式加速度传感器结构示意图

压电式加速度传感器的使用下限频率：一般压缩式为 3Hz，剪切式为 0.3Hz；上限频率达 10kHz，但在很大程度上与环境温度有关；加速度测量范围可达（10^{-5}~10^{-4}）g，并有工作温度范围宽等特点。压电式加速度传感器属于自发电型传感器，它的输出为电荷量（以 pC 为单位），而输入量为加速度（单位为 m/s²），灵敏度以 pC/ms² 为单位。压电式加速度传感器在安装压电片时，必须加一定的预应力，一方面保证在交变力作用下，压电片始终受到压力；另一方面使两压电片间接触良好，避免在受力的最初阶段接触电阻随压力变化而产生的非线性误差，但预应力太大将影响灵敏度。

4.2.4　倾斜角传感器

倾斜角传感器测量重力的方向，应用于机器人末端执行器或移动机器人的姿态控制中。根据测量原理不同，倾斜角传感器分为液体式倾斜角传感器和垂直振子式倾斜角传感器等。

1. 液体式倾斜角传感器

液体式倾斜角传感器分为气泡位移式、电解液式、电容式和磁流体式等，下面仅介绍其中的气泡位移式和电解液倾斜角传感器。图 4-18 所示为气泡位移式倾斜角传感器结构原理图。在半球状容器内封入含有气泡的液体，对准上面的 LED 发出的光。容器下面分成四部分，分别安装 4 个光电二极管，用以接收透射光。液体和气泡的透光率不同，液体在光电二极管上投影的位置，随传感器倾斜角度而改变。因此，通过计算对角的光电二极管感光量的差分，可测量出二维倾斜角。该传感器测量范围约为 20°，分辨率可达 0.001°。

电解液式倾斜角传感器结构原理图如图 4-19 所示，在管状容器内封入 KCl 之类的电解液和气体，并在其中插入 3 个电极。当容器倾斜时，溶液移动，中央电极和两端电极间的电阻及电容量改变，使容器相当于一个阻抗可变的元件，可用交流电桥电路进行测量。

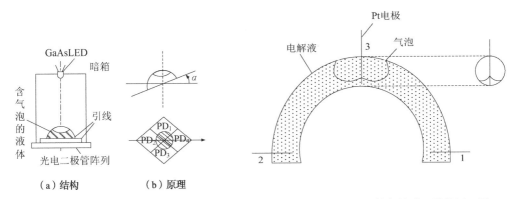

图 4-18 气泡位移式倾斜角传感器结构原理图 　　图 4-19 电解液式倾斜角传感器结构原理图

2. 垂直振子式倾斜角传感器

图 4-20 所示为垂直振子式倾斜角传感器结构原理图。振子由挠性薄片悬起，当传感器倾斜时，振子为了保持铅直方向而偏离平衡位置，根据振子是否偏离平衡位置及偏移角函数（通常是正弦函数）检测出倾斜角度 θ。但是，由于容器限制，测量范围只能在振子自由摆动的允许范围内，不能检测过大的倾斜角度。按图 4-20 所示结构，把代表位移函数的输出电流反馈到转矩线圈中，使振子返回平衡位置。这时，振子产生的力矩为 $M=mgl\sin\theta$，转矩为 $T=Ki$。在平衡状态下，应有 $M=T$，于是得到

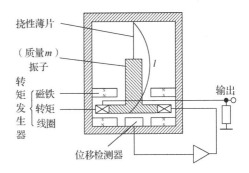

图 4-20 垂直振子式倾斜角传感器结构原理图

$$\theta = \arcsin\frac{Ki}{mgl} \qquad (4\text{-}5)$$

根据测出的线圈电流，可求出倾斜角。

4.2.5 力觉传感器

力觉是指对机器人的指、肢和关节等运动中所受力的感知，主要包括腕力觉、关节力

觉和支座力觉等。根据被测对象的负载，可以把力传感器分为测力传感器（单轴力传感器）、力矩表（单轴力矩传感器）、手指传感器（检测机器人手指作用力的超小型单轴力传感器）和六轴力觉传感器等。

1. 筒式腕力传感器

图 4-21 所示为筒式 6 自由度腕力传感器，其主体为铝圆筒，外侧有 8 根梁支撑，其中 4 根为水平梁，4 根为垂直梁。水平梁的应变片贴于上、下两侧，设各应变片受到的应变量分别为 Q_x^+、Q_y^+、Q_x^-、Q_y^-；而垂直梁的应变片贴于左右两侧，设各应变片受到的应变量分别为 P_x^+、P_y^+、P_x^-、P_y^-。因此，施加于传感器上的 6 维力，即 x、y、z 方向的力 F_x、F_y、F_z 及 x、y、z 方向的转矩 M_x、M_y、M_z 可以用下式计算：

$$\left.\begin{aligned}
F_x &= K_1(P_y^+ + P_y^-) \\
F_y &= K_2(P_x^+ + P_x^-) \\
F_z &= K_3(Q_x^+ + Q_x^- + Q_y^+ + Q_y^-) \\
M_x &= K_4(Q_y^+ - Q_y^-) \\
M_y &= K_5(-Q_x^+ - Q_x^-) \\
M_x &= K_6(P_x^+ - P_x^- - P_y^+ + P_y^-)
\end{aligned}\right\} \tag{4-6}$$

式中，$K_1\sim K_6$ 为比例系数，与各梁所贴应变片的应变灵敏度有关，应变量由贴在每根梁两侧的应变片构成的半桥电路进行测量。

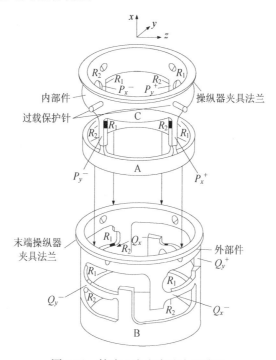

图 4-21　筒式 6 自由度腕力传感器

2. 十字腕力传感器

图 4-22 所示为挠性十字梁式腕力传感器。它用铝材切成十字框架，各悬梁外端插入圆形手腕框架的内侧孔中，悬梁端部与腕框架的接合部装有尼龙球，目的是使悬梁易于伸缩。此外，为了增加灵敏性，在与梁相接处的腕框架上还切出窄缝。十字形悬梁实际上是一个整体，其中央固定在手腕轴向。

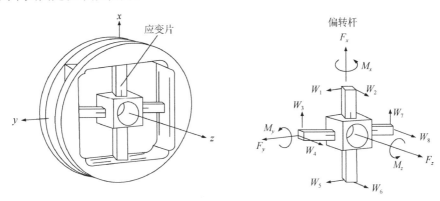

图 4-22 挠性十字梁式腕力传感器

应变片贴在十字梁上，每根梁的上下左右侧面各贴一个应变片。相对面上的两个应变片构成一组半桥，通过测量一个半桥的输出，即可检测一个参数。整个手腕通过应变片可检测出 8 个参数：f_{x1}、f_{x3}、f_{y1}、f_{y2}、f_{y3}、f_{y4}、f_{z2}、f_{z4}，利用这些参数可计算出手腕顶端 x、y、z 方向的力 F_x、F_y、F_z，以及 x、y、z 方向的转矩 M_x、M_y、M_z。

$$\left.\begin{aligned}
F_x &= f_{x1} - f_{x3} \\
F_y &= f_{y1} - f_{y2} - f_{y3} - f_{y4} \\
F_z &= -f_{z2} - f_{z4} \\
M_x &= a(f_{z2} + f_{z4}) + b(f_{y1} - f_{y4}) \\
M_y &= -b(f_{x1} - f_{x3} - f_{z2} + f_{z4}) \\
M_x &= -a(f_{x1} + f_{x3} + f_{z2} - f_{z4})
\end{aligned}\right\} \tag{4-7}$$

4.3 常用外部传感器

4.3.1 视觉传感器

人类从外界获得的信息大多是通过眼睛获取的。人类视觉细胞的数量是听觉细胞的 3000 多倍，是皮肤感觉细胞的 100 多倍。若要赋予机器人较高级的智能，机器人必须通过视觉系统获取更多的周围世界的信息。图 4-23～图 4-25 所示为机器人视觉的 3 种典型应用。

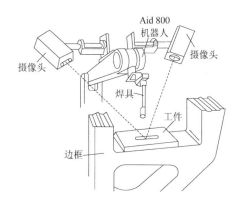

图 4-23　焊接机器人用视觉系统定位作业

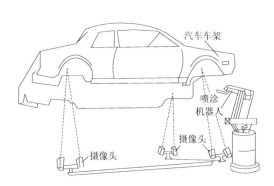

图 4-24　视觉系统引导机器人喷涂作业

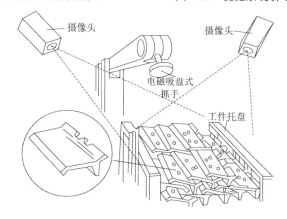

图 4-25　搬运机器人用视觉系统引导电磁吸盘抓取工作

　　人的视觉通常用来识别环境对象的位置坐标、物体之间的相对位置、物体的形状和颜色等，由于生活空间是三维的，机器人的视觉必须能理解三维空间的信息，即机器人的视觉与文字识别或图像识别是有区别的，需要进行三维图像的处理。因为视觉传感器只能得到二维图像，从不同角度上看同一物体，得到的图像也不同，光源的位置和程度不同，得到的图像的明暗程度与分布情况也不同；实际的物体可能不重叠，但是从某个角度上看，能得到重叠的影像。人们采取了很多措施来解决这个问题，并且为了减轻视觉系统的负担，尽可能地改善外部环境条件，加强视觉系统本身的功能和使用较好的方法进行信息处理。

1. 视频摄像头

　　视频摄像头（电视摄像机）是一种广泛使用的景物和图像输入设备，它能将景物、图像等光学信息转变为电视信号或图像数据。视频摄像头主要有黑白摄像机和彩色摄像机两种。目前，彩色摄像机虽然很常见，价格较低，但在工业视觉系统中还常选用黑白摄像机，主要原因是系统只需要具有一定灰度的图像，经过处理后变成二值图像，再进行匹配和识别。它的好处是处理数据量小，处理速度快。

　　电视摄像管是将光学图像转变为电视图像信号的器件，它是摄像机的关键部件。它利用光电效应，把器件成像面上的空间二维景物光像转变成以时间为序的一维图像信号。它具有将光信号转变为电信号的光电转换功能，以及将空间信息转变为时间信息的功能。

摄像管由密封在玻璃罩内的光电靶和电子枪组成，被拍摄的景物经过摄像机镜头，在光电导层表面成像，靶面各个不同的点随着照度的不同激励出数目不同的光电子，从而产生数值不同的光电导，进而产生高低不同的电位起伏，形成与光像对应的电位图像。由电子枪射出的电子束在偏转系统形成的电场或磁场的作用下，从左到右、同时从上到下对靶面进行扫描，将按空间位置分布的电位图像转换成对应的时间信号。电子束通过扫描把图像分解成数以十万计的像素。光电导层上与每个像素相对应的微小单元，都可等效为一个电阻与电容并联的电路。

电阻 R 的大小除与光电导材料本身的电阻率有关外，还随着光照的强弱而变化。电容的大小取决于光电导材料的介电系数、像素单元的面积和厚度。图 4-26 所示为摄像管工作原理的等效电路，其中，K 为摄像管的阴极，与点相连的箭头代表电子束，与 a_1，a_2，a_3…的连接代表电子束从左到右、从上到下的扫描过程，电压 E 经负载电阻 R_L 加到信号电极上。

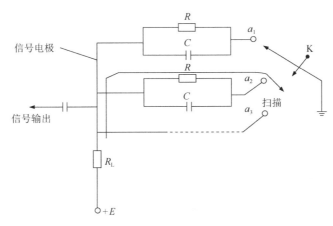

图 4-26　摄像管工作原理的等效电路

在彩色摄像机中，被摄景物的光经变焦距镜头、中性滤色片、色温滤色片和分色棱镜后，被分解为红（R）、绿（G）、蓝（B）三色光，并分别在摄像管 RGB 的靶面上成像，靶面上的光线经光电转换转换成与光像对应的电荷像。聚焦和偏转系统使管内的电子束产生良好的聚焦和扫描，使靶面的电荷像变成按一定电视扫描标准的随时间变化的三基色图像信号。摄像管输出的图像信号经前置放大器和预放器放大后，被送至视频处理电路。

2．光电转换器件

1）CCD 传感器

随着半导体工艺技术的发展，多种类型的固体图像传感器已经研制成功。新型的固体图像传感器的结构比上述摄像管要简单，因为它不需要热离子的阴极来产生电子束，不需要电子束扫描，不存在真空封装问题，对外界磁场的屏蔽要求也很低。固体图像传感器中最有发展前途的是电荷耦合器件（Charge Couple Device，CCD），与摄像管相比，它受振动与冲击的损伤甚小，还有寿命长和在弱光下灵敏度高的优点。由于它是一个简单的硅片，故与摄像管相比，它不需要预热，而且体积小、质量小、造价低，不受滞后（移动亮度引起的光斑或拖影）及强光或电子束轰击引起的光敏表面损伤的影响。因此，CCD 传感器成了把环境信息作为图像加以输入的最通用的传感器。

CCD 传感器是在一个数毫米的方形芯片上配置多个光电转换元件的半导体传感器。这种芯片很小，可设计、制造出手指大小的超小型摄像装置，可用在检查管道内部的系统上。对 CCD 平面进行二维扫描，取出作为电信号的模拟电压，再进行空间取样（用某一频率采样），把表示采样点灰度的电压值（浓度值）量化，或者将表示彩色图像的三基色电压值量化，并实行二值数字化处理，便得到了数字化的图像数据。

数字化的数据存储在作为机器人大脑的计算机内的二维阵列处理器里，假定表示图像灰度的函数为 f，则 f 表示浓淡图像，阵列的 i 行 j 列的元件值表示为 $f(i, j)$。当对图像处理算法进行编程时，f 可看作阵列名。若用彩色摄像机，则可得到彩色图像。这时，函数 f 的值可以看作红、绿、蓝三组值（R，G，B），也可以看作得到三个阵列 R、G、B。高清晰度输入图面大的图对象时可使用线型传感器。线型传感器是由多个元件一维配置的传感器，像复印机那样移动传感器，或者像传真机那样移动对象，可得到二维的信息。

2）MOS 图像传感器

MOS 图像传感器又称自扫描光电二极管阵列，由光电二极管和 MOS 场效应管成对地排列在硅衬底上，构成 MOS 图像传感器。通过选择水平扫描线和垂直扫描线来确定像素的位置，使两个扫描线的交点上的场效应管导通，然后从与之成对的光电二极管取出像素信息。扫描是分时按顺序进行的。

3．形状识别传感器

对不透明的物体，用 CCD 摄像机拍摄穿透光，可得到物体的轮廓图像。如果形状有特征，则用轮廓可以识别物体。例如，用手印的轮廓图像就可以鉴别每个人。对这种有特征的形状，当使用一般的照明光拍摄反射光图像时，很难检测其形状，这时利用轮廓图像就容易识别。

在一般的图像输入系统中，由 CCD 摄像机输出的电压将由 ADC 量化成 8 位的浓度值，并生成相应的图像，用软件进行二值化可得到轮廓图像。如果有比较器，则可以用简单的电路构成二值化电路，既可以直接把模拟输出电压进行二值化，也可以把 A/D 转换后的数字二值化。如果把这个二值（多为 0 和 1）的变化部分输出，则可构成高速检测形状的传感器。

4．工业机器人视觉系统

1）工业机器人视觉系统的基本原理

与人的视觉系统相似，机器人视觉系统通过图像和距离等传感器获取环境对象的图像、颜色和距离等信息，然后传递给图像处理器，利用计算机从二维图像中理解和构造出三维世界的真实模型。图 4-27 所示为机器人视觉系统的原理框图。

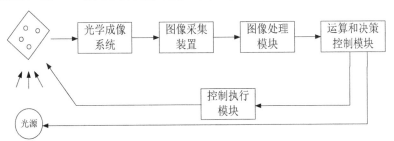

图 4-27 机器人视觉系统的原理框图

首先，通过光学成像系统（一般为 CCD 摄像机）摄取目标场景，通过图像采集装置获取目标场景的二维图像信息，然后利用图像处理模块对二维图像信息进行图像处理，提取图像中的特征量，并由此进行三维重建，得到目标场景的三维信息；根据计算出的三维信息，结合视觉系统应用领域的需求进行决策输出，控制执行模块实现特定的功能。

摄像机获取到的环境对象的图像经 ADC 转换成数字量，从而变成数字化图形。通常一幅图像被划分为 512×512 或 256×256 个点，各点亮度用 8 位二进制数表示，可表示为 256 个灰度。图像输入后进行各种处理、识别及理解，另外，通过距离测定器得到距离信息，经过计算机处理得到物体的空间位置和方位，通过彩色滤光片得到颜色信息。上述信息经图像处理器处理，提取特征，处理后的结果被输出给机器人，以控制它进行动作。

另外，作为机器人的眼睛，摄像机不仅要对得到的图像进行静止处理，而且要积极地扩大视野，根据观察的对象改变眼睛的焦距和光圈，因此机器人视觉系统还应具有调节焦距、光圈、摄像机角度和放大倍数的装置。

2）利用视觉识别抓取工件的工业机型系统

Consight-I 型视觉系统的结构如图 4-28 所示，它是美国通用汽车公司研究的一种在制造装置中安装的且能在噪声环境下操作的机器人视觉系统，被称为 Consight-I 型视觉系统。该系统为了从工件的外形获得准确、稳定的识别信息，巧妙地设置照明光，从倾斜方向向传送带发送两条窄条缝隙光，用安装在传送带上方的固态线性传感器摄取图像，并且预先把两条缝隙光调整到刚好在传送带上重合的位置。这样，当传送带上没有工件时，缝隙光便合成一条直线；当工件随传送带通过时，缝隙光变成两条线，其分开的距离与工件的厚度成正比。由于光线的分离之处正好是工件的边界，所以利用工件在传感器下通过的时间就可以提取出准确的边界信息。主计算机可处理安装在机器人工作位置上方的固态线性阵列摄像机所检测的工件的信息，有关传送带速度的数据也被送到计算机中处理。当工件从视觉系统位置移动到机器人工作位置时，计算机利用视觉和速度数据确定工件的位置、取向和形状，并把这种信息经接口送到机器人控制器。根据这种信息，机器人便能成功地接近和拾取仍在传送带上移动的工件。

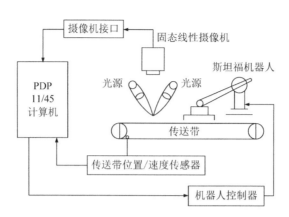

图 4-28 Consight-I 型视觉系统的结构

4.3.2 听觉传感器

听觉传感器是将声源通过空气振动产生的声波转换成电信号的换能设备。机器人的听觉传感器功能相当于机器人的"耳朵",要具有接收声音信号的功能,然后是语音识别系统。随着 IBM Via Voice 的研制成功,基于该技术的语音识别系统相继问世。

1. 听觉传感器

1)动圈式传声器

图 4-29 所示为动圈式传声器结构图。它与球顶式扬声器的结构非常相似,实际上二者

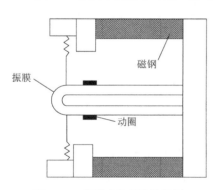

图 4-29 动圈式传声器结构图

有较大的差别:扬声器与传声器是相反功能的换能器。扬声器的功能是将电信号转换为声信号,而传声器则是将声信号转换为电信号,二者的性能完全不同。传声器的振膜非常轻、薄,可随声音振动。动圈同振膜黏在一起,可随振膜的振动而运动。动圈浮在磁隙的磁场中,当动圈在磁场中运动时,动圈中可产生感应电动势。此电动势与振膜振动的振幅和频率相对应,因而动圈输出的电信号与声音的强弱、频率的高低相对应。这样传声器就能将声音转换成音频电信号输出。

2)电容式传声器

图 4-30 所示为电容式传声器结构图。它由固定电极和振膜构成一个电容,U_p 经过电阻 R_L 将一个极化电压加到电容的固定电极上。当声音传入时,振膜可随声音发生振动,此时振膜与固定电极间的电容量也随声音而发生变化,此电容的阻抗也随之变化;与其串联的负载电阻 R_L 的电阻值是固定的,电容的阻抗变化就表现为 a 点电位的变化。经过耦合电容 C 将 a 点电位变化的信号输入前置放大器 A,经放大后输出音频信号。

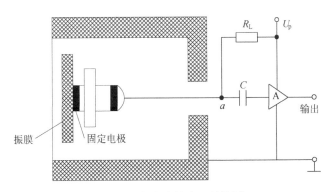

图 4-30 电容式传声器结构图

图 4-31 所示为 MEMS 电容传声器结构图，背极板与声学薄膜共同组成一个平行板电容器。在声压的作用下，声学薄膜将向背极板移动，两极板之间的电容值发生相应的改变，从而实现声信号向电信号的转换。对于硅基电容式微传声器来说，狭窄气隙中空气流阻抗的存在，引起高频情况下灵敏度的降低，通过在背极板上开大量声学孔以降低空气流阻抗的方法来解决这种问题。

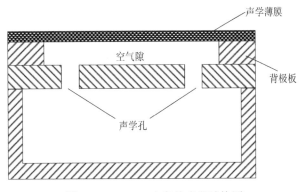

图 4-31 MEMS 电容传声器结构图

3）光纤声传感器

当光纤受到微小的外力作用时，就会产生微弯曲，而其传光能力将发生很大的变化。声音是一种机械波，它对光纤的作用就是使光纤受力并产生弯曲，使传输光的相位产生变化及造成传输光的损耗等，光纤声传感器就是基于此原理制成的。

双光纤干涉仪型声传感器由两根单模光纤组成，分光器将激光器发出的光束分为两束光，分别作为信号光和参考光。信号光射入绕成螺旋状的作为敏感臂的光纤中，在声波的作用下，敏感臂中的激光束相位发生变化，而与另一路作为参考臂光纤传出的激光束产生相位干涉，光检测器将这种干涉转换成与声压成比例的电信号。作为敏感臂的光纤绕成螺旋状，其目的是增大光与声波的作用距离。

2. 语音识别芯片

语音识别技术就是让机器把传感器采集的语音信号通过识别和理解过程转变为相应的

文本或命令的技术。

1）语音识别过程

计算机语音识别过程与人对语音识别处理过程基本上是一致的。目前，主流的语音识别技术基于统计模式识别的基本理论，一个完整的语音识别系统可大致分为如下三部分。

（1）语音特征提取：目的是从语音波形中提取随时间变化的语音特征序列。声学特征的提取与选择是语音识别的一个重要环节。声学特征的提取既是一个信息大幅度压缩的过程，也是一个信号解卷过程，目的是使模式划分器能更好地划分。

由于语音信号的时变特性，特征提取必须在一小段语音信号上进行，也即进行短时分析。这一段被认为是平稳的分析区间，称为帧；帧与帧之间的偏移通常取帧长的 1/2 或 1/3。通常要对信号进行预加重以提升高频，对信号加窗以避免短时语音段边缘的影响。

（2）声学模型与模式匹配（识别算法）：声学模型是识别系统的底层模型，并且是语音识别系统中最关键的一部分。声学模型通常由获取的语音特征通过训练产生，目的是为每个发音建立发音模板。在识别时，将未知的语音特征同声学模型（模式）进行匹配与比较，计算未知语音的特征矢量序列和每个发音模板之间的距离。声学模型的设计和语言发音特点密切相关。声学模型单元大小（字发音模型、半音节模型或音素模型）对语音训练数据量大小、系统识别率及灵活性有较大影响。

（3）语义理解：计算机对识别结果进行语法、语义分析。明白语言的意义以便做出相应的反应，通常通过语言模型来实现。

2）语音识别专用芯片

根据识别性能及语音识别算法的不同，语音识别专用芯片大致有以下 3 种类型。

（1）DSP 语音芯片。由数字信号处理器（DSP）组成的语音识别系统一般由定点 16 位 DSP 组成，外加 ADC、DAC，以及 ROM、RAM、FLASH 等存储器组成。由于 DSP 包含用作数字信号处理运算的专用部件，因而运算能力强、精度高，适于组成较高性能的语音识别系统。最常用的 DSP 芯片有 TI 公司的 TMS320AC54XX 系列，AD 公司的 ADSP218X 系列，以及 DSPG 公司开发的 OAK 系列。用 DSP 组成的语音识别系统可以实现孤立词特定人和非特定人语音识别功能，其识别词条除了可以达到中等词汇量，还可以实现说话人识别，以及高质量、高压缩率语音编/解码功能，因而可以同时产生高品质的语音合成和语音回放功能，这是当前语音识别专用芯片的主流组成。

（2）人工神经网络芯片。由于语音信号是一个时间区间动态变化的信号，由人工神经网络构成的语音识别专用芯片一般采用多层前向感知算法。但是，由于人工神经网络很难达到与语音信号的最佳匹配，因此用人工神经网络实现的语音识别系统的识别性能并不理想。而如果采用时延单元神经网络，并且与其他方法配合，则可以实现较高性能的语音识别。如 1991 年 GMResLab 利用时延神经网络（Time Delay Neural Network，TDNN）模拟芯片实现了特定人英语数字串的识别，8 个数字串的识别率达到了 98%以上。

（3）语音识别系统级芯片。将 MCU 或 DSP、ADC、DAC、RAM、ROM 及预放、功

放等电路集成在一个芯片上，只要加上极少的电源供电等单元就可以实现语音识别、语音合成及语音回放等功能，这是近年来出现的最先进的语音识别芯片，最有代表性的是Sensory 公司的 RSC-364 及 Infineon 公司的 UniSpeech-SDA80D51。

3）典型芯片介绍

（1）RSC-364。

RSC-364 是由美国 Sensory 公司开发、2000 年开始生产的一种低价位的语音识别专用芯片。RSC-364 功能框图如图 4-32 所示。

RSC-364 使用预先学习好的人工神经网络进行非特定人语音识别，不需要经过训练就可以识别"Yes""No""Ok"等简单语句，识别率为 97%。此外，RSC-364 可以识别特定人、孤立词命令语句，约 60 条左右，识别率为 99%以上。

RSC-364 可以进行 5～15kbit/s 的语音合成，是由 Sensory 专门设计的，其音质较好。同时，它还具有改进的 ADPCM（自适应差分脉冲调制）语音编解码功能，用作语音回放。

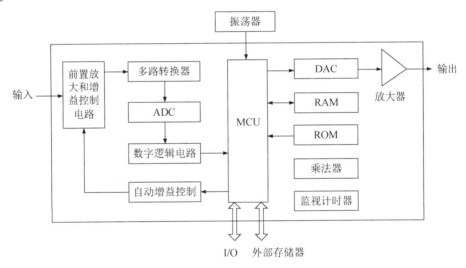

图 4-32　RSC-364 功能框图

（2）UniSpeech-SDA80D51。

UniSpeech-SDA80D51 是由德国 Infineon 公司生产的语音处理芯片，它采用 0.18μm 工艺，内核的工作电压为 1.8V，I/O 电压为 3.3V，模拟 Codec 部分电压为 2.5V，功耗是 150mW。SDA80D51 功能框图如图 4-33 所示。该芯片相当于一个片上系统（SoC），内部集成了许多功能模块，因此仅需一片芯片就能完成语音处理和系统控制。

SDA80D51 含有两个处理器，分别是 16 位 DSP（OAK）和 8 位 MCU（M8051E-Warp）。M8051 E-Warp 核由美国 Mentor Graphics 公司设计，是与一般 8051 兼容的 MCU，具有很多的增强功能，最高工作速度可达 50MIPS（Million Instruction per Second），是目前最快的增强 8051。传统 8051 的一个机器周期是 12 个时钟周期，而这个核心只需 2 个时钟周期，速度是传统 8051 的 6 倍。许多指令都能在一个机器周期内完成。由于指令与 8051 兼容，程序员不用花许多时间学习新指令，可以直接采用传统的 8051 编程方式。SDA80D51 芯片集成有 JTAG 口，用 Mentor Graphics 公司的 FS2（First Silicon So-lutions）仿真器就可以实现在线仿真。

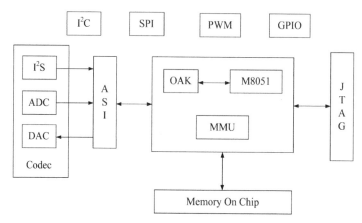

图 4-33　SDA80D51 功能框图

OAK 核是美国 DSP Group 公司设计的 16 位低功耗、低电压和高速定点 DSP。采用双金属 CMOS，在 0.6μm 或 0.5μm 以下工艺生产，工作电压范围为 2.7～5.5V。在 5V、80MHz 工作条件下，消耗电流 38mA；在 3.3V、80MHz 条件下，消耗电流 25mA。OAK 采用 Harvard 总线结构，工作速度可达 l00MIPS。

Codec 部分由 I²S、ADC 和 DAC 组成。I²S 接口可用来外接一些通用的 ADC 芯片。两路 12 位 8kHz 采样率的 ADC，可接峰-峰值为 1.03V 的差分电压。片内有数字 AGC，可放大 0 到 42dB（8 挡，6dB 步长）；ADC 采用 Sigma-Delta 调制技术并经过换算得到 16 位的 PCM 码流，送往处理器。两路 11 位 8kHz 采样率的 DAC 可调节增益，可放大 0～-18dB（-6dB 步长）。所有 Codec 部分可通过 ASI 接口连到 OAK 或 M8051 上。

SDA80D51 芯片还有 I²C、SPI 和 PWM 接口模块，可以通过 M8051 来控制。另外，在不同版本的芯片上还有多达 50～250 个 GPIO（通用的输入/输出口），这可以保证系统控制的灵活性。

该芯片最有特点的功能模块是存储器管理单元（Memory Manage Unit，MMU），它可以管理两个核的存储区映射。物理存储器（RAM 或 ROM）被看成由多个块组成，每个块的大小在不同版本的芯片上定义是不同的，本系统中，块的大小是 16KB（或 8KW）。MMU 既可以把块（8KW）映射给 OAK 的程序区或数据区，也可以把块（16KB）映射给 M8051 的程序区或数据区，这完全由写 M8051 的特殊功能寄存器来完成。存储空间的自由挂接使得完成两个核之间的数据转换变得非常容易。此外，程序装载和启动也需要 MMU 的控制。

整个芯片的工作方式是 M8051 作为主控制芯片,完成对各种接口的控制和系统的配置。

OAK 作为协处理器，完成语音编解码算法等计算。两个核之间还有两个 64W 深的 FIFO，它们用于双核通信。

4.3.3　嗅觉传感器

1. 嗅觉机理

1）人类嗅觉

嗅觉是生物鼻腔受某种挥发性分子的刺激后产生的一种生理反应，是一种复杂而模糊的感觉。生理研究表明，人的每个鼻腔上部有一块面积约为 $2.5cm^2$ 的嗅上皮，含有约 $5.0×10^7$ 个嗅感受器细胞，每个嗅细胞上数根直径约为 $0.15\mu m$ 的嗅黏毛通过嗅黏膜伸出，正是这些嗅黏毛末梢直接感受气味分子的刺激。嗅细胞受气味分子刺激而产生的微弱响应信号经嗅神经被传送至嗅小球、僧帽细胞、颗粒细胞，最后传到大脑皮质，人的嗅觉传导通路如图 4-34 所示。每个嗅细胞的生存期约为 22 天，其灵敏度并不很高，至今还没有发现只对一种特定分子有敏感反应的嗅细胞。大量嗅细胞从复杂背景中感受到的多维微弱有用信号经嗅神经、嗅觉球和大脑中枢处理后，背景噪声被除去，嗅觉系统的整体灵敏度因此提高 3 个数量级以上，从而具有识别数千种气味的能力。这说明单个嗅细胞的性能是有限的，多个嗅细胞的性能是彼此重叠的，生物嗅觉系统的识别能力是大量嗅细胞、嗅神经和大脑中枢共同作用的结果。

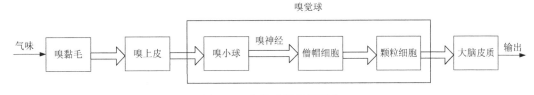

图 4-34　人的嗅觉传导通路

2）人工嗅觉系统

常见的人工嗅觉系统一般由气敏传感器阵列和分析处理器构成。图 4-35 所示为人工嗅觉系统结构框图。从功能上讲，气敏传感器阵列相当于生物嗅觉系统中彼此重叠的嗅细胞，数据处理器和智能解释器相当于生物的大脑，分析处理器相当于生物的脑细胞，其余部分相当于嗅神经信号传递系统，嗅觉模拟系统在以下 3 个方面模拟了生物的嗅觉功能。

- ☺ 阵列检测：将性能彼此重叠的多个气敏传感器组成阵列，模拟人类鼻腔内的大量嗅感受器细胞，通过精密测试电路，得到对气味的瞬时敏感。
- ☺ 数据处理：气敏传感器的响应经滤波、A/D 转换后，将对研究对象而言的有用成分和无用成分加以分离，得到多维有用响应信号。
- ☺ 智能解释：利用多元数据统计分析方法、神经网络方法和模糊方法，将多维响应信号转换为感官评定指标值或组成成分的浓度值，得到被测气味定性分析结果。

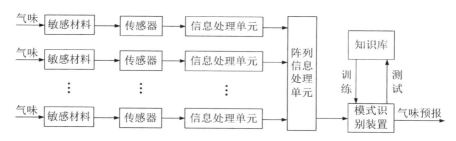

图 4-35　人工嗅觉系统结构框图

只对一种气味分子有敏感响应的气敏器件是不存在的。一般来说，即使有标准参考气体，由单个传感器的响应也不能推断某种气体的存在；由适当数目的 n 个传感器测量由 m 种成分组成的气味，则得到一个 n 维响应向量。

2．嗅觉传感器阵列

气敏传感器按敏感材料类型主要有化学电阻型和质量型两大类，前者包括金属氧化物半导体（MOS）和有机聚合物膜（Ploymer），后者主要为石英晶振（QMB）与声表面波（SAW）。

1）金属氧化物半导体传感阵列装置

金属氧化物半导体传感器如图 4-36 所示。它是目前使用最广泛的嗅觉传感器，常用的金属氧化物有 SnO_2、Ga_2O_3、V_2O_5、TiO_2、WO_3 等，其中大多数被 Pt、Au、Rh、Pd 等稀有金属掺杂成对某些气体有选择性敏感响应的金属氧化物半导体，即所谓的选择性气体敏感膜材料。

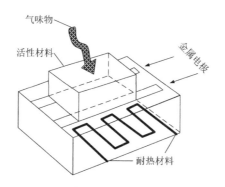

图 4-36　金属氧化物半导体传感器

例如，当 SnO_2 半导体传感器的表面敏感层与空气接触时，空气中的氧分子靠电子亲和力捕获敏感层表面上的自由电子而吸附在 SnO_2 表面上，从而在晶界上形成一个势垒，限制了电子的流动，导致器件的电阻增加，使 SnO_2 表面带负电。当传感器被加热到一定温度并与 CO 和 H_2 等还原性气体接触时，还原性气体分子与 SnO_2 表面的吸附氧发生化学反应，降低了势垒高度，使电子容易流动，从而降低了器件电阻值。SnO_2 半导体传感器就是根据输出电压的变化来检测特定气体的。

2）导电聚合物膜传感阵列装置

这类装置的工作原理是工作电极表面上杂环分子涂层在吸附或释放被测气味分子后导

电性能会发生变化。导电聚合物膜材料来源广泛，选择性大，具有灵敏度高、稳定性好、不易被含硫化合物"毒化"的优点。同时，被测对象的浓度与传感器的响应在很大范围内几乎呈线性关系，这给数据处理带来极大的方便。除此之外，这类传感器阵列易于制造和微型化，在环境温度下，吸附和释放速度快，因而响应时间短。

（1）声表面波（SAW）型气敏传感器。

声表面波型气敏传感器是利用声表面器件制成后波频率随外界环境变化而漂移的特性，在压电晶体表面涂一层选择性吸附某种气体的气敏薄膜制成的。这层气敏薄膜吸附特定气体之后，会引起压电晶体的声表面波频率发生漂移，从而可以测出气体的浓度。

目前，SAW 气敏传感器主要是基于 SAW 延迟线振荡器的气敏元件，SAW 延迟线振荡器具有窄带宽、高 Q 值和低插损的特点。声表面波型气敏传感器结构如图 4-37 所示，其采用双通道 SAW 延迟线振荡器补偿环境温度变化对传感器的影响。

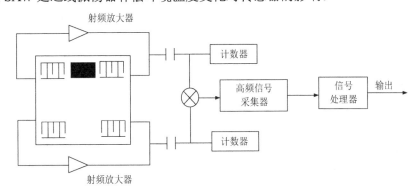

图 4-37　声表面波型气敏传感器结构

（2）石英谐振型气敏传感器。

石英谐振型气敏传感器由石英基片、电极、支架三部分构成。其中化学涂层物质涂在电极的中心用来吸附被测气体，涂层质量的好坏直接影响传感器的质量。涂层材料的质量分数不同，对气体的灵敏度也就不同。质量分数过小时，吸附气体的量就较少，容易饱和；质量分数过大时，涂层黏度大，石英振子容易超载，甚至会引起停振。另外，涂层种类的选择也会对传感器的各项性能产生巨大的影响。所选涂层应该能对被测气体快速做出响应，而对载气或其他气体不予吸附或很少吸附，响应过程应完全可逆。当用载气通过气敏元件时被测气体应很快解吸，使晶体恢复原来的振荡频率。涂层应该附着性好、不易挥发、使用寿命长。

3）红外线光电检测装置

红外线光电检测装置在给定的光程上，红外线通过气体后，光强及光谱峰的位置和形状均会发生变化，测出这些变化，就可对被测气体的成分和浓度进行分析。红外线光电检测装置在一定的范围内，传感器的输出与被测对象的浓度基本呈线性关系。但是，这类装置的体积较大、价格昂贵、使用条件苛刻。

4.3.4 味觉传感器

味觉是指酸、咸、甜、苦、鲜等人类味觉器官的感觉。酸味是由氢离子引起的，如盐酸、氨基酸、柠檬酸等；咸味主要是由 NaCl 引起的；甜味主要是由蔗糖、葡萄糖等引起的；苦味是由奎宁、咖啡因等引起的；鲜味是由海藻中的谷氨酸单钠（MSG）、鱼和肉中的肌苷酸二钠（IMP）、蘑菇中的鸟苷酸二钠等引起的。

在人类味觉系统中，舌头表面味蕾上的味觉细胞的生物膜可以感受味觉。生物膜感受到的味觉被转换为电信号，经神经纤维至大脑，这样人就感受到味觉。味觉传感器与传统的、只检测某种特殊化学物质的化学传感器不同。目前某些传感器可实现对味觉的敏感，如 pH 计可用于酸度检测、导电计可用于咸度检测、比重计或屈光度计可用于甜度检测等。但这些传感器只能检测味觉溶液的某些物理、化学特性，并不能模拟实际的生物味觉敏感功能，测量的物理值受外界非味觉物质的影响。此外，这些物理特性还不能反映各味觉物质之间的关系，如抑制效应等。

实现味觉传感器的一种有效方法是使用类似于生物系统的材料作传感器的敏感膜，电子舌是用类脂膜作为味觉物质换能器的味觉传感器，能够以类似于人的味觉感受方式检测味觉物质。目前，从不同的机理看，味觉传感器技术大致分为多通道类脂膜技术、基于表面等离子体共振技术、表面光伏电压技术等，味觉模式识别由最初的神经网络模式识别发展到混沌识别。混沌是一种遵循一定非线性规律的随机运动，它对初始条件敏感，混沌识别具有很高的灵敏度，因此越来越得到应用。目前较典型的电子舌系统有法国的 Alpha MOS 系统和日本的 Kiyoshi Toko 电子舌。

1．多通道味觉传感器

这种传感器由类脂膜构成的多通道电极制成，多通道电极通过多通道放大器与多通道扫描器连接，从传感器得到的电子信号通过数字电压表转化为数字信号，然后送入处理器进行处理，测量多通道类脂膜和参考电极之间的电压差。这种传感器已经应用于一些商品饮料的检测，根据输出模式可以很容易将各种啤酒区分开。

2．基于表面光伏电压的电子舌

这种传感器由参考电极、样本溶液、类脂膜、氧化物和半导体结构组成，其优点是系统简单，传感元件集中在半导体表面。为了增强具有不同灵敏度和选择特性的多个传感元件在半导体表面的集中度，使用改进的 LB 膜。此类传感器基于样本溶液和类脂膜相互作用引起半导体表面电压变化来检测味觉物质，当可调节的光子束照射到半导体表面时，表面耗尽层产生的光电流由锁相放大器得到，调整扫描光束（直径 0.3mm）为 2.5kHz，沿半导体表面扫描得到半导体表面电势图，味觉辨识就是通过对类脂膜的电势图进行模式识别得到的。

3．基于表面等离子共振（SPR）的味觉传感器

使用由 DHP（复六方基磷酸酯）制成的多层 LB 类脂膜作味觉传感器的敏感膜，根据膜与味觉物质的相互作用来探测味觉物质。当 LB 膜中加入 ConA（伴刀豆球蛋白 A）后，几乎对所有味觉物质都有响应。SPR 味觉传感器有独特的电化学性质，通过测量膜电势探测味觉，所以对电解质敏感，而对大多数甜味物质或一些苦味物质等非电解质就缺乏敏感性，对这些物质感应不到太多信息。表面等离子共振味觉传感器结构如图 4-38 所示。金薄膜（50nm）脱水后放置在玻璃棱镜上，这套装置共有两个电极，即参考电极和样本电极。LB 膜被放置在样本电极（S）一边，而不放在参考电极（R）一边，先把 10μL 蒸馏水滴在 R 和 S 两极上，然后，在两边同时加味觉物质，这样两边的味觉物质的浓度应该是相等的，测量两边电极的差就可以检测到味觉物质和类脂膜之间的相互作用的特性。

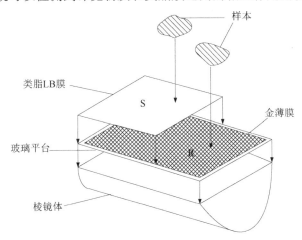

图 4-38　表面等离子共振味觉传感器结构

4．新型味觉传感器芯片

美国 Texas 大学研制的新型传感器芯片能对溶液中的多种被分析成分做到并行、实时检测，并且可对检测结果进行量化。传感器的结构是将化学传感器固定在一个微机械加工平台上，图 4-39 所示为 Texas 味觉传感器阵列框图。基于荧光信号变化的蓝色发光二极管在比色系统中采用白光作为高能激发源，荧光检测时用滤光片滤掉激发光源波长；位于微机械平台下的 CCD 用来采集数据。在硅片表面用微机械加工工艺刻槽，将敏感球固定在槽中，控制蚀刻过程使得槽底部呈透光性。调制光通过敏感球和底部后投射到 CCD 探测器上，光信号的变化分析可由 CCD 探测器和计算机完成。合成敏感球的直径为 $50\sim100\mu m$，当微环境发生变化时尺寸也变化（如膨胀或缩小）。为了分析这种变化，采用体和平面微机械技术装配"微型测试管"，可以很好地固定敏感球。用传统微机械工艺在硅表面形成金字塔形状的蚀刻槽，放入敏感球，用透明盖子固定在上面。在槽的顶部加光照，在底部用 CCD 光探测器接收。通过 CCD 光探测器和识别程序判断光的变化，探测味觉物质。

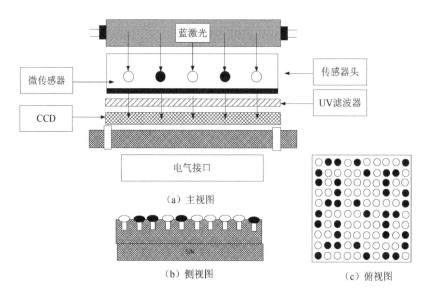

图 4-39　Texas 味觉传感器阵列框图

4.3.5　触觉传感器

触觉是机器人获取环境信息的一种仅次于视觉的重要知觉形式，是机器人实现与环境直接作用的必需媒介。与视觉不同，触觉本身有很强的敏感能力，可直接测量对象和环境的多种性质特征，因此触觉不仅仅是视觉的一种补充，触觉的主要任务是为获取对象与环境信息和为完成某种作业任务而对机器人与对象、环境相互作用时的一系列物理特征量进行检测或感知。机器人触觉与视觉一样，基本上是模拟人的感觉。广义上，它包括接触觉、压觉、力觉、滑觉、冷热觉等与接触有关的感觉；狭义上它是机械手与对象接触面上的力感觉。

触觉是接触、冲击、压迫等机械刺激感觉的综合，触觉可以用来进行机器人抓取，利用触觉可进一步感知物体的形状、软硬等物理性质。对机器人触觉的研究，集中于扩展机器人能力所必需的触觉功能，一般把检测感知与外部直接接触而产生的接触觉、压力、触觉及接近觉的传感器称为机器人触觉传感器。

1．柔性触觉传感器

1）柔性薄层触觉传感器

柔性传感器具有获取物体表面形状二维信息的潜在能力，是采用柔性聚氨基甲酸酯泡沫材料的传感器。柔性薄层触觉传感器结构如图 4-40 所示。泡沫材料用硅橡胶薄层覆盖，这种传感器结构跟物体周围的轮廓相吻合，当移除物体时，传感器恢复到最初形状。导电橡胶应变计连到薄层内表面，当拉紧或压缩应变计时薄层的形变被记录下来。

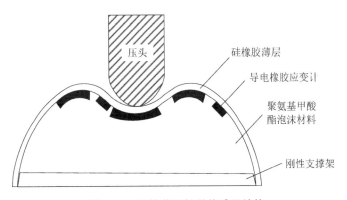

图 4-40　柔性薄层触觉传感器结构

2）压力感应橡胶

这是一种具有类似于人类皮肤柔软性的压敏材料，利用压力感应橡胶，可以实现触压分布区中心位置的测定。压力感应橡胶传感器结构如图 4-41 所示。传感器为三层结构，外边两层分别是传导塑料层 A 和 B，中间夹层为压力传导塑料层 S，相对的两个边缘装有电极。该结构可看作一个二维放大的电压表，传感器的构成材料是柔软富有弹性的，在大块表面上容易形成各种形状。设 R_p 为 S 层的电阻，它反映了分布压力 p 在单位面积上沿厚度方向的变化。在 A 层和 B 层上，由表面电阻 R 分别产生分布电压 $U_A(x,y)$ 和 $U_B(x,y)$。由于随压力而变的电阻的存在，从 A 层到 B 层产生了分布电流 $i(x,y)$，根据该传感器的基本原理，可以用泊松方程来描述分布电流，即

$$\nabla^2 U_A = Ri, \quad \nabla^2 U_B = -Ri \tag{4-8}$$

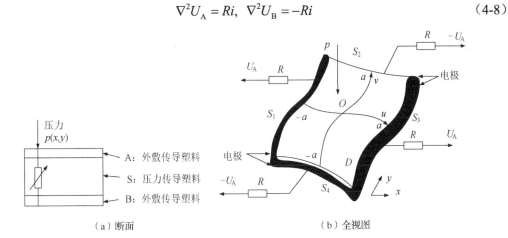

（a）断面　　　　　　　（b）全视图

图 4-41　压力感应橡胶传感器结构

在传感区域 D 内应建立直角坐标 (u,v)，其 4 条边分别为 S_1、S_2、S_3 和 S_4，边长为 $2a$，原点位于中心，则以坐标 u 表征的从 A 层到 B 层的一阶瞬时电流密度 $i(x,y)$ 为

$$I_u = \iint_D u(x,y)i(x,y)\mathrm{d}x\mathrm{d}y \tag{4-9}$$

用式（4-9）减去式（4-8），根据格林定理有

$$I_u = \iint\limits_{\partial D} \left(u \frac{\partial U_A}{\partial n} - U_A \frac{\partial u}{\partial n} \right) \mathrm{d}m \qquad (4\text{-}10)$$

式中，n 为边界的法线方向；m 为切线方向。

式（4-10）右端是沿边界的线积分，经边界条件替换，该方程可以用电极电压$[U_A]S_1$ 和$[U_A]S_3$ 表述

$$I_u = k([U_A]S_1 - [U_A]S_3) \qquad (4\text{-}11)$$

式中，k 是常数。

从 A 层流到 B 层的总电流 i 可通过流经电阻 R 计算，与式（4-11）结合，可获得坐标 u 描述的电流密度的中心位置，然后利用一个简单电路，可从电极电压$[U_A]S_1$ 和$[U_A]S_3$ 推导出来。对于 B 层，应用同样的处理方式，电流密度 i 可以由压力传导塑料的特征函数 $f(p)$ 表述，从而检测到中点及 $f(p)$ 的总和。

3）电流变流体触觉传感器

图 4-42 所示为电流变流体触觉传感器，此传感器共分三层，上层是带有条型导电橡胶电极的硅橡胶层，它决定触觉传感器的空间分辨率。导电橡胶与硅橡胶基体集成整体橡胶薄膜，具有很好的弹性，柔性硅橡胶层有多条导电橡胶电极。中间层是充满 ERF 的聚氨酯泡沫层，是一种充满电流变流体的泡沫结构，充当上下电极形成的电容器的介电材料，同时防止极板短路。传感器的第三层是带有下栅极的印刷电路板，有电极和 DIP 插座，可与测试采集电路连接。上层导电橡胶行电极与下层印刷电路板的列电极在空间上垂直放置，形成电容触觉单元阵列。触觉传感器电容阵列如图 4-43 所示。

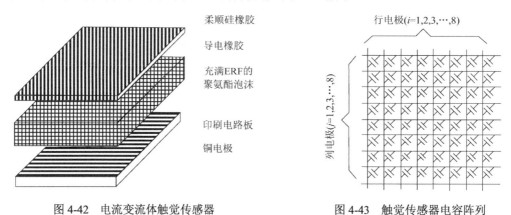

图 4-42　电流变流体触觉传感器　　　　图 4-43　触觉传感器电容阵列

2. 触觉传感器阵列

1）成像触觉传感器

成像触觉传感器由若干个感知单元组成阵列型结构，主要用于感知目标物体的形状。图 4-44 所示为 LTS-100 触觉传感器外形。传感器由 64 个感知单元组成 8×8 的阵列，形成接触界面。传感器单元的转换原理如图 4-45 所示。当弹性材料制作的触头受到法向压力作用时，触杆下伸，挡住发光二极管射向光敏二极管的部分光，于是光敏二极管输出随压力

大小变化的电信号。阵列中感知单元的输出电流由多路模拟开关选通检测，经过 A/D 转换变为不同的触觉数字信号，从而感知目标物体的形状。

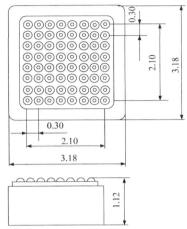

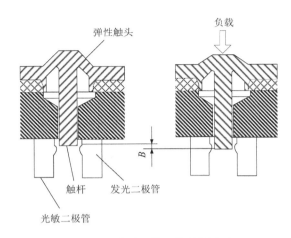

图 4-44 LTS-100 触觉传感器外形   图 4-45   传感器单元的转换原理

2）TIR 触觉传感器

基于光学全内反射原理的 TIR 触觉传感器如图 4-46 所示。传感器由白色弹性膜、光学玻璃波导板、微型光源、透镜组、CCD 成像装置和控制电路组成。光源发出的光从波导板的侧面垂直入射进波导板，当物体未接触敏感面时，波导板与白色弹性膜之间存在空气间隙，进入波导板的大部分光线在波导板内发生全内反射。当物体接触敏感面时，白色弹性膜被压在波导板上。在贴近部位，波导板内的光线从光疏媒质光学玻璃波导板射向光密媒质白色弹性膜，同时波导板表面发生不同程度的变形，有光线从紧贴部位泄漏出来，在白色弹性膜上产生漫反射。漫反射光经波导板与三棱镜射出来，形成物体的触觉图像。触觉图像经自聚焦透镜、传像光缆和显微物镜进入 CCD 成像装置。

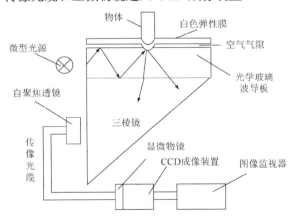

图 4-46 基于光学全内反射原理的 TIR 触觉传感器

3）超大规模集成计算传感器阵列（VLSI）

这是一种新型的触觉传感器。在这种触觉传感器的同一个基体上集成若干个传感器及其计算逻辑控制单元。触觉信息由导电塑料压力传感器检测输入，每个传感器都有单独的逻辑控制单元，接触信息的处理和通信等功能都由基体上的计算逻辑控制单元完成。每个传感器单元上都配备微处理芯片，其计算逻辑控制单元功能框图如图 4-47 所示。它包括 1 位模拟比较器、锁存器、加法器、6 位位移寄存器累加器、指令寄存器和双相时钟发生器。由外部控制计算机通过总线向每个传感器单元发出命令，用于控制所有的传感器及其计算单元，包括控制相邻寄存器的计算单元之间的通信。

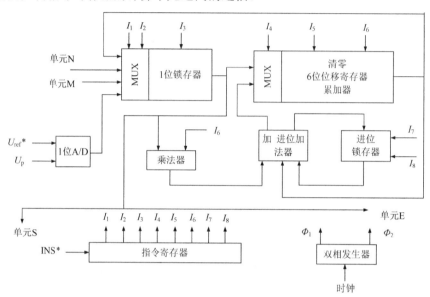

图 4-47　VLSI 计算逻辑控制单元功能框图

　　每个 VLSI 计算单元可以并行对感觉数据进行各种分析计算，如卷积计算、与视觉图像处理相类似的各种计算处理。因此，VLSI 触觉传感器具有较高的感觉输出速度。要获得较满意的触觉能力，触觉传感器阵列在每个方向上至少应该装有 25 个触觉元件，每个元件的面积不超过 1mm^2，接近人手指的感觉能力，可以完成定位、识别，以及小型物件搬运等复杂任务。

3. 仿生皮肤

　　仿生皮肤是集触觉、压觉、滑觉和热觉传感器于一体的多功能复合传感器，具有类似于人体皮肤的多种感觉功能。仿生皮肤采用具有压电效应和热释电效应的 PVDF 敏感材料，具有温度范围宽、体电阻高、质量小、柔顺性好、机械强度高和频率响应宽等特点，容易热成形加工成薄膜、细管或微粒。

　　PVDF 仿生皮肤传感器结构剖面如图 4-48 所示。传感器表层为保护层（橡胶包封表皮），上层为两面镀银的整块 PVDF，分别从两面引出电极。下层由特种镀膜形成条状电极，引线由导电胶黏接后引出。在上下两层 PVDF 之间，由电加热层和柔性隔热层（软塑料泡沫）形成两个不同的物理测量空间。上层 PVDF 获取温觉和触觉信号，下层条状 PVDF 获取压觉和滑觉信号。

为了使 PVDF 具有温觉功能，电加热层维持上层 PVDF 温度在 55℃左右，当待测物体接触传感器时，其与上层 PVDF 层存在温差，导致热传递的产生，使 PVDF 的极化面产生相应数量的电荷，从而输出电压信号。

采用阵列 PVDF 形成多功能复合仿生皮肤，模拟人类用触摸识别物体形状的机能。阵列式仿生皮肤传感器结构剖面如图 4-49 所示。其层状结构主要由表层、行 PVDF 条、列 PVDF 条、绝缘层、PVDF 层和硅导电橡胶基底构成。行、列 PVDF 条两面镀银，用微细切割方法制成细条，分别粘贴在表层和绝缘层上，由 33 根导线引出。使用行、列 PVDF 导线各 16 条，以及 1 根公共导线，形成 256 个触点单元。PVDF 层也采用两面镀银，引出 2 根导线。当 PVDF 层受到高频电压激发时，发出超声波使行、列 PVDF 条共振，输出一定幅值的电压信号。当仿生皮肤传感器接触物体时，表面受到一定压力，相应受压触点单元的振幅会降低。根据这一机理，通过行、列采样及数据处理，可以检测物体的形状、重心和压力的大小，以及物体相对于传感器表面的滑移位移。

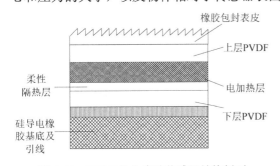

图 4-48　PVDF 仿生皮肤传感器结构剖面

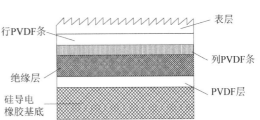

图 4-49　阵列式仿生皮肤传感器结构剖面

4.3.6　接近觉传感器

接近觉传感器介于触觉传感器与视觉传感器之间，不仅可以测量距离和方位，而且可以融合视觉和触觉传感器的信息。接近觉传感器可以辅助视觉系统的功能，来判断对象物体的方位、外形，同时识别其表面形状。因此，为准确定位抓取部件，对机器人接近觉传感器的精度要求比较高，接近觉传感器的作用可归纳如下：

☺　发现前方障碍物，限制机器人的运动范围，以避免与障碍物发生碰撞；

☺　在接触对象物前得到必要信息，如与物体的相对距离、相对倾角，以便为后续动作做准备；

☺　获取对象物表面各点间的距离，从而得到有关对象物表面形状的信息。

机器人接近觉传感器分为接触式接近觉传感器和非接触式接近觉传感器两种，用来测量周围环境物体或被操作物体的空间位置。接触式接近觉传感器主要采用机械机构完成；非接触式接近觉传感器的测量根据原理不同，采用的装置各异。对机器人传感器而言，根据所采用的原理不同，机器人接近觉传感器可以分为机械式接近觉传感器、感应式接近觉传感器、电容式接近觉传感器、超声波接近觉传感器、光电式接近觉传感器等。

1．机械式接近觉传感器

1）触须接近觉传感器

机械式接近觉传感器与触觉传感器不同，它与昆虫的触须类似，在机器人上通过微动开关和相应的机械装置（探头、探针等）相结合而实现一般非接触测量距离的作用。这种触须式的传感器可以安装在移动机器人的四周，用以发现外界环境中的障碍物。图 4-50 所示为猫胡须传感器。其控制杆采用柔软弹性物质制成，相当于微动开关。如图 4-50（a）所示，当传感器触及物体时接通输出回路，输出电压信号。图 4-50（b）所示为使用实例，在机器人脚下安装多个猫胡须传感器，依照接通的传感器个数来检测机器脚在台阶上的具体位置。

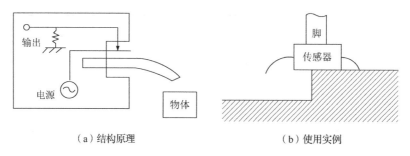

（a）结构原理 　　　　　　　　　　（b）使用实例

图 4-50　猫胡须传感器

2）接触棒接近觉传感器

图 4-51 所示为接触棒接近觉传感器。传感器由一端伸出的接触棒和传感器内部开关组成。机器人手爪在移动过程中碰到障碍物或接触作业对象时，传感器的内部开关接通电路，输出信号。多个传感器安装在机器人的手臂或腕部，可以感知障碍物和物体。

3）气压接近觉传感器

图 4-52 所示气压接近觉传感器。它利用反作用力方法，通过检测气流喷射遇到物体时的压力变化来检测和物体之间的距离。气源送出具有一定压力 p_1 的气流，离物体的距离 x 越小，气流喷出的面积就越窄，气缸内的压力 p_2 就越大。如果事先求得距离 x 和气缸内气体压力 p_2 的关系，即可根据压力计读数 p_2 测定距离 x。

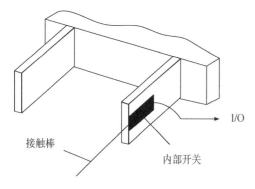

图 4-51　接触棒接近觉传感器

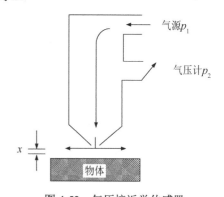

图 4-52　气压接近觉传感器

2. 感应式接近觉传感器

感应式接近觉传感器主要有三种类型，它们分别基于电磁感应、电涡流和霍尔效应原理，仅对铁磁性材料起作用，用于近距离、小范围内的测量。

1）电磁感应接近觉传感器

电磁感应接近觉传感器如图 4-53 所示，电磁感应接近觉传感器的核心由线圈和永久磁铁构成。当传感器远离铁磁性材料时，原始磁力线如图 4-53（a）所示；当传感器靠近铁磁性材料时，引起永久磁铁磁力线的变化，从而在线圈中产生电流，如图 4-53（b）所示。这种传感器在与被测物体相对静止的条件下，由于磁力线不发生变化，因而线圈中没有电流，因此电磁感应接近觉传感器只是在外界物体与之产生相对运动时，才能产生输出。同时，随着距离的增大，输出信号明显减弱，因而这种类型的传感器只能用于很短的距离测量，一般仅为零点几毫米。

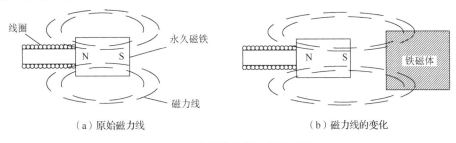

（a）原始磁力线　　　　　　　　　　　　　（b）磁力线的变化

图 4-53　电磁感应接近觉传感器

2）电涡流接近觉传感器

电涡流接近觉传感器主要用于检测由金属材料制成的物体。它是利用一个导体在非均匀磁场中移动或处在交变磁场内，导体内就会出现感应电流这一基本电学原理工作的，这种感应电流称为电涡流，电涡流接近觉传感器最简单的形式只包括一个线圈。图 4-54 所示为电涡流接近觉传感器的工作原理。线圈中通入交变电流 I_1，在线圈的周围产生交变磁场 H_1。当传感器与外界导体接近时，导体中感应产生电流 I_2，形成一个磁场 H_2，其方向与 H_1 相反，削弱了磁场，从而导致传感器线圈的阻抗发生变化。传感器与外界导体的距离变化能够引起导体中所感应产生的电流 I_2 的变化。通过适当的检测电路，可从线圈中耗散功率的变化得出传感器与外界物体之间的距离。这类传感器的测

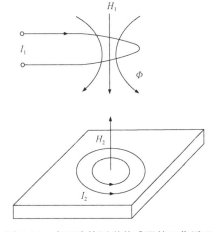

图 4-54　电涡流接近觉传感器的工作原理

距范围一般在零到几十毫米之间，分辨率可达满量程的 0.1%。电涡流接近觉传感器可安装在弧焊机器人上用于焊缝自动跟踪，但是这种传感器的外形尺寸与测量范围的比值较大，因而在其他方面应用较少。

3）霍尔效应接近觉传感器

保持霍尔元件的激励电流不变，使其在一个均匀梯度的磁场中移动，则其输出的霍尔电动势取决于它在磁场中的位移量。根据这一原理，可以对磁性体微位移进行测量。霍尔效应接近觉传感器原理如图 4-55 所示。该传感器由霍尔元件和永久磁体以一定的方式联合使用构成，可对铁磁体进行检测。当附近没有铁磁体时，霍尔元件感受到一个强磁场；当铁磁体靠近接近觉传感器时，磁力线被旁路，霍尔元件感受到的磁场强度减弱，引起输出的霍尔电动势变化。

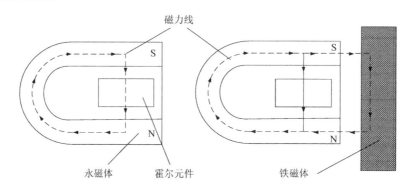

图 4-55　霍尔效应接近觉传感器原理

3. 电容式接近觉传感器

感应式接近觉传感器仅能检测导体或铁磁性材料，电容式接近觉传感器能够检测任何固体和液体材料，这类传感器通过检测外界物体靠近传感器所引起的电容变化来反映距离信息。

电容式接近觉传感器最基本的元件是由一个参考电极和敏感电极组成的电容，当外界物体靠近传感器时，引起电容的变化。许多电路可用来检测这个电容的变化，其中最基本的电路是将这个电容作为振荡电路中的一个元件，只有在传感器电容值超过某一阈值时，振荡电路才开始振荡，将此信号转换成电压信号，即可表示是否与外界物体接近，这样的电路可以用来提供二值化的距离信息。较复杂的电路是将基准正弦信号输入电路，传感器的电容是此电路的一部分。电容的变化将引起正弦信号相移的变化，基于此原理可以连续检测传感器与外界物体的距离。

双极板电容式接近觉传感器原理如图 4-56 所示。它由两个置于同一平面上的金属极板 1、金属极板 2 构成，厚度忽略不计，宽度为 b，长度视为无限，安置两个极板的绝缘板通过屏蔽板接地。若在极板 1 上施加交变电压，在极板附近产生交变电场。当目标接近时，阻断了两个极板之间连续的电力线，电场的变化使极板 1 与极板 2 之间的耦合电容 C_{12} 改变。由于激励电压幅值恒定，所以电容的变化又反映为极板 2 上电荷的变化。将极板 2 上的电荷转化为电压输出，并导出电压与距离的对应关系，就可以根据实测电压值确定当前距离，而不需要测量电容。双极板电容式接近觉传感器就是根据这一原理来检测障碍物的距离的。

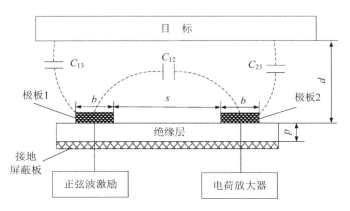

图 4-56 双极板电容式接近觉传感器原理

由于距离 p 非常小，由极板 1 出发的电力线大部分进入接地屏蔽板，到达极板 2 的电力线很少，所以极板 2 与极板 1 在极板下方的耦合电容很小，可以忽略。

电容式接近觉传感器只能用来检测很短的距离，一般仅为几毫米，超过这个距离，传感器的灵敏度将急剧下降。同时，不同材料引起传感器电容的变化大小相差很大。

4. 超声波接近觉传感器

人耳能听到的声波频率在 20～20 000Hz 之间，超过 20 000Hz，人耳不能听到的声波，称为超声波。声波的频率越高，波长越短，绕射现象越小，最明显的特征是方向性好，能够成为射线而定向传播，与光波的某些特性（如反射、折射定律）相似。超声波的这些特性使之能够应用于距离的测量。

1）工作原理

超声波接近觉传感器目前在移动式机器人导航和避障中应用广泛。它的工作原理是测量渡越时间（Time of Flight），即测量从发射换能器发出的超声波，经目标反射后沿原路返回接收换能器所需的时间，由渡越时间和介质中的声速求得目标与传感器的距离。

渡越时间的测量方法有多种，基于脉冲回波法的超声波接近觉传感器是应用最普遍的一种传感器，其原理框图如图 4-57 所示。其他方法还有调频法、相位法、频差法等，它们均有各自的特点。对于接收信号，也有各种检测方法，用以提高测距精度。常用的检测方法有固定/可变测量阈值、自动增益控制、高速采样、波形存储、鉴相、鉴频等。目前应用比较多的换能元件是压电晶体，压电陶瓷、高分子压电材料也有一些应用。

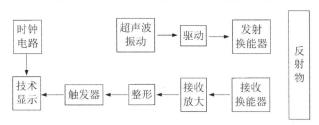

图 4-57 超声波接近觉传感器原理框图

119

2）环境因素的影响

环境中温度、湿度、气压对声速均会产生影响，这对以声速来计算测量结果的超声波接近觉传感器来说是一个主要的误差来源，其中温度变化的影响最大。空气中声速的大小可近似表示为

$$v = v_0 \sqrt{1 + t/273} \approx 331.5 + 0.607t \tag{4-12}$$

式中，v 为 $t℃$ 时的声速，m/s；v_0 为 0℃时的声速，m/s；t 为温度，℃。

声强随传播距离增加而按指数规律衰减，空气流的扰动、热对流的存在均会使超声波接近觉传感器在测量中、长距离目标时精度下降，甚至无法工作，工业环境中的噪声也会给可靠的测量带来困难。另外，被测物体表面的倾斜，声波在物体表面上的反射，都有可能使换能器接收不到反射回来的信号，从而检测不出前方物体的存在。

近十年来，国外用于工业自动化和机器人的超声波测距传感器的各种研究开展得十分广泛，处于领先地位的国家有美国、法国、日本、意大利、德国等。目前，国外已形成产品的超声波接近觉传感器及其系统主要有美国的 Polaroid、Massa，德国的 SIEMENS，法国的 Robosoft 等。我国近年来也在超声波测距、导航方面开展了一些研究。

目前超声波接近觉传感器主要应用于导航和避障，其他还有焊缝跟踪、物体识别等。日本东京大学的 Sasaki 和 Takano 研制出一种由步进电机带动可在 90°范围内进行扫描的超声波接近觉传感器，可以获得二维的位置信息，若配合手臂运动，可进行三维空间的探测，从而得到环境中物体的位置。传感器的探测距离为 15～200mm，分辨率为 0.1mm，这些性能指标使超声波接近觉传感器在最小探测距离和精度上都有所突破。

5. 光电式接近觉传感器

光电式接近觉传感器一般包括发光元件和接收元件，其测距原理不同，基本上分为三角法、相位法和光强法 3 种。

1）三角法

三角法测距原理如图 4-58 所示。发射元件发射的光束照射到被测物体表面上被反射，部分反射光成像在位置敏感元件（PSD、CCD 或光电晶体管阵列）表面上，根据几何关系，测得目标距离为

$$z = \frac{bh}{x} \tag{4-13}$$

距离灵敏度为

$$S = \frac{\Delta x}{\Delta z} = \frac{bh}{z^2} \tag{4-14}$$

由式（4-14）可知，基于三角法测距原理的主要问题是距离灵敏度与距离的平方成反比，这将限制传感器的动态范围，否则传感器的尺寸会很大。

2）相位法

相位法测距原理如图 4-59 所示。调制光源发出频率很高的调制光波，根据接收器接收到的反射光与发射光的相位变化来确定距离。假设波长为 λ 的激光束被分成两束，一束（参考光束）经过距离 L 到达相位测量装置，另一束经过距离 d 到达反射表面。反射光束经过的总距离为 $d'=L+2d$。假设 $d=0$，此时，$d'=L$，参考光束和反射光束同时到达相位检测装置。若令 d 增大，则反射光束将经过较长的路径，在测量点处两束光束之间将产生相位移，则

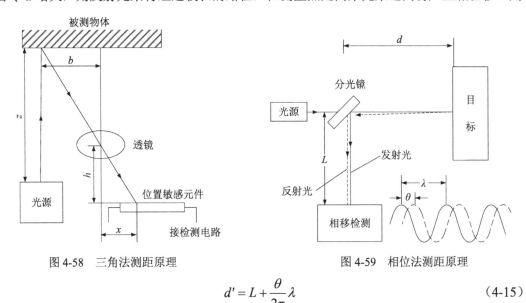

图 4-58　三角法测距原理　　　　　　图 4-59　相位法测距原理

$$d' = L + \frac{\theta}{2\pi}\lambda \qquad (4\text{-}15)$$

可以看出，若 $\theta = 2k\pi$，$k=0,1,2,\cdots$，两个波形将对准，即只根据测得的相位移无法区别反射光束和参考光束。因此，只有 $\theta<360°$ 或 $2d<\lambda$，才有唯一解。把 $d'=L+2d$ 代入式（4-15）有

$$d = \frac{\theta}{4\pi}\lambda = \frac{\theta}{4\pi} \times \frac{c}{f} \qquad (4\text{-}16)$$

式中，d 为目标距离；θ 为反射光与发射光之间的相移；λ 为调制光波的波长；c 为光的传播速度；f 为调制光波的频率。

光源多采用红外光，具有价格便宜、受目标反射特性的影响较小等特点。但此种电路复杂，不如三角法测距精度高，并且在较大距离时其精度相当低。

3）光强法

在光电式接近觉传感器中，光强法接近觉传感器是其中最简单的一种。光强法测距原理如图 4-60 所示。发光元件一般为发光二极管或半导体激光管，接收元件一般为光电晶体管。另外，在通常情况下，传感器还包括相应的光学透镜。接收元件产生的输出信号大小反映了从目标物体反射回接收元件的光强。这个信号不仅取决于距离，而且受被测物体表面光学特性和表面倾斜度等因素的影响。

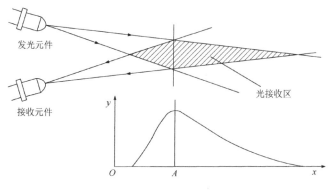

图 4-60　光强法测距原理

当被测目标为平面时，若发光元件和接收元件轴线近似平行，且相距很近，则接收元件的输出近似为

$$y \approx \frac{K}{d^2} \tag{4-17}$$

式中，d 为传感器与被测物体间的距离；K 为被测物体表面特性的参数，通过实验确定。

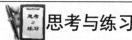 **思考与练习**

（1）什么是机器人内部传感器？其作用是什么？

（2）什么是机器人外部传感器？其作用是什么？

（3）机器人外部传感器都包括哪些种类？

（4）什么是编码器？其原理是什么？

（5）绝对型编码器的特点是什么？

（6）格雷编码器的特点是什么？

（7）速度传感器的应用场合主要在哪？

（8）请画出测速发电机的应用框图、增量编码器用作速度传感器框图及数字式编码器测速原理框图。

（9）速度传感器的原理是什么？其测量的物理量主要有哪些？

（10）加速度传感器的原理是什么？

（11）倾斜角传感器分为几种？其原理是什么？

（12）力觉传感器的分类有哪些？

（13）味觉传感器和嗅觉传感器各有哪些特点？

（14）电容式传声器的原理是什么？

（15）触觉传感器有哪几种类型？各有什么特点？

（16）筒式腕力传感器与十字腕力传感器的区别是什么？

（17）接近觉传感器的三个作用是什么？感应式接近觉传感器的工作原理是什么？

（18）相位法测距原理是什么？

工业机器人常用传感器

5.1 工业机器人基本知识

在工业机器人中，传感器的作用日益重要，除采用传统的位置、速度、加速度等传感器外，装配、焊接机器人还应用了视觉、力觉等传感器；而遥控机器人则采用视觉、声觉、力觉、触觉等多传感器融合技术来进行环境建模及决策控制。多传感器融合技术在产品化系统中得到了广泛应用。

5.1.1 工业机器人概述

工业机器人是指在工业生产中应用的机器人，由机械部分、传感部分和控制部分组成。美国机器人工业协会（U.S.RIA）把工业机器人定义为"用来搬运材料、零件、工具等可再编程的多功能机械手或通过不同程序的调用来完成各种工作任务的特种装置"。

1. 工业机器人的组成

图 5-1 所示为工业机器人系统组成。系统由机械部分、传感部分、控制部分组成，共分为六个子系统：机械结构系统、传感系统、驱动系统、控制系统、人机交互系统、机器人－环境交互系统。

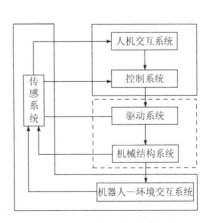

图 5-1 工业机器人系统组成

☺ 机械结构系统：包括机身、手臂和末端执行器。每一组成部分具有若干自由度，构成一个多自由度的机械系统。若机身具备行走机构，则构成行走机器人；若机身不具备行走及腰转机构，则构成单机器人臂（Single Robot Arm）。机器人手臂一般由上臂、下臂和手腕组成。末端执行器直接安装在腕部，一般为二手指或多手指的手爪，也可以是喷漆枪、焊具等作业工具。

☺ 传感系统：由内部传感器模块和外部传感器模块组成，获取内部和外部环境状态中有意义的信息。智能传感器的使用提高了机器人的机动性、适应性和智能化的水准。人类的感知系统对感知外部世界信息是极其灵巧的。然而，对于一些特殊的信息，传感器比人类的感知系统更有效。

☺ 驱动系统：要使机器人运行起来而给各个关节即每个运动自由度安置的传动装置。驱动系统可以是液压传动、气动传动、电动传动，或者把它们结合起来应用的综合系统。驱动方式分为直接驱动和间接驱动，直接驱动是指机器人运动机构直接和动力联接，而通过同步带、链条、轮系、谐波齿轮等机械传动机构和动力联接的为间接驱动。

☺ 控制系统：控制系统根据机器人的作业指令程序以及从传感器反馈回来的信号支配机器人的执行机构完成规定的运动和任务。若工业机器人不具备信息反馈能力，则为开环控制系统；若工业机器人具备信息反馈能力，则为闭环控制系统。控制系统根据控制原理可分为程序控制系统、适应性控制系统和人工智能控制系统。控制系统根据控制运动的形式可分为点位控制和轨迹控制。

☺ 人机交互系统：使操作人员参与机器人控制与机器人进行联系的装置。例如，计算机的标准终端、指令控制台、信息显示板、危险信号报警器等，主要包括指令给定设备和信息显示设备。

☺ 机器人－环境交互系统：实现工业机器人与外部环境中的设备相互联系和协调的系统。工业机器人与外部设备集成为一个功能单元，如加工制造单元、焊接单元、装配单元等。当然，也可以是多台机器人、多台机床或设备、多个零件存储装置等集成一个执行复杂任务的功能单元。

2. 工业机器人的应用

在恶劣的工作环境或有威胁的工作场合，工业机器人可以代替人进行作业，减少对人的伤害。例如，核电站蒸汽发生器检测机器人，可在有核污染并危及生命的环境下代替人进行作业；爬壁机器人适合超高层建筑外墙的喷涂、检查、修理工作；而容器内操作装置IVHU（In Vessel Handling Unit）可在人无法到达的狭小空间内完成检查任务。大多数工业机器人主要集中在生产自动化领域，具体如下所述。

☺ 装配机器人：由于装配过程的复杂性，不仅要检测装配作业过程中的误差，而且要试图纠正这种误差，因此要求装配机器人有较高的位姿精度，手腕具有较大的柔性。装配机器人使用多种传感器，如触觉传感器、视觉传感器、接近觉传感器、听觉传感器等。听觉传感器用来判断压入件或滑入件是否到位。

☺ 焊接机器人：汽车工业广泛应用焊接机器人进行承重大梁和车身结构的焊接。弧

焊机器人有 6 个自由度。3 个自由度用来控制焊具跟随焊缝的空间轨迹，另外 3
个自由度保持焊具与工件表面正确的姿态关系。点焊机器人能保证复杂空间结构
件上焊接点位置和数量的正确性。

☺　材料搬运机器人：用来上下料、码垛、卸货及抓取零件重新定向等。一个简单的
　　抓放作业机器人只需较少的自由度；要求用于给零件定向作业的机器人具有更多
　　的自由度，增加其灵巧性。

☺　检测机器人：零件制造过程中的检测及成品检测都是保证产品质量的关键作业，
　　检测机器人主要用于确认零件尺寸是否在允许的公差内、零件质量控制上的分类等。

5.1.2　工业机器人传感器的分类及要求

1. 工业机器人传感器的分类

工业机器人根据所完成任务的不同，配置的传感器类型和规格也不尽相同，一般分为
内部信息传感器和外部信息传感器。工业机器人传感器的分类如图 5-2 所示。内部信息传
感器主要用来采集机器人本体、关节和手爪的位移、速度、加速度等来自机器人内部的信
息；外部信息传感器用来采集机器人和外部环境以及工作对象之间相互作用的信息。

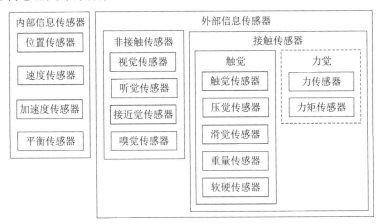

图 5-2　工业机器人传感器的分类

2. 工业机器人对传感器的要求

1）基本性能

工业机器人对传感器的一般要求如下。

☺　精度高、重复性好。机器人传感器的精度直接影响机器人的工作质量。用于检测
　　和控制机器人运动的传感器是控制机器人定位精度的基础。机器人是否能够准确
　　无误地正常工作，往往取决于传感器的测量精度。

☺　稳定性好，可靠性高。机器人传感器的稳定性和可靠性是保证机器人能够长期稳
　　定可靠地工作的必要条件。机器人经常在无人照管的条件下代替人来操作，如果

它在工作中出现故障，轻者影响生产的正常进行，重者造成严重事故。

☺ 抗干扰能力强。机器人传感器的工作环境比较恶劣，机器人传感器应当能够承受强电磁干扰、强振动，并能够在一定的高温、高压、高污染环境中正常工作。

☺ 质量小、体积小、安装方便可靠。对于安装在机器人手臂等运动部件上的传感器，质量要小，否则会加大运动部件的惯性、影响机器人的运动性能。对于工作空间受到某种限制的机器人，对体积和安装方向的要求也是必不可少的。

☺ 价格便宜。

2）工作任务要求

在现代工业中，机器人被用于执行各种加工任务，其中比较常见的加工任务有物料搬运、装配、喷漆、焊接、检验等。不同的加工任务对机器人提出不同的感觉要求。

多数搬运机器人目前尚不具有感觉能力，它们只能在指定的位置上拾取确定的零件。而且，在机器人拾取零件以前，除了需要给机器人定位，还需要采用某种辅助设备或工艺措施，对被拾取的零件进行准确定位和定向，这就使得加工工序或设备更加复杂。如果搬运机器人具有视觉、触觉和力觉等感觉能力，则会改善这种状况。视觉系统用于被拾取零件的粗定位，使机器人能够根据需要，寻找应该拾取的零件，并确定该零件的大致位置。触觉传感器用于感知被拾取零件的存在、确定该零件的准确位置，以及确定该零件的方向。触觉传感器有助于机器人更加可靠地拾取零件。力觉传感器主要用于控制搬运机器人的夹持力，防止机器人手爪损坏已抓取的零件。

装配机器人对传感器的要求类似于搬运机器人，也需要视觉、触觉和力觉等感觉能力。通常，装配机器人对工作位置的要求更高。现在，越来越多的机器人正进入装配工作领域，主要任务是销、轴、螺钉和螺栓等的装配工作。为了使被装配的零件获得对应的装配位置，采用视觉系统选择合适的装配零件，并对它们进行粗定位，机器人触觉系统能够自动校正装配位置。

喷漆机器人一般需要采用两种类型的传感系统：一种主要用于位置（或速度）的检测；另一种用于工作对象的识别。用于位置检测的传感器，包括光电开关、测速码盘、超声波测距传感器、气动式安全保护器等。待漆工件进入喷漆机器人的工作范围时，光电开关立即接通，通知正常的喷漆工作要求。超声波测距传感器一方面可以用于检测待漆工件的到来，另一方面用来监视机器人及其周围设备的相对位置变化，以免发生相互碰撞。一旦机器人末端执行器与周围物体发生碰撞，气动式安全保护器就会自动切断机器人的动力源，以减少不必要的损失。现代生产经常采用多品种混合加工的柔性生产方式，喷漆机器人系统必须同时对不同种类的工件进行喷漆加工，要求喷漆机器人具备零件识别功能。为此，当待漆工件进入喷漆作业区时，机器人需要识别该工件的类型，然后从存储器中取出相应的加工程序进行喷漆。用于这项任务的传感器，包括阵列式触觉传感器系统和机器人视觉系统。由于制造水平的限制，阵列式触觉传感器系统只能识别那些形状比较简单的工件，对于较复杂工件的识别，则需要采用视觉系统。

焊接机器人包括点焊机器人和弧焊机器人两类。这两类机器人都需要用位置传感器和速度传感器进行控制。位置传感器主要采用光电式增量码盘，也可以采用较精密的电位器。根据现在的制造水平，光电式增量码盘具有较高的检测精度和较高的可靠性，但价格昂贵。速度传感器目前主要采用测速发电机，其中交流测速发电机的线性度比较高，且正向与反向输出特性比较对称，比直流测速发电机更适合弧焊机器人使用。为了检测点焊机器人与待焊工件的接近情况，控制点焊机器人的运动速度，点焊机器人还需要装备接近觉传感器。如前所述，弧焊机器人对传感器有一个特殊要求，需要采用传感器使焊枪沿焊缝自动定位，并自动跟踪焊缝，目前能完成这一功能的常见传感器有触觉传感器、位置传感器和视觉传感器。

5.2　工业机器人的位置、位移传感器

5.2.1　位姿传感器

1．远程中心柔顺装置

远程中心柔顺（RCC）装置不是实际的传感器，在发生错位时起到感知设备的作用，并为机器人提供修正的措施。RCC 装置完全是被动的，没有输入和输出信号，也称被动柔顺装置。RCC 装置是机器人腕关节和末端执行器之间的辅助装置，使机器人末端执行器在需要的方向上增加局部柔顺性，而不会影响其他方向的精度。

图 5-3 所示为 RCC 装置原理图。它由两块刚性金属板组成，其中剪切柱在提供横侧向柔顺的同时，将保持轴向的刚度。实际上，一种装置只在横侧向和轴向或者在弯曲和翘起方向提供一定的刚性（或柔性），它必须根据需要来选择。每种装置都有一个给定的中心到中心的距离，此距离决定远程柔顺中心相对于柔顺装置中心的位置。因此，如果有多个零件或许多操作需要多个 RCC 装置，则分别进行选择。

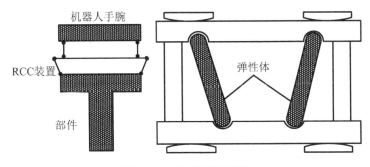

图 5-3　RCC 装置原理图

RCC 装置的实质是机械手夹持器具有多个自由度的弹性装置，通过选择和改变弹性体的刚度可获得不同程度的适从性。

RCC 装置部件间的失调会引起转矩和力，通过 RCC 装置中不同类型的位移传感器可

获得与转矩和力成比例的电信号，使用该电信号作为力或力矩反馈的 RCC 装置称为 IRCC（Instrument Remote Control Centre）。Barry Wright 公司的 6 轴 IRCC 提供与 3 个力和 3 个力矩成比例的电信号，内部有微处理器、低通滤波器及 12 位 DAC，可以输出数字和模拟信号。

2. 主动柔顺装置

主动柔顺装置根据传感器反馈的信息对机器人末端执行器或工作台进行调整，补偿装配件间的位置偏差。根据传感方式的不同，主动柔顺装置可分为基于力传感器的柔顺装置、基于视觉传感器的柔顺装置和基于接近觉传感器的柔顺装置。

- ☺ 基于力传感器的柔顺装置：使用基于力传感器的柔顺装置的目的，一是有效控制力的变化范围，二是通过力传感器反馈信息来感知位置信息，进行位置控制。就安装部位而言，力传感器可分为关节力传感器、腕力传感器和指力传感器。关节力/力矩传感器使用应变片进行力反馈，力反馈是直接加在被控制关节上的，且所有的硬件用模拟电路实现，避开了复杂计算难题，响应速度快。腕力传感器安装于机器人与末端执行器的连接处，它能够获得机器人实际操作时大部分的力信息，精度高，可靠性好，使用方便。常用的结构包括十字梁式、轴架式和非径向三梁式，其中十字梁结构应用最为广泛。指力传感器一般通过应变片测量而产生多维力信号，常用于小范围作业，精度高、可靠性好，但多指协调复杂。

- ☺ 基于视觉传感器的柔顺装置：基于视觉传感器的主动适从位置调整方法是通过建立以注视点为中心的相对坐标系，对装配件之间的相对位置关系进行测量，测量结果具有相对的稳定性，其精度与摄像机的位置相关。螺纹装配采用力和视觉传感器，建立一个虚拟的内部模型，该模型根据环境的变化对规划的机器人运动轨迹进行修正；轴孔装配中用二维 PSD 传感器来实时检测孔的中心位置及其所在平面的倾斜角度，PSD 上的成像中心即检测孔的中心。当孔倾斜时，PSD 上所成的像为椭圆，通过与正常没有倾斜的孔所成图像的比较就可获得被检测孔所在平面的倾斜度。

- ☺ 基于接近觉传感器的柔顺装置：装配作业需要检测机器人末端执行器与环境的位姿，多采用光电接近觉传感器。光电接近觉传感器具有测量速度快、抗干扰能力强、测量点小和使用范围广等优点。用一个光电接近觉传感器不能同时测量距离和方位的信息，往往需要用两个以上的传感器来完成机器人装配作业的位姿检测。

3. 光纤位姿偏差传感系统

位姿偏差传感系统原理如图 5-4 所示。它是集螺纹孔方向偏差和位置偏差检测于一体的位姿偏差传感系统。该系统采用多路单纤传感器，光源发出的光经 1×6 光纤光分路器，分成 6 路光信号进入 6 个单纤

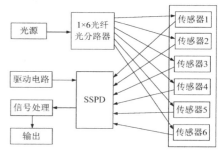

图 5-4 位姿偏差传感系统原理

传感器，单纤传感器同时具有发射和接收功能。传感器为反射式强度调制传感方式，反射光经光纤按一定方式排列，由固体二极管阵列 SSPD 光敏器件接收，最后进入信号处理。3 个检测螺纹孔方向的传感器（1、2、3）分布在螺纹孔边缘圆周（2~3cm）上，传感器 4、5、6 用于检测螺纹位置，垂直指向螺纹孔倒角锥面，传感器 2、3、5、6 与传感器 1、4 垂直。

根据多模光纤纤端出射光场的强度分布，可得到螺纹孔方向检测和螺纹孔中心位置的数学模型为

$$
\begin{cases}
d_1 = d - \dfrac{\phi_2}{2}\cos\alpha\tan\theta \\[2mm]
d_2 = d + \dfrac{\phi_2}{2}\sin\alpha\tan\theta \\[2mm]
d_3 = d - \dfrac{\phi_2}{2}\sin\alpha\tan\theta \\[2mm]
E_i(\alpha,\theta) = \dfrac{V_i(d_i,\theta)}{V_{i+1}(d_{i+1},\theta)}, \quad i = 0,1,2
\end{cases}
\tag{5-1}
$$

$$
\begin{cases}
d_4 = \dfrac{2h}{\sqrt{3}} - \dfrac{\phi_1 - 2\sqrt{e_x^2 + (\phi_1/2 + e_y)^2}}{4} \\[3mm]
d_5 = \dfrac{2h}{\sqrt{3}} - \dfrac{\phi_1 - 2\sqrt{(\phi_1/2 - e_x)^2 + e_y^2}}{4} \\[3mm]
d_6 = \dfrac{2h}{\sqrt{3}} - \dfrac{\phi_1 - 2\sqrt{(\phi_1/2 + e_x)^2 + e_y^2}}{4} \\[3mm]
E_i(d_{i-1},d_i) = \dfrac{V_{i-1}(d_{i-1})}{V_{i+1}(d_i)}, \quad i = 5,6
\end{cases}
\tag{5-2}
$$

式中，d 为传感头中心到螺纹孔顶面的距离；d_i 为第 i 个传感器到螺纹孔顶面的距离；θ 为螺纹孔顶面与传感器之间的倾斜角；α 为传感头转角；ϕ_2 为传感器 1、2、3 所处圆的直径；ϕ_1 为传感器 4、5、6 所处圆的直径；h 为传感头到螺纹孔顶面的距离；$V_i(d_i,\theta)$ 为传感器 i 在螺纹孔的位姿为 d_i 和 θ 时的电压输出信号；e_x、e_y 为传感器 4、5、6 中心与螺纹孔中心的偏心值。由式（5-1）可求解螺纹孔位姿参数 α 和 θ，由式（5-2）可求解螺纹孔的中心位置。

4. 电涡流位姿检测传感系统

电涡流位姿检测传感系统是通过确定由传感器构成的测量坐标系和测量体坐标系之间的相对坐标变换关系来确定位姿的。当测量体安装在机器人末端执行器上时，通过比较测量体的相对位姿参数的变化量，可完成对机器人的重复位姿精度检测。图 5-5 所示为位姿检测传感系统框图。检测信号经过滤波、放大、A/D 变换后被送入计算机进行数据处理，进而计算出位姿参数。

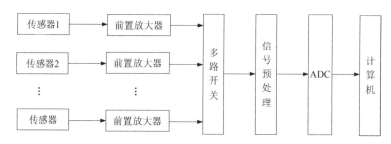

图 5-5 位姿检测传感系统框图

为了能用测量信息计算出相对位姿，由 6 个电涡流传感器组成的特定空间结构来提供位姿和测量数据。传感器的测量空间结构如图 5-6 所示，6 个传感器构成 3 维测量坐标系，其中，传感器 1、2、3 对应测量面 xOy，传感器 4、5 对应测量面 xOz，传感器 6 对应测量面 yOz。每个传感器在坐标系中的位置固定，这 6 个传感器所标定的测量范围就是该测量系统的测量范围。当测量体相对于测量坐标系发生位姿变化时，电涡流传感器的输出信号会随测量距离成比例地变化。

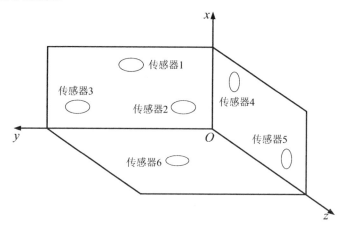

图 5-6 传感器的测量空间结构

5.2.2 柔性腕力传感器

装配机器人在作业过程中需要与周围环境接触，在接触的过程中往往存在力和速度的不连续问题。腕力传感器安装在机器人手臂和末端执行器之间，更接近力的作用点，受其他附加因素的影响较小，可以准确地检测末端执行器所受外力/力矩的大小和方向，为机器人提供力感信息，有效地扩展了机器人的作业能力。

除了应变片 6 维筒式腕力传感器和十字梁腕力传感器，在装配机器人中还大量使用柔性腕力传感器。柔性手腕能在机器人的末端执行器与环境接触时产生变形，并且能够吸收机器人的定位误差。机器人柔性腕力传感器将柔性手腕与腕力传感器有机地结合在一起，不但可以为机器人提供力/力矩信息，而且本身又是柔性机构，可以产生被动柔性，吸收机器人产生的定位误差，保护机器人、末端执行器和作业对象，提高机器人的作业能力。

　　柔性腕力传感器一般由固定体、移动体和连接二者的弹性体组成。固定体和机器人的手腕连接，移动体和末端执行器连接，弹性体采用矩形截面的弹簧，其柔性功能由能产生弹性变形的弹簧完成。柔性腕力传感器利用测量弹性体在力/力矩的作用下产生的变形量来计算力/力矩。

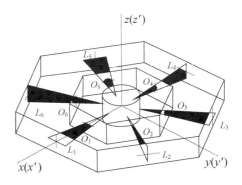

图 5-7　柔性腕力传感器的工作原理

　　柔性腕力传感器的工作原理如图 5-7 所示，柔性腕力传感器的内环相对于外环的位置和姿态的测量采用非接触式测量。传感元件由 6 个均布在内环上的红外发光二极管（LED）和 6 个均布在外环上的线型位置敏感元件（PSD）构成。PSD 通过输出模拟电流信号来反映照射在其敏感面上光点的位置，具有分辨率高、信号检测电路简单、响应速度快等优点。

　　为了保证 LED 发出的红外光形成一个光平面，在每一个 LED 的前方安装了一个狭缝，狭缝按照垂直和水平的方式间隔放置,与之对应的线型 PSD 则按照与狭缝垂直的方式放置。6 个 LED 发出的红外光通过其前端的狭缝形成 6 个光平面 O_i（i=1，2，…，6）与 6 个相应的线型 PSD L_i（i=1，2，…，6）形成 6 个交点。当内环相对于外环移动时，6 个交点在 PSD 上的位置发生变化，引起 PSD 的输出变化。根据 PSD 输出信号的变化，可以求得内环相对于外环的位置和姿态。内环的运动将引起连接弹簧的相应变形，考虑到弹簧的作用力与形变量的线性关系，可以通过内环相对于外环的位置和姿态关系解算出内环上受到的力和力矩的大小，从而完成柔性腕力传感器的位姿和力/力矩的同时测量。

5.2.3　工件识别传感器

　　工件识别（测量）的方法有接触识别、采样式测量、邻近探测、距离测量、机械视觉识别等。

　　☺　接触识别：在一点或几点上接触以测量力，这种测量一般精度不高。

　　☺　采样式测量：在一定范围内连续测量，如测量某一目标的位置、方向和形状。在装配过程中的力和扭矩的测量都可以采用这种方法，这些物理量的测量对于装配过程非常重要。

　　☺　邻近探测：属非接触测量，测量附近的范围内是否有目标存在。传感器一般安装在机器人的抓钳内侧，探测被抓的目标是否存在，以及方向、位置是否正确。测量原理可以是气动的、声学的、电磁的和光学的。

　　☺　距离测量：也属非接触测量。测量某一目标到某一基准点的距离。例如，一只在抓钳内安装的超声波传感器就可以进行这种测量。

　　☺　机械视觉识别：可以测量某一目标相对于某一基准点的位置、方向和距离。

图 5-8 所示为机械视觉识别。如图 5-8（a）所示，使用探针矩阵对工件进行粗略识别；如图 5-8（b）所示，使用直线型测量传感器对工件进行边缘轮廓识别；如图 5-8（c）所示，使用点传感技术对工件进行特定形状识别。

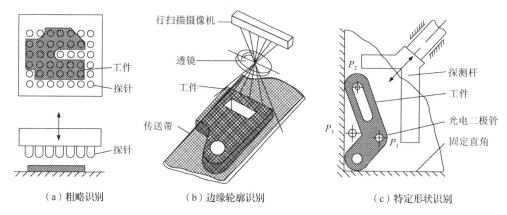

（a）粗略识别　　　　　　　（b）边缘轮廓识别　　　　　　（c）特定形状识别

图 5-8　机械视觉识别

当采用接触式（探针）或非接触式探测器识别工件时，存在与网栅尺寸有关的识别误差。探测器工件识别如图 5-9 所示，在探测器工件识别中，在工件尺寸 b 方向的识别误差为

$$\Delta E = t(1+n) - \left(b + \frac{d}{2}\right) \tag{5-3}$$

式中，b 为工件尺寸，mm；d 为光电二极管直径，mm；n 为工件覆盖的网栅节距数；t 为网栅尺寸，mm。

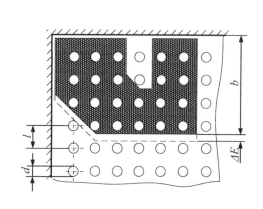

图 5-9　探测器工件识别

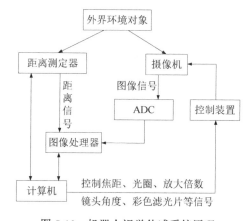

图 5-10　机器人视觉传感系统原理

5.2.4　装配机器人视觉传感技术

1. 视觉传感系统组成

装配过程中，机器人使用视觉传感系统可以进行零件平面测量、字符识别（文字、条

码、符号等）、完善性检测、表面检测（裂纹、刻痕、纹理）和三维测量。类似于人的视觉系统，机器人的视觉系统是通过图像和距离等传感器获取环境对象的图像、颜色和距离等信息的，然后将信息传递给图像处理器，利用计算机从二维图像中理解和构造出三维世界的真实模型。

图 5-10 所示为机器人视觉传感系统原理。摄像机获取环境对象的图像，经 ADC 转换成数字量，从而变成数字化图形。通常一幅图像划分为 512×512 或者 256×256 个点，各点亮度用 8 位二进制数表示，即可表示 256 个灰度。图像输入以后进行各种处理、识别及理解，另外通过距离测定器得到距离信息，经过计算机处理得到物体的空间位置和方位；通过彩色滤光片得到颜色信息。上述信息经图像处理器进行处理，提取特征，处理的结果再输出到机器人，以控制它进行动作。另外，作为机器人的眼睛不但要对得到的图像进行静止处理，而且要积极地扩大视野，根据观察的对象，改变眼睛的焦距和光圈。因此，机器人视觉系统还应具有调节焦距、光圈、放大倍数和摄像机角度的装置。

2．图像处理过程

视觉系统首先要做的工作是摄入实物对象的图形，即解决摄像机的图像生成模型。此模型包含两个方面的内容：一是摄像机的几何模型，即实物对象从三维景物空间转换到二维图像空间，关键是确定转换的几何关系；二是摄像机的光学模型，即摄像机的图像灰度与景物间的关系。由于图像的灰度是摄像机的光学特性、物体表面的反射特性、照明情况、景物中各物体的分布情况（产生重复反射照明）的综合结果，所以从摄入的图像分解出各因素在此过程中所起的作用是不容易的。

视觉系统要对摄入的图像进行处理和分析。摄像机捕捉到的图像不一定是图像分析程序可用的格式，有些需要进行改善以消除噪声，有些则需要简化，还有的需要增强、修改、分割和滤波等。图像处理指的就是对图像进行改善、简化、增强或者其他变换的程序和技术的总称。图像分析是指对一幅捕捉到的并经过处理后的图像进行分析、从中提取图像信息、辨识或提取关于物体或周围环境的特征。

5.2.5　多传感器信息融合装配机器人

在自动生产线上，被装配的工件初始位置时刻在运动，属于环境不确定的情况。机器人进行工件抓取或装配时使用力和位置的混合控制是不可行的，而一般使用位置、力反馈和视觉融合的控制来进行抓取或装配工作。

多传感器信息融合装配系统由末端执行器、CCD 视觉传感器和超声波传感器、柔性腕力传感器及相应的信号处理单元等构成。CCD 视觉传感器安装在末端执行器上，构成手眼视觉；超声波传感器的接收和发送探头也固定在机器人末端执行器上，由 CCD 视觉传感器获取待识别和抓取物体的二维图像，并引导超声波传感器获取深度信息；柔性腕力传感器安装于机器人的腕部。多传感器信息融合装配系统结构如图 5-11 所示。

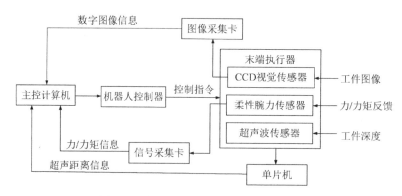

图 5-11 多传感器信息融合装配系统结构

图像处理主要完成对物体外形的准确描述，包括图像边缘提取、周线跟踪、特征点提取、曲线分割及分段匹配、图形描述与识别。CCD 视觉传感器获取的物体图像经处理后，可提取对象的某些特征，如物体的形心坐标、面积、曲率、边缘、角点及短轴方向等，根据这些特征信息，可得到对物体形状的基本描述。

由于 CCD 视觉传感器获取的图像不能反映工件的深度信息，因此对于二维图形相同、仅高度略有差异的工件，只用视觉信息不能正确识别。在图像处理的基础上，由视觉信息引导超声波传感器对待测点的深度进行测量，获取物体的深度（高度）信息，或沿工件的待测面移动，超声波传感器不断采集距离信息，扫描得到距离曲线，根据距离曲线分析出工件的边缘或外形。计算机将视觉信息和深度信息融合推断后，进行图像匹配、识别，并控制机械手以合适的位姿准确地抓取物体。

安装在机器人末端执行器上的超声波传感器由发射和接收探头构成，根据声波反射的原理，检测由待测点反射回的声波信号，经处理后得到工件的深度信息。为了提高检测精度，在接收单元电路中，采用可变阈值检测、峰值检测、温度补偿和相位补偿等技术，可获得较高的检测精度。

腕力传感器测试末端执行器所受力/力矩的大小和方向，从而确定末端执行器的运动方向。

5.3 焊接机器人常用传感器

焊接机器人所用的传感器必须精确地检测出焊缝（坡口）的位置和形状信息，然后传送给控制器进行处理。大规模集成电路、半导体技术、光纤及激光等的迅速发展，促进了焊接技术向自动化、智能化方向发展，并出现了多种用于焊缝跟踪的传感器，它们主要是检测电磁、机械等各物理量的传感器。在电弧焊接的过程中，存在着强烈的弧光、电磁干扰及高温辐射、烟尘、飞溅等，焊接过程伴随着传热、传质和物理、化学、冶金反应，工件会产生热变形，因此，用于电弧焊接的传感器必须具有很强的抗干扰能力。

弧焊用传感器可分为直接电弧式、接触式和非接触式三大类，按工作原理可分为机械、机电、电磁、电容、射流、超声波、红外、光电、激光、视觉、电弧、光谱及光纤式等。弧焊用传感器可用于焊缝跟踪、焊接条件控制（熔宽、熔深、熔透、成形面积、焊速、冷却速度和干伸长）及其他如温度分布、等离子体粒子密度、熔池行为等。据日本焊接技术学会所做的调查显示，在日本、欧洲及其他发达国家，用于焊接过程的传感器有 80% 是用于焊缝跟踪的。目前我国用得较多的是电弧式、机械式和光电式。

5.3.1　电弧传感系统

1. 摆动电弧传感器

摆动电弧传感器从焊接电弧自身直接提取焊缝位置偏差信号，实时性好，不需要在焊枪上附加任何装置，焊枪运动的灵活性和可达性较好，尤其符合焊接过程低成本、自动化的要求。摆动电弧传感器的基本工作原理是：当电弧位置发生变化时，电弧自身电参数相应发生变化，从中反映出焊枪导电嘴至工件坡口表面距离的变化量，进而根据电弧的摆动形式及焊枪与工件的相对位置关系，推导出焊枪与焊缝间的相对位置偏差。电参数的静态变化和动态变化都可以作为特征信号被提取出来，实现高低及水平两个方向的跟踪控制。

目前广泛采用测量焊接电流 I、电弧电压 U 和送丝速度 v 的方法来计算工件与焊丝之间的距离 $H = f(I, U, v)$，并应用模糊控制技术实现焊缝跟踪。摆动电弧传感器结构简单、响应速度快，主要适用于对称侧壁的坡口（如 V 形坡口），而对于那些无对称侧壁或根本无侧壁的接头形式，如搭接接头、不开坡口的对接接头等，现有的摆动电弧传感器则不能识别。

2. 旋转电弧传感器

摆动电弧传感器的摆动频率一般只能达到 5Hz，限制了电弧传感器在高速和薄板搭接接头焊接中的应用。与摆动电弧传感器相比，旋转电弧传感器的高速旋转增加了焊枪位置偏差的检测灵敏度，极大地改善了跟踪的精度。

高速旋转扫描电弧传感器结构如图 5-12 所示，采用空心轴电机直接驱动，在空心轴上通过同轴安装的同心轴承支承导电杆。在空心轴的下端偏心安装调心轴承，导电杆安装于该轴承内孔中，偏心量由滑块来调节。当电机转动时，下端调心轴承将拨动导电杆作为圆锥母线绕电机轴线做公转，即圆锥

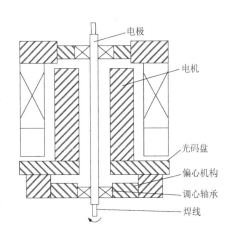

图 5-12　高速旋转扫描电弧传感器结构

摆动。气、水管线直接连接到下端，焊丝连接到导电杆的上端。该传感器为递进式光电码盘，利用分度脉冲进行电机转速闭环控制。

在弧焊机器人的第 6 个关节上，安装一个焊炬夹持件，将原来的焊炬卸下，把高速旋

转扫描电弧传感器安装在焊炬夹持件上。焊缝纠偏系统如图 5-13 所示，高速旋转扫描电弧传感器的安装姿态与原来的焊炬姿态一样，即焊丝端点的参考点的位置及角度保持不变。

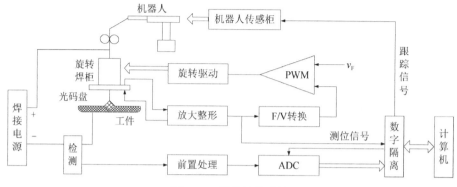

图 5-13　焊缝纠偏系统

3．电弧传感器的信号处理

电弧传感器的信号处理主要采用极值比较法和积分差值法。在比较理想的条件下可得到满意的结果，但在非 V 形坡口及非射流过渡焊时，坡口识别能力差、信噪比低，应用遇到很大困难。为进一步扩大电弧传感器的应用范围、提高其可靠性，在建立传感器物理数学模型的基础上，利用数值仿真技术，采取空间变换，用特征谐波的向量作为偏差量的大小及方向的判据。

5.3.2　超声传感跟踪系统

超声传感跟踪系统中使用的超声波传感器分为两种类型：接触式超声波传感器和非接触式超声波传感器。

1．接触式超声波传感器

接触式超声传感跟踪系统原理如图 5-14 所示，两个超声波针探头置于焊缝两侧，距焊缝相等距离。两个超声波传感器同时发出具有相同性质的超声波，根据接收超声波的声程来控制焊接熔深；比较两个超声波的回波信号，确定焊缝的偏离方向和大小。

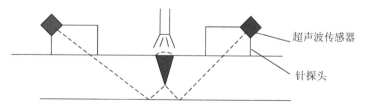

图 5-14　接触式超声波传感跟踪系统原理

2．非接触式超声波传感器

非接触式超声传感跟踪系统中使用的超声波传感器分为聚焦式和非聚焦式两种，两种传感器的焊缝识别方法不同。聚焦超声波传感器是在焊缝上方以左右扫描的方式检测焊缝，而非聚焦超声波传感器在焊枪前方以旋转的方式检测焊缝。

1）非聚焦超声波传感器

要求焊接工件能在 45°方向反射回波信号，焊缝的偏差在超声波声束的覆盖范围内，适于 V 形坡口焊缝和搭接接头焊缝。图 5-15 所示为 P-50 机器人焊缝跟踪装置，超声波传感器位于焊枪前方的焊缝上面，沿垂直于焊缝的轴线旋转，超声波传感器始终与工件成 45°，旋转轴的中心线与超声波声束中心线交于工件表面。

焊缝偏差几何示意图如图 5-16 所示，传感器旋转轴位于焊枪正前方，代表焊枪的即时位置。超声波传感器在旋转过程中总有一个时刻，超声波声束处于坡口的法线方向，此时传感器的回波信号最强，而且传感器和其旋转的中心轴线组成的平面恰好垂直于焊缝方向，焊缝的偏差可以表示为

$$\delta = r - \sqrt{(R-D)^2 - h^2} \tag{5-4}$$

式中，δ 为焊缝偏差；r 为超声波传感器的旋转半径；R 为传感器检测到的探头和坡口间的距离；D 为坡口中心线到旋转中心线间的距离；h 为传感器到工件表面的垂直高度。

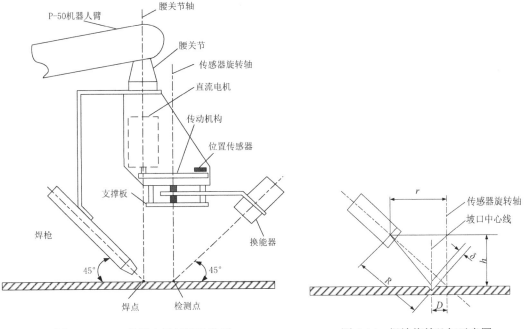

图 5-15　P-50 机器人焊缝跟踪装置　　　图 5-16　焊缝偏差几何示意图

2）聚焦超声波传感器

与非聚焦超声波传感器相反，聚焦超声波传感器采用扫描焊缝的方法检测焊缝偏差，不要求这个焊缝笼罩在超声波的声束之内，而将超声波声束聚焦在工件表面，声束越小检测精度越高。

超声波传感器发射信号和接收信号的时间差作为焊缝的纵向信息，通过计算超声波由

传感器发射到接收的声程时间 t_s，可以得到传感器与焊件之间的垂直距离 H，从而实现焊炬与工件高度之间距离的检测。焊缝左右偏差的检测，通常采用寻棱边法，其基本原理是在超声波声程检测原理基础上，利用超声波反射原理进行检测信号的判别和处理。当声波遇到工件时会发生反射，当声波入射到工件坡口表面时，由于坡口表面与入射波的角度不是 90°，因此其反射波就很难返回到传感器，也就是说，传感器接收不到回波信号，利用声波的这一特性，可以判别是否检测到了焊缝坡口的边缘。焊缝左右偏差检测原理如图 5-17 所示。

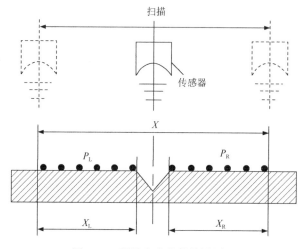

图 5-17　焊缝左右偏差检测原理

假设传感器从左向右扫描，在扫描过程中可以检测到一系列传感器与焊件表面之间的垂直高度。假设 H_i 为传感器扫描过程中测得的第 i 点的垂直高度，H_0 为允许偏差。如果满足

$$\left|H_i - H_0\right| < \Delta H \tag{5-5}$$

则得到的是焊道坡口左边钢板平面的信息。当传感器扫描到焊缝坡口左棱边时，会出现两种情况。第一种情况是传感器检测不到垂直高度 H，这是因为对接 V 形坡口斜面把超声回波信号反射出探头所能检测的范围；第二种情况是该点高度偏差大于允许偏差，即

$$\left|\Delta y\right| - \left|H - H_0\right| \geqslant \Delta H \tag{5-6}$$

并且有连续 D 个点没有检测到垂直高度或者满足式（5-6），则说明检测到了焊道的左侧棱边。在此之前传感器在焊缝左侧共检测到 P_L 个超声回波。当传感器扫描到焊缝坡口右边工件表面时，超声传感器又接收到回波信号或者检测高度的偏差满足式（5-6），并有连续 D 个检测点满足此要求，则说明传感器已检测到焊缝坡口右侧钢板。

$$\left|\Delta y\right| - \left|H_j - H_0\right| \leqslant \Delta H \tag{5-7}$$

式中，H_j 为传感器扫描过程中测得的第 j 点的垂直高度。

当传感器扫描到右边终点时，采集到的右侧水平方向的检测点共 P_R 个。根据 P_R、P_L

即可算出焊炬的横向偏差方向及大小。控制、调节系统根据检测到的横向偏差的大小、方向进行纠偏调整。

5.3.3　视觉传感跟踪系统

在弧焊过程中，存在弧光、电弧热、飞溅及烟雾等多种强烈的干扰，这是无论使用何种视觉传感方法都需要首先解决的问题。在弧焊机器人中，根据使用的照明光的不同，可以把视觉方法分为被动视觉和主动视觉两种。这里被动视觉指利用弧光或普通光源和摄像机组成的系统，而主动视觉一般指使用具有特定结构的光源与摄像机组成的视觉传感系统。

1．被动视觉

在大部分被动视觉方法中电弧本身就是监测位置，所以没有因热变形等因素引起的超前检测误差，并且能够获取接头和熔池的大量信息，这对于焊接质量自适应控制非常有利。但是，直接观测法容易受到电弧的严重干扰，信息的真实性和准确性有待提高。它较难获取接头的三维信息，也不能用于埋弧焊。

2．主动视觉

为了获取接头的三维轮廓，人们研究了基于三角法测距原理的主动视觉方法。由于采用的光源的能量大都比电弧的能量小，一般把这种传感器放在焊枪的前面以避开弧光直射的干扰。主动光源一般为单光面或多光面的激光或扫描的激光束。为简单起见，将主动视觉方法分别称为结构光法和激光扫描法。由于光源是可控的，所获取的图像受环境的干扰可滤掉，真实性好，因而图像的低层处理稳定、简单、实时性好。

1）结构光视觉传感器

图 5-18 所示为焊检一体式的结构光视觉传感器结构。激光束经过柱面镜形成单条纹结构光。CCD 摄像机与焊枪有合适的位置关系，避开了电弧光直射的干扰。由于结构光法中的敏感器都是面型的，实际应用中遇到的问题主要是当结构光照射在经过钢丝刷去除氧化膜或磨削过的铝板或其他金属板表面时，会产生强烈的二次反射，这些光也成像在敏感器上，往往会使后续的处理失败。另一个问题是投射光纹的光强分布不均匀，由于获取的图像质量需要经过较为复杂的后续处理，所以精度也会降低。

2）激光扫描视觉传感器

同结构光方法相比，激光扫描方法中光束集中于一点，因而信噪比要大得多。目前用于激光扫描三角测量的敏感器主要有二维面型 PSD、线型 PSD 和 CCD。图 5-19 所示为面型 PSD 位置传感器与激光扫描器组成的接头跟踪传感器的原理结构。采用激光扫描和 CCD 器件接收的视觉传感器结构原理如图 5-20 所示。它采用转镜进行扫描，扫描速度较高。通过测量电机的转角，增加了一维信息。它可以测量出接头的轮廓尺寸。

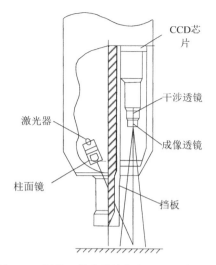

图 5-18 焊检一体式的结构光视觉传感器结构

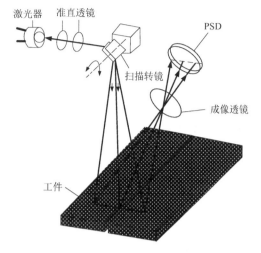

图 5-19 面型 PSD 位置传感器与激光扫描器组成的
接头跟踪传感器的原理结构

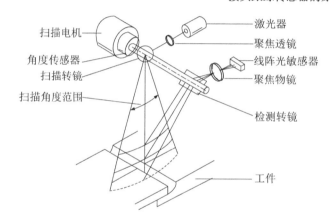

图 5-20 采用激光扫描和 CCD 器件接收的视觉传感器结构原理

在焊接自动化领域中，视觉传感器已成为获取信息的重要手段。在获取与焊接熔池有关的状态信息时，一般多采用单摄像机，这时图像信息是二维的。在检测接头位置和尺寸等三维信息时，一般采用激光扫描或结构光视觉方法，而激光扫描方法与现代 CCD 技术的结合代表了高性能主动视觉传感器的发展方向。

5.4 管道机器人常用传感器

管内作业机器人是一种可沿管道内行走的机构，它可以携带一种或多种传感器及操作装置（如 CCD 摄像机、位置和姿态传感器、超声波传感器、涡流传感器、管道清理装置、管道裂纹及管道接口焊接装置、防腐喷涂装置、简单的操作机械手等），在操作人员的遥控下进行一系列的管道检测、维修作业。

管内作业机器人可以利用超声波传感器测量障碍物的位置和大小，以及管内表面腐蚀和损坏状况；利用电涡流传感器检测管道裂纹、腐蚀情况；利用激光和微型 CCD 摄像机摄取管道内部状况及定位；对于导磁材料的管道，采用漏磁检测法对管道进行探伤等。

5.4.1　煤气管道检测传感系统

煤气管道壁厚的在线检测为保证管道质量和安全技术状况的评价提供依据，由于煤气管道多为铁磁性材料，且埋于地下，采用漏磁法检测具有测量原理简单、结构容易实现、检测时无须耦合剂、可实现非接触测量、不易发生漏检、受环境温度影响较小、信号反馈快、易于采集和处理等优点，已成为煤气管道在线检测的一种主要方法。

1. 漏磁法检测原理

为了简化分析，基于永磁回路分析永磁壁厚检测原理。图 5-21 所示为漏磁法壁厚检测原理示意图，图 5-21（a）所示为结构示意图，它由 2 个永久磁铁、2 个极靴、1 个由软磁材料组成的衬铁、2 个聚磁件、1 个集成霍尔元件及被测对象等组成，磁回路路径如图中虚线所示。等效磁路图如图 5-21（b）所示，F 表示磁动势大小；R_0 表示衬铁的磁阻大小；R_k 表示磁极间空气的当量磁阻大小；R_t 表示被测对象局部的磁阻大小。根据等效磁路图有如下关系式

$$\Phi_0 = \Phi_k + \Phi_t \qquad (5\text{-}8)$$

式中，Φ_0 为穿过衬铁的磁通量，Wb；Φ_k 为磁极间空气的漏磁通，Wb；Φ_t 为穿过被测对象局部的磁通量，Wb。

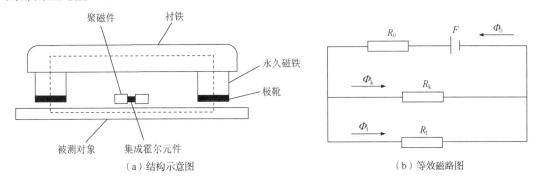

（a）结构示意图　　　　　　　　　　（b）等效磁路图

图 5-21　漏磁法壁厚检测原理示意图

同时，由磁场原理有

$$\begin{cases} \Phi_0 = B_0 S_0 \\ \Phi_k = B_k S_k \\ \Phi_t = B_t S_t \\ S_t = ct \end{cases} \qquad (5\text{-}9)$$

式中，B_0 为衬铁中的磁感应强度，T；S_0 为衬铁的横截面积，m^2；B_k 为磁极间空气中的当量漏磁感应强度，T；S_k 为磁极间空气的当量横截面积，m^2；B_t 为被测对象局部中的磁感应强度，T；S_t 为被测对象局部的横截面积，m^2；c 为设计常数；t 为被测对象局部的厚度，m。

将式（5-9）代入式（5-8）中，可以得到

$$B_0 S_0 = B_k S_k + B_t S_t \qquad (5\text{-}10)$$

对于给定的磁路，c、S_k、S_0 为设计常数，当磁化达到饱和或近饱和时，由磁化特性曲线可知，B_0、B_t 不再随着磁场强度的增加而增加，对于同种材料，可将其近似为常数，此时，磁极间空气中的漏磁感应强度大小主要与被测对象局部的厚度有关，其近似关系为

$$B_k = \frac{B_0 S_0}{S_k} - \frac{B_t c}{S_k} t \qquad (5\text{-}11)$$

即 B_k 随 t 增加而减小。

2. 传感器结构

基于漏磁法原理的传感器采用阵列方式，测量周向管道壁厚信息。采用恒定直流励磁替代永久磁铁，产生强度可调的激励磁场；用高灵敏度的霍尔元件作为漏磁场信息检测元件；传感器还可实现径向自适应调节以应用于不同直径的煤气管道。

传感器由安装基座和传感器探头组成。传感器探头采用周向阵列安置，由支撑导杆、仿形轮、超声波测量头组成。支撑导杆与基座通孔配合，除支撑作用外，导杆还有径向调节作用，沿径向调节检测装置外径，以适应不同直径的管道，导杆上标有对应管道直径的刻度，使用人员可以快速方便地进行调整。仿形轮机构与支撑导杆间由销轴和弹簧连接。由于弹簧的预压作用，每个传感器的仿形轮均紧贴在管道内壁。当被测管道直径由于不规则发生小范围变化时，仿形轮机构可通过调整连接弹簧压缩量来适应。测量头由衬铁、励磁线圈、霍尔元件支架、霍尔元件、聚磁件、回复机构组成，安装在仿形轮支撑板的中间位置，回复机构可调整测量头的位置。

3. 工作原理

由于每个传感器探头有一定的灵敏区，n 个传感器沿管壁周向形成阵列布置，将管壁沿周向划分为 n 个区，每个传感器探头负责提取对应区域的管道壁厚信息，综合 n 个传感器探头的信息即可得到管道壁厚的平均值。传感器探头个数可以根据实际使用条件确定。

当检测开始时，通过微型计算机控制继电器开关闭合，开启励磁电源，每个测量头的励磁线圈工作，由于电磁吸合力作用使测量头的端面紧贴在管道内壁，此时，U 形衬铁和被测管道内壁的局部构成闭合磁回路。由于检测装置采用阵列式传感器结构，因此，被测管壁在测量头范围的整个圆周均被磁化以至饱和。根据磁回路原理，在放置霍尔元件位置的漏磁大小与被测管道壁厚成一定的函数关系。为了调理通过霍尔元件的漏磁信号，可采用聚磁件结构；检测中同时读取 n 路霍尔元件的信号，并通过滤波放大电路处理后送入微

型计算机采集卡，经处理即可获知该圆周上被测管道壁厚的信息。数据采集完成后，微型计算机控制继电器开关断开励磁电源，此时，测量头在回复机构的弹簧力作用下回到初始状态，完成一个检测周期。

5.4.2　石油管道检测传感技术

超声波检测是目前应用最为广泛的一种无损检测方法，它具有灵敏度高、穿透力强、探伤灵活、效率高、成本低、对人体无伤害等优点，不仅可探测金属及非金属材料的缺陷（内部和表面的），还可以测定材料的厚度及强度等。石油管道的受蚀缺陷主要是管壁的受蚀减薄，用超声波检测技术探测输油管道壁厚的厚度最为简便和直接。

1. 超声波检测原理

图 5-22 所示为超声波检测原理，当超声波探头对管壁发出一个超声波脉冲后，探头首先接收到由管壁的内表面反射回来的脉冲，这个脉冲与基准脉冲之间的间距容易测量出来，该间距值表示为 t_1。然后，超声波探头又会接收到由管壁的外表面反射回来的脉冲，这个脉冲与内表面产生的脉冲之间的间距为 t_2，t_2 值就反映了管壁的厚度。对于反射波，要经处理、整形后形成厚度方波，为了达到预求的精度，方波被放大后进行脉冲填充，脉冲填充的个数多少就构成了所测厚度的具体数据，在检测时，这些数据需实时存入机器人体内的存储器中，最终的数据分析由地面的计算完成。

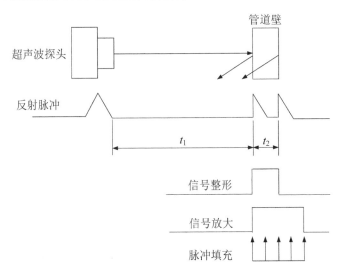

图 5-22　超声波检测原理

超声波检测方式分为静态检测和动态检测。静态检测指在机器人的内部设有摆锤及自动调节机构，以免机器人在行进的过程中发生自身的偏转，同时各个超声波探头直接向管壁发射宽频超声波，又直接接收反射波。目前，广泛采用的多元蜂窝式检测头，其最多可载 500 多个超声波探头。而动态检测的探头盘安装了若干个超声波探头，在石油管道内随石油的流动做旋转探测。相比较而言，动态检测成本低、检测全面、易于采用。

2．动态超声波检测的基本原理

动态检测扫描重叠示意图如图 5-23 所示，圆形区域表示单个超声脉冲在管壁上的覆盖范围。检测头的转动加上机器人本体的移动，就会在被测管道的管壁上产生无数的扫描带，控制机器人的移动速度，相邻扫描带的重复区域为 1/4，便会形成一个连贯的扫描段。检测机器人在被测管道内的行进，完成对整个管线的检测。

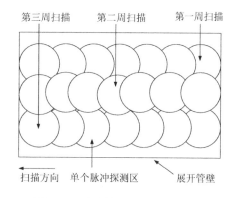

图 5-23　动态检测扫描重叠示意图

由于机器人本体在行进的过程中，探头做旋转运动，对单个探头而言，其声斑的扫描轨迹是一条螺旋线，其螺旋角度为

$$\beta = \operatorname{arccot}\left(\frac{v_\mathrm{c}}{\omega}\pi D\right) \tag{5-12}$$

式中，β 为螺旋角；v_c 为机器人本体的线速度；ω 为探头的角速度；D 为管道内径。

多个探头形成的轨迹是数十条相互环绕的螺旋线，在实际显示图形时，将管道沿纵向剖面展开。这样，这些连续的螺旋线就变成了一系列斜线。

3．数据处理

超声波检测数据处理功能框图如图 5-24 所示。在同步信号上升沿的作用下，超声波产生器产生超声波脉冲，经过超声波探头向介质中发射，碰到输油管内壁产生第一次反射，由该探头接收到，经放大处理产生的脉冲称为 A 波；同样在输油管外壁也产生第二次反射，再由该探头接收到，经放大处理得到的脉冲称为 B 波。由于采用超声波测量探头及一个温度补偿超声波探头同时发射超声波脉冲，4 路测量接收机都测到 4 个 A 波和 4 个 B 波；而温度补偿接收机得到一个温度补偿的 A_t 波。将超声波接收系统送来的 9 路反射信号整形成脉冲信号，由零基准信号前沿触发 4 路油层波门形成电路，形成波门前沿，而分别在 4 路 A 波前沿再触发形成波门后沿，此波门分别控制 4 通道 12 位计数器，对 10MHz 时钟计数，计算波门内时钟脉冲个数，送到锁存器中，这个数据代表了油层的厚度。温度补偿部分采用与上述相同的方法。同样，由 A 波分别触发的 4 路壁厚波门形成电路，产生波门前沿，再由 B 波分别触发产生波门后沿，此波门控制 4 通道 8 位计数器，对 50 MHz 时钟计数，求得波门内 50MHz 时钟脉冲个数，送到锁存器中，它代表了输油管壁的厚度。由单片机从锁存器循环读出油层及壁厚计数值，通过计算送到显示器显示出来。

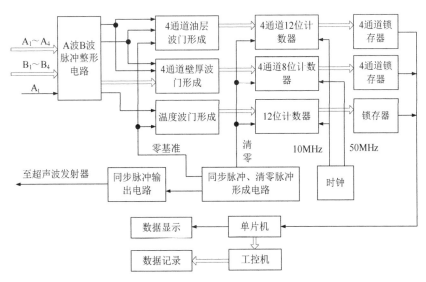

图 5-24　超声波检测数据处理功能框图

5.4.3　污水管道检测传感技术

1．先进传感技术

1）基于激光的传感技术

轮廓测定技术采用传统的闭环控制电视摄像机和附加光源，先进光学系统采用结构光源（激光二极管）代替标准光源（如卤素光源），在管壁投射更佳的光线形式，即激光轮廓测定术。

产生光环所使用的设备配置不同，轮廓测定技术可以完成环面检测和单点扫描。由一组透镜和棱锥镜或棱镜组成的光图样发生器在管壁投射一个光环，反射光线形成一个不依赖于管内壁的恒定宽度的环形光圈，由摄像机捕捉信号。单点扫描时，由光敏传感器和激光组成的传感旋转机构垂直管道轴线连续发射光点，监测从管道内壁的反射光点。旋转角由光学编码器测定。环面检测法数据采集速度快，但是精度没有单点扫描高。

轮廓测定是基于摄像机和光源的视差，利用三角测定法进行计算的。图 5-25 所示为普通轮廓检测光学测试原理，R 为管道内壁的半径，d 为激光光源到光轴的距离，r 为管道内壁在 CCD 上投影区域的半径，l 为管道内壁至 CCD 的距离。反射的光点通过透镜组投射到 CCD 检测器上，形成一个和检测点位置成比例的信号。目标平面的高度发生变化时，反射点会产生漂移。图 5-26 所示为光源和 CCD 位于相同光轴上，此时计算简化。由于基于光轴对称，内壁整个圆环面的反射点具有相同的精度。

虽然激光轮廓检测传感器比超声轮廓检测传感器精度高，但摄像机一般在空气中工作，在水中由于可见度差必须使用特殊的摄像机和光源。另外，使用传统的闭环控制电视摄像机也存在一定的困难。

145

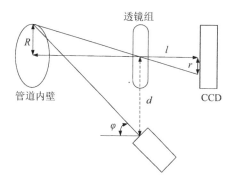

图 5-25　普通轮廓检测光学测试原理

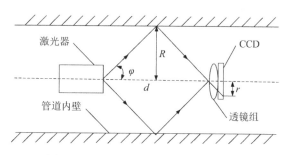

图 5-26　光源和 CCD 位于相同光轴上

2）基于超声波的传感系统

基于超声波的污水管道传感系统，由发射换能器发射高频超声脉冲波束，采用返回接收换能器的信号幅值和渡越时间检测管道的厚度、老化、形状、破损点位置和大小等。由于声速已知，只要测出从发射到接收的渡越时间即可计算穿越距离。采用旋转换能器可以进行逐点扫描，依靠水和管道、空气和水或空气和管道的声学阻抗不同，反射声能信号。

基于超声波的传感系统的限制是只能测定到第一次反射界面的距离，无法检测管道下的状态。增高超声波频率可以提高分辨率，但是声能衰减也加剧，穿透深度降低。另外，由于水和空气的最佳操作频率不同，基于超声波的传感系统也无法同时测定有水的管道和干燥的管道。

采用埋入式换能器不仅可以检测管道内表面，还可以检测壁厚、纹理和面缺陷，但频率较低时精度降低。在材料内部产生超声波的有效方法是使用水耦合探测器和接触探测器。基于空气检测的超声波传感系统包括电磁声学换能器、激光器、声学检测器。电磁声学换能器在管道本体中产生一个机械脉冲，这样测量过程不会被换能器和管道之间的耦合介质影响，但要求管道必须是导电材料制作的。

基于超声波的传感系统应用广泛，但是也存在一些问题，如要处理的数据信息量大、材料非均匀影响检测精度、表面不平整会产生耦合等。

3）基于红外的传感技术

温度记录仪利用物体的红外辐射引起的温度差异来检测物体。空气透明时，红外波长为 8～14m。据此，可以检测热量的空间分布及其随时间的变化。使用高精度的红外扫描器可以在较大区域内检测热量演变，不同的热分布区域被处理为不同颜色的可视图形。温度记录仪基于热传导原理，可用来检测地下管道的状况。

基于红外的传感技术可以检测到传统的闭环控制电视摄像机检测不到的管道缺陷，如老化的管道绝缘、渗涌等。基于红外的传感技术在管道外部进行检测，分为被动检测和主动检测。被动检测没有人工热源，在白天检测时用太阳作为热源加热管道上方的地表；而夜晚检测时以地表作为热源，而上方空气作为热池。主动检测采用红外光加热管道，对管道施加一个热脉冲，检测随后的热量演变过程。由于吸收热脉冲的能量，表面温度变化很快，而由于缺陷区和空气间隙与管道本体热传导性质存在差异，改变了热量的传播速度，据此可以检测缺陷的位置和深度。对管道施加正弦调制波时，获得响应的幅值和相位与输入波的频率有关。幅值相图和传播时间有关，而与光学和红外表面特征无关。

基于红外的传感技术安全可靠、没有辐射，对材料不敏感，检测速度快，主要用于区域检测。

4）基于地表穿透雷达的传感技术

地表穿透雷达发射短脉冲电磁波，检测地下或被不透明物质包围的目标位置，属于一种非接触检测方法。传统方法是沿管道进行，在超声波扫描器上生成管道和周围环境的图像，雷达置于管道内部或外部。

雷达探测器发射的电磁波频率为 3MHz～300GHz，地表穿透雷达使用的频率一般在 100～1000MHz 之间。雷达本身包括一根天线，用于发射和接收信号；或使用两根天线，分别用于发射和接收信号。雷达一般使用时域脉冲信号，针对某一具体对象设计，可以探测任何非传导性的中断。根据污水管道不同，使用不同穿透深度和分辨率的天线，可以获得管道的结构状态、管土界面和周围环境等信息。例如，分别用中频信号（200MHz）检测管道周围的土介质，用高频信号（500MHz）检测管道的结构和管土界面等。

信号处理技术虽然可以提高分辨率，但最大穿透深度仍不超过 20 个波长。为了增大潮湿介质的穿透深度，只能使用低频信号。另外，由于水泥和塑料等非传导材料的电容率非常接近空气的电容率，对这种材料的管道，探测破损和空气间隙是困难的。

2．SAM 多传感器测试平台

图 5-27 所示为德国 SAM 多传感器融合管道机器人平台，包括一个商业闭环控制电视摄像机系统和各种（单个或阵列安装）传感器。

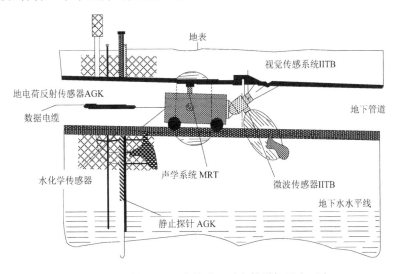

图 5-27　德国 SAM 多传感器融合管道机器人平台

☺　3D 结构光传感器：实现对管道内壁表面的三维检测，对管道机器人进行定位和表面缺陷检测，分辨率和检测精度稍低。

☺ 微波传感器：具有穿透性，用于检测管道外表面的泥土状况。一般可绕管道轴线旋转，完成对管道四周泥土状态的检测。

☺ 超声波传感器：空气超声波传感器可以对管道内壁缺陷和裂纹进行扫描，液体超声波传感器在管道下面有水时，对光学和空气超声波传感器无法检测的区域，检测管道壁厚。

☺ 放射传感器：使用中子和 γ 射线探针，通过地下水观测井和地上凿洞，检测地下泥土密度和泥土湿度。根据地下泥土密度和泥土湿度的变化，判断地下管道裂纹的位置和大小。由于放射传感器受各种物理因素影响，灵敏度和分辨率较低。

☺ 地电传感器：电流探针垂直管道和它本身发射电流，通过渗涌点时电流增大，用于检测渗涌点的位置。

☺ 水化学传感器：替代电化学传感器，用于高精度探测污水渗透。电化学传感器只对少数几种化学合成物敏感，无法探测地下污水的渗漏。

5.4.4 管道无线定位传感技术

采用主动光源照明，通过特殊的内窥成像光路及 CCD 摄像机进行管内检测时，测量系统无法知道其自身的空间位置，只是得到管孔的二维截面数据信息，无法得到管道内表面的整体形貌或三维模型。为了得到管道内表面的整体形貌或三维模型，需要对管道内表面进行三维重建。完成三维重建后，管内机器人可实现全程定位。

利用基于光纤光栅的空间曲率传感器可测量机器人当前测量点的曲率和切向矢量方向，然后，根据前一测量点的空间位置、密切平面、切向矢量方向、机器人移动步距等参数计算当前测量点的空间位置。这样，只要给定初始测量点的空间位置、曲率、切向矢量方向，就可以实现管道机器人的全程定位。

1. 检测原理

在温度恒定条件下，根据光弹理论，Bragg 光栅波长 λ_{B}、波长变化 $\Delta\lambda_{\mathrm{B}}$ 与外加轴向应变 ε 满足

$$\frac{\Delta\lambda_{\mathrm{B}}}{\lambda_{\mathrm{B}}} = (1-P)\varepsilon \tag{5-13}$$

式中，P 为有效光弹系数。

在纯弯曲条件下，对于圆截面弹性梁，轴向应变 ε 与曲率成正比关系，即

$$\varepsilon = \left(\frac{R}{\rho}\right) = RC \tag{5-14}$$

将式（5-14）代入式（5-13）得

$$C = \frac{\Delta\lambda_{\mathrm{B}}}{(1-P)\lambda_{\mathrm{B}}R} \tag{5-15}$$

对一具传感器封装，R、λ_B、P 为常数，则曲率 C 和波长变化 $\Delta\lambda_B$ 成正比。光纤曲率传感器就是基于此原理制成的。

2．空间曲率检测传感器

传感器的传感头一般由基材、光纤光栅、胶黏剂和封装材料组成。图 5-28 所示为基于光纤光栅特性的空间曲率检测传感器断面结构，中间为圆柱形的硅橡胶软基体，四周为成对（根据管径的大小可调整，但是必须保证为偶数）沿轴向对称分布的光纤光栅曲率传感器。在图 5-28 中，"方向 2"为当前测量点的密切平面，"方向 1"为前一测量点的密切平面，α 为密切平面间的夹角。

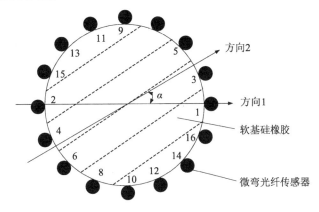

图 5-28　基于光纤光栅特性的空间曲率检测传感器断面结构

单个独立的光纤光栅曲率传感器检测到一个相应的曲率值，对轴向对称分布的每对光纤光栅传感器所测得的两个曲率半径值进行比较，可以得到管道轴心曲线在当前测量点的曲率半径，即

$$R = k\left(\frac{R_1 + R_2}{2}\right) \tag{5-16}$$

式中，k 为调整系数；R_1 为某一光纤光栅传感器测得的曲率半径；R_2 为对应光纤光栅传感器测得的曲率半径。

思考与练习

（1）工业机器人的传感器分类有哪些类型？如何正确选择？

（2）说明位姿传感器的作用。

（3）工件识别传感器的工作原理是什么？

（4）说明装配机器人视觉传感技术。

（5）举例说明超声传感焊缝跟踪方法。

（6）说明石油管道机器人检测原理。

（7）举例说明检测污水管道壁厚的方法。

第 6 章

移动机器人常用传感器

学习目标

☺ 掌握移动机器人传感器的分类和特点；

☺ 掌握陀螺仪、惯性测量单元、激光雷达的原理；

☺ 掌握多传感器耦合的层次和融合原理。

6.1 移动机器人内部传感器

要使移动机器人拥有智能，能够对环境变化做出反应，移动机器人必须具有感知环境的能力。用传感器采集信息是移动机器人智能化的第一步。如何采取适当的方法将多个传感器获取的环境信息加以综合处理，控制移动机器人进行自主导航和智能作业，则是提高移动机器人智能程度的重要体现。因此，传感器及其感知处理系统是构成移动机器人智能的重要部分，它为移动机器人自主导航和智能作业提供决策依据。移动机器人的感知系统通常由多种传感器组成，用于感知机器人自身状态和外部环境，通过此信息决策和控制机器人完成特定或多项任务。目前使用较多的移动机器人传感器有姿态传感器、接近觉传感器、距离传感器、视觉传感器等。本章主要介绍移动机器人常用的传感器及其工作原理。

对移动机器人来说，内部传感器是用于测量移动机器人自身状态的功能元件，并将测得的信息作为反馈信息送至控制器，形成闭环控制。内部传感器主要检测移动机器人的行程、速度、倾斜角等。常用的移动机器人内部传感器包括磁性编码器、陀螺仪及惯性测量单元（IMU）等。

6.1.1 磁性编码器

磁性编码器的主要组成部分有磁阻传感器、磁鼓、信号处理电路，其结构如图 6-1 所示。磁性编码器的工作原理是通过磁鼓充磁，在跟随电动机旋转时产生周期分布的空间漏磁场，再由磁阻传感器探头利用磁电阻效

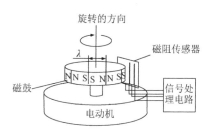

图 6-1 磁性编码器的结构

应将这种磁场变化转换为电阻变化。在外加电势的作用下，这种变化转换为相应的电压信号，最后由信号处理电路将电压信号转化为计算机能够识别的数字信号，这样就实现了磁性编码器的编码功能。其中，磁鼓是决定磁性编码器性能的主要因素。磁鼓被等分为很多小磁极，小磁极的个数决定了磁性编码器的分辨率。同时，磁极分布越均匀，剩磁越强，磁性编码器的性能越好。

6.1.2　陀螺仪

早期的轮式移动机器人一般采用编码器获得机器人的航向与里程信息。但是，依靠编码器进行航迹推测的误差很大，尤其是用编码器信息计算移动机器人的航向。近年来，随着光纤技术的发展，新型惯性仪表光纤陀螺仪（Fiber Optic Gyro scope，FOG）已经广泛应用于移动机器人导航控制系统中机器人的航向角测量。相比于传统机电陀螺，光纤陀螺仪体积小、质量小、功耗低、寿命长，同时可靠性高、动态范围大、启动快速，这使得它得到大力研究和发展。

自 1976 年美国 Utah 大学 V. Vali 教授首次提出光纤陀螺仪设想以来，光纤陀螺仪已经发展了 30 多年。光纤陀螺仪基于 Sagnac 干涉原理，如图 6-2（a）所示。对于在半径为 R 的圆环光路中，二束光射入，但方向相反。若环路以 ω 的角速度旋转，正、逆二束光沿闭合光路走一圈后会合时的光程差为 $\Delta S = \dfrac{4\pi R^2}{c}\omega$，其中 c 为光速。可见，二束光的光程差与陀螺仪相对惯性坐标系的角速度 ω 成正比，只要测出光程差，就可测得 ω。根据 Sagnac 干涉原理，设计了光纤陀螺仪，其结构示意图如图 6-2（b）所示。

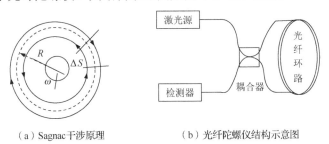

　　（a）Sagnac干涉原理　　　　　（b）光纤陀螺仪结构示意图

图 6-2　光纤陀螺仪的工作原理

作为移动机器人航迹推测的主要器件之一，光纤陀螺仪性能的好坏直接影响移动定位的精度。光纤陀螺仪的主要性能指标有零偏、标度因素、零漂和随机游走系数。其中零偏是输入角速度为零（陀螺静止）时陀螺仪的输出量，用规定时间内的输出量平均值对应的等效输入角速度表示，理想情况下为自转角速度的分量。标度因素是陀螺仪输出量与输入角速率的比值，在坐标轴上可以用某一特定的直线斜率表示，它是反映陀螺仪灵敏度的指标，其稳定性和精确性是陀螺仪的一项重要指标，综合反映了光纤陀螺仪的测试和拟合精度。零漂又称零偏稳定性，它的大小值标志着观测值围绕零偏的离散程度，随机游走系数是由白噪声产生的随时间累积的输出误差系数，它反映了光学陀螺仪输出随机噪声的强度。

光纤陀螺仪误差的产生原因比较复杂，按误差性质主要分为随机误差和常值漂移（零漂）；按产生原因则可以分为外部原因和内部自身因素。外部原因主要指温度、磁场等因素的影响，而内部自身因素主要指自身器件的参数漂移和工作特性。此外，还可以按性能参数分为零偏和零漂、标度因素、角度随机游走系数等。各误差间的相互关联和影响使得光纤陀螺仪误差产生的原因错综复杂。目前，国内外研制的光纤陀螺仪的漂移量减少程度和标度因数稳定性能都以数量级的形式提高，但是其漂移误差的存在还是无法避免，特别是受环境温度影响而产生的误差项，通常可采用一些处理技术对误差进行补偿，从而减小误差的影响。

光纤陀螺仪的误差补偿技术有 5 种。

☺ 抑制光纤中的散射噪声：当光纤内部介质不均匀时，光纤中会产生后向瑞利散射，这是光纤陀螺仪的主要噪声源。散射光和主要光速相干叠加时会对主光束产生相位影响，因此要抑制这些噪声。抑制噪声的主要方法是，采用超发光二极管等低相干光源、采用光隔离器、使用宽带激光器和相位调制器等作为光源，以及对后向散射光提供频差并对光源进行脉冲调剂等。

☺ 减小温度引起的系统漂移：环境温度的变化会使得光纤陀螺仪纤芯的折射率、媒质的热膨胀系数及光纤环的面积发生改变，从而使得光在介质中的传输受到影响，进而影响到检测转动角速度的标度因素的稳定性。此外，热辐射造成光纤环局部温度发生梯度变化，引起左右旋光路光程不等，从而引起非互易相移。它会和 Sagnac 效应产生的非互易相移发生叠加，从而影响光纤陀螺仪的精度。可对光纤线圈进行恒温处理，如使用铝箱屏蔽隔离、采用温度系数小的光纤和被覆材料、采用四极对称方法绕制光纤环等。

☺ 减少光路功能元件的噪声：光路功能元件有偏振器、耦合器（分束器、合数器）、相位调制器和光电检测器等。偏振会对光纤陀螺仪的偏置稳定性造成很大影响，如光纤线圈的偏振干扰或者其他期间的偏振波动效应等。另外，器件性能不佳也会导致引入后与光纤的对接带来的光轴不对准、接点缺陷等引起的附加损耗和缺陷，产生破坏互异性的新因素，可采用保偏光纤提高偏振器消光比，以及采用偏振面补偿装置及退偏振镜等方法减少噪声。同时，通过提高器件和光路组装工艺水平来提高器件和光路的性能，也是减少噪声的重要前提。

☺ 抑制光电检测器及电路的噪声：影响光纤陀螺仪性能的噪声源主要有探测器灵敏度、调制频率噪声、前置放大器噪声和散粒噪声（与光探测过程相关联的基本噪声）等。目前主要的解决方法有两种，一是通过优选调制频率减少噪声分量，用电子学方法减少放大器噪声；二是尽量选择大的光源功率和低损耗的光纤通路，加大光信号，提高抑制比，相对减少散粒噪声的影响。

☺ 改进半导体激光光源的噪声特性：干涉的效果会受光源的波长变化、频谱变化及光功率波动的直接影响。返回到光源的光将直接干扰它的发射状态，造成二次激发，与信号光产生二次干涉，从而引起发光强度和波长的波动。对于光源波长变化的影响，一般可通过数据处理方法解决。若波长是由温度引起的，则直接测量温度，进行温度补偿。对于返回光的影响，则可采用光隔离器、信号衰减器或选用超辐射发光二极管等低相干光源解决。

6.1.3 惯性测量单元

惯性测量单元（Inertial Measurement Unit，IMU）是一种电子装置，它使用一个或多个加速度计、陀螺仪的组合测量物体的加速度和角速度。加速度计检测物体在载体坐标系统独立三轴的加速度信号，陀螺仪检测载体相对于导航坐标系的角速度信号，从而测量物体在三维空间中的角速度和加速度，并以此解算出物体的姿态。有些 IMU 还包括一个通常用作航向基准的磁力计。典型的 IMU 配置包括三轴加速度计和三轴陀螺仪，有些还包括三轴磁力计，可用于检测物体的俯仰角、横滚角和横向角，IMU 的工作原理如图 6-3 所示。

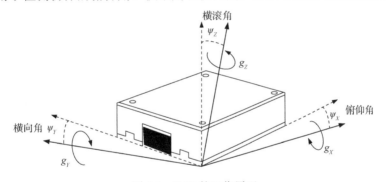

图 6-3　IMU 的工作原理

通常采用原始的 IMU 测量计算姿态、角速度、线速度和相对于全局参考系位置的系统，称为惯性导航系统（Inertial Navigation System，INS），简称惯导。在惯性导航系统中，IMU 汇报的数据被输入处理器，处理器通过算法计算出姿态、速度和位置。

惯性导航有以下优势：

☺　不依赖于任何外部信息，也不向外部辐射能量，是一种完全自主式系统，其隐蔽性好，不受外界电磁干扰的影响。

☺　可全天候工作于空中、地球表面乃至水下。

☺　能提供位置、速度、航向和姿态角数据，产生的导航信息连续性好，而且噪声低。

☺　数据更新率高、短期精度和稳定性好。

同时，IMU 存在缺陷。使用 IMU 导航的一个主要缺点是会出现积分错误。由于惯性导航系统在计算速度和位置时不断地对加速度进行积分，因此任何测量误差无论多小，都会随着时间而累积，从而导致"漂移"，即系统认为它所处的位置与实际位置之间的差距越来越大。由于积分，加速度的常数误差导致速度的线性误差和位置的二次误差增加，姿态速率的恒定误差导致速度的二次误差和位置的三次误差增加，惯性导航固有的漂移率会导致物体运动的差错。此外，由于惯性导航系统的性价比主要取决于惯性传感器——陀螺仪和加速度计的精度和成本，而高精度陀螺仪由于制造困难导致成本高，这使得早期的惯性导航系统造价高。

近年来，微电子技术用来制造微传感器和微执行器等各种微机械装置，微机电系统异军突起。微机电系统（Micro-Electro-Mechanical System，MEMS）是指集机械元素、微型传感器及信号处理和控制电路、接口电路、通信和电源为一体的完整微型机电系统。MEMS传感器的主要优点是体积小、质量小、功耗低、可靠性高、灵敏度高、易于集成等，用MEMS工艺制造传感器、执行器或者微结构，具有微型化、集成化、智能化、低成本、效能高、可大批量生产等特点，产能高、良品率高。MEMS技术制造的惯性传感器成本低廉，它的出现使得惯性导航系统由贵族产品走向货架产品。图6-4所示为MEMS惯性传感器ADXL001。

图6-4　MEMS惯性传感器
ADXL001

MEMS惯性传感器一般包括加速度计（或加速度传感器）、角速度传感器（陀螺）及它们的单、双、三轴组合IMU和AHRS（包括磁传感器的姿态参考系统）。MEMS惯性传感器可与GPS构成低成本的INS/GPS组合导航系统，是一类非常适合构建微型捷联惯性导航系统的惯性传感器。MEMS惯性传感器的误差有两种：零偏误差和随机噪声信号带来的误差。

☺ 零偏误差：当传感器测量的载体处于水平静止状态时，测量值相对于零值的偏移。零偏误差不断积累会导致计算结果产生积分误差。零偏误差计算时由加速度传感器测量值的平均值减去理想值得到，在系统应用时，把传感器三轴分别减去误差值，即可消除零偏差误差。

☺ 随机噪声信号带来的误差：随机噪声主要来源于MEMS传感器上控制转换电路的电路噪声、机械噪声和传感器工作时的环境噪声。随机噪声信号带来的误差会严重影响传感器的测量精度。使用扩展卡尔曼滤波可以获得最优状态估计，降低噪声的影响，从而提高传感器的测量精度。

近年来，基于MEMS技术的IMU的发展，使IMU得到了广泛的应用。例如，在生物力学领域，使用IMU的可穿戴的、安全的、不笨重的设备与人体应用程序兼容，IMU在监测日常人类活动，如步态或运动表现和神经肌肉疾病患者康复过程的结果方面显示出良好的准确性。除此之外，IMU通常用于操纵飞机的姿态和航向参考系统。最近几年的发展，允许生产支持IMU的GPS设备。当物体在隧道内、建筑物内或存在电子干扰时，GPS信号不可用，IMU允许GPS接收器工作。而MEMS在移动机器人导航中也得到了非常广的应用。在许多情况下，移动机器人必须自主工作，利用导航系统监测并控制机器人的移动，管理位置和运动精度是实现移动机器人有用、可靠、自主工作的关键。

6.2 移动机器人外部传感器

外部传感器是移动机器人与周围交互工作的信息通道,主要有定位、视觉、接近觉、距离测量等传感器,用以获得有关移动机器人自身作业对象及外界环境等方面的信息。利用外部传感器使得移动机器人能够对环境具有自适应和自校正能力。目前在移动机器人中常用的外部传感器包括 GPS、声呐、激光雷达、毫米波雷达、红外测距传感器及视觉传感器等。

6.2.1 GPS

全球导航卫星系统(Global Navigation Satellite System,GNSS)是能在地球表面或近地空间的任何地点利用一种卫星的伪距、星历、卫星发射时间等观测量和用户钟差,为用户提供全天候的三维坐标、速度及时间信息的空基无线电导航定位系统。目前,全球已建成的 GNSS 有美国的 GPS、俄罗斯的 GLONASS、欧盟的 GALILEO 和中国的北斗卫星导航系统。下面对目前最常用的 GPS 做详细介绍。

全球定位系统(Global Positioning System,GPS)又称全球卫星定位系统,是美国国防部研制和维护的中距离圆形轨道卫星导航系统。该系统由美国政府于 1970 年开始进行研制,并于 1994 年全面建成。使用者只需拥有 GPS 接收机即可使用该服务,无须另外付费。它可以为地球表面绝大部分(98%)地区提供准确的定位、测速和高精度的标准时间。GPS 可满足位于全球地面任何一处或近地空间的军事用户连续且精确地确定三维位置、三维运动和时间的需求。

GPS 信号分为民用的标准定位服务(Standard Positioning Service,SPS)和军用的精确定位服务(Precise Positioning Service,PPS)两类,定位精度为 10 m。

GPS 由空间星座部分、地面监控部分和用户设备部分组成。用户设备主要为 GPS 接收机,主要作用是接收 GPS 卫星的信号,并计算用户的三维位置和空间。GPS 空间星座由 24 颗卫星组成,其中 21 颗为工作卫星,3 颗为备用卫星。24 颗卫星均匀分布在 6 个轨道平面上,也就是每个轨道面上有 4 颗卫星,可保证在全球任何地点、任何时刻至少可以观测到 4 颗卫星。GPS 定位原理如图 6-5 所示。

GPS 通过观测信号传播时间计算用户与卫星之间的距离,然后反推出目标位置在 WGS-84 坐标系(一种国际上采用的地心坐标系)下的三维坐标数据。由于测得的距离包含误差,接收机至少接收 4 颗定位卫星的定位信号才能计算出当前目标的位置坐标。设定位卫星在 WGS-84 坐标系下的坐标为 (X_i, Y_i, Z_i)(i=1,2,3,4),接收机在 WGS-84 坐标系下的坐标值为 (x, y, z),通过式(6-1),可计算出 GPS 接收机所处的位置信息 ρ_i,

$$\rho_i = \sqrt{(X_i - x)^2 + (Y_i - y)^2 + (Z_i - z)^2} + c\Delta t, \quad i = 1,2,3,4 \tag{6-1}$$

式中，c 是光速；Δt 是 GPS 卫星接收机的时钟钟差。

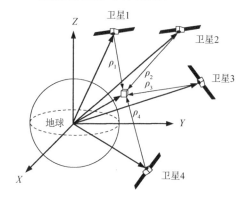

图 6-5　GPS 定位原理

GPS 测速是通过求解原始多普勒仪观测值实现的，得到接收机时钟钟差的变化率，从而可以求解出速度 $\dot{\rho}_i$。

$$\dot{\rho}_i = \frac{(X_i - x)(\dot{X}_i - \dot{x}) + (Y_i - y)(\dot{Y}_i - \dot{y}) + (Z_i - z)(\dot{Z}_i - \dot{z})}{\sqrt{(X_i - x)^2 + (Y_i - y)^2 + (Z_i - z)^2}}$$
$$+ c\dot{\Delta}t, \quad i = 1,2,3,4 \tag{6-2}$$

式中，$(\dot{X}_i, \dot{Y}_i, \dot{Z}_i)$ 是卫星的速度分量；$\dot{\Delta}t$ 是 GPS 卫星接收机的时钟变化率；$(\dot{x}, \dot{y}, \dot{z})$ 是导航卫星的速度；$\dot{\rho}_i$ 由多普勒频移得到。

GPS 以其全天候、不易受天气影响、全球覆盖率高、高精度、三维定点定速定时、快速省时等优点，在室外移动机器人导航中得到了广泛的应用。移动机器人通过搭载 GPS 接收机获取位置信息，通常与惯性测量模块构成的惯性导航系统（INS）一起组合推算出机器人当前时刻的运动状态，包括位置、速度、加速度等，称为 GPS/INS 组合导航系统。

GPS 导航定位过程中的误差有三类：卫星误差、信号传播误差及接收机误差，这三类误差对 GPS 定位影响各不相同。

☺　卫星误差：主要包括时钟误差和星历误差。时钟误差来源于卫星时钟和世界标准时间的差值，可以修正。星历误差主要来源于导航卫星输出的位置与卫星实际位置间的偏差。

☺　信号传播误差：主要与大气环境相关，信号从太空传回地表的过程中要穿过地球大气层中的电离层和对流层，这两层由于气体分子电离产生大量自由电子，会改变信号传播的路径速度。

☺　接收机误差：源于接收机的位置和由天线引起的观测值误差，这种误差影响较小。

GPS 导航中的定位误差可用差分技术减小，如双频差分法，建立误差修正模型。

为了提高 GPS 的定位精度，利用一个位置已知的 GPS 基准站的附加数据降低由 GPS 导出位置的误差，这就是目前常用的差分 GPS 技术，差分 GPS 定位示意图如图 6-6 所示。

差分 GPS（Differential GPS，DGPS）利用已知精确经纬度位置信息的差分 GPS 基准站，求得伪距修正量或位置修正量，再将这个修正量实时或事后发送给用户（GPS 导航仪），对用户的测量数据进行修正，以提高 GPS 定位精度（定位精度可从 10 m 级别提升至米级）。

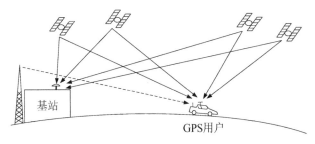

图 6-6　差分 GPS 定位示意图

根据差分 GPS 基准站发送的信息方式，可将差分 GPS 定位分为三类，即位置差分、伪距差分和载波相位差分。这三类差分方式的工作原理是相同的，都是由基准站发送改正数，由用户站接收并对其测量结果进行改正，以获得精确的定位结果。不同的是，发送改正数的具体内容不一样，其差分定位精度也不同。

1. 位置差分原理

位置差分法是一种最简单的差分方法，任何一种 GPS 接收机均可改装和组成这种差分系统。安装在基准站上的 GPS 接收机观测 4 颗卫星后便可进行三维定位，解算出基准站的坐标。由于存在轨道误差、时钟误差、SA 影响、大气影响、多径效应及其他误差，解算出的坐标与基准站的已知坐标是不一样的，存在误差。基准站利用数据链将此改正数发送出去，由用户站接收，并且对其解算的用户站坐标进行改正。

最后得到的改正后的用户坐标已消去了基准站和用户站的共同误差，如卫星轨道误差、SA 影响、大气影响等，提高了定位精度。以上先决条件是基准站和用户站观测同一组卫星的情况。位置差分法适用于用户与基准站间距离在 100 km 内的情况。

2. 伪距差分原理

伪距差分是用途最广的一种技术，几乎所有的商用差分 GPS 接收机均采用这种技术。国际海事无线电委员会推荐的 RTCM SC-104 也采用了这种技术。伪距差分方法首先计算基准站的接收机与可见卫星的距离，将此距离与含有误差的测量值加以比较，并利用一个 α-β 滤波器将此差值滤波以获得测距误差。然后，将所有卫星的测距误差传输给用户，用户利用此测距误差改正测量的伪距。最后，用户利用改正后的伪距解出本身的位置，可消去公共误差，提高定位精度。

与位置差分相似，伪距差分能将两站公共误差抵消，但随着用户到基准站距离的增加，又出现了系统误差。这种误差用任何差分法都不能消除，用户和基准站之间的距离对精度有决定性影响。

3．载波相位差分原理

载波相位差分技术，又称 RTK（Real Time Kinematic）技术，是建立在实时处理两个测站的载波相位基础上的，它能实时提供观测点的三维坐标，并达到厘米级的高精度。

与伪距差分原理相同，由基准站通过数据链实时将其载波观测量及站坐标信息一同传送给用户站。用户站接收 GPS 卫星的载波相位与来自基准站的载波相位，并组成相位差分观测值进行实时处理，能实时给出厘米级的定位结果。

实现载波相位差分 GPS 的方法分为两类：修正法和差分法。前者与伪距差分相同，基准站将载波相位修正量发送给用户站，以改正其载波相位，然后求解坐标。后者将基准站采集的载波相位发送给用户站进行求差解算坐标。前者为准 RTK 技术，后者为真正的 RTK 技术。

4．误差消除方法

当基站与车载 GPS 接收机相距较近时（<30km），可以认为二者的 GPS 信号通过的是同一片大气区域，即二者的信号误差基本一致。根据基站的精确位置和信号传播的时间，反推此时天气原因导致的信号传播误差，之后利用该误差修正车载的 GPS 信号，即可降低云层、天气等对信号传输的影响。

6.2.2 声呐

在移动机器人的应用研究中，声呐（Sonar）传感器由于其价格便宜、操作简单、在任何光照条件下都可以使用等特点得到了广泛使用，已成为移动机器人上的标准配置。声呐是一种距离传感器，可以获得某个方向上障碍物与机器人之间的距离。

声呐的中文全称为声音导航与测距（Sound Navigation And Ranging），是一种利用声波在空气和水下的传播特性，通过电声转换和信息处理，完成目标探测和通信任务的电子设备。由于其一般采用超声波，因此也称超声测距传感器。声呐传感器在担任发送信息与接收信息的工作中，探测到的障碍物与移动机器人间的距离是通过 TOF（Time of Flight）方法获得的，其工作原理是由换能器将电信号转化为声信号，并发射一列声波（一般为超声波），声波遇到障碍物反射后被换能器吸收，换能器将其变成电信号并显示在屏幕上，声呐的工作原理如图 6-7 所示。

根据声呐的发射与接收之间的时间 TOF，以及声波在空气中的速度 v 计算机器人与所探测障碍物的相对位移 d。

$$d = \frac{v\text{TOF}}{2} \tag{6-3}$$

在比较理想的条件下，声呐的测量精度根据以上测量原理能达到满意的效果。但是，基本工作原理的本身特性导致其在真实环境中的测距结果存在很大的不确定性。声呐的不确定性表现在以下方面：声呐弧的宽度、声波镜面反射、散射与串扰等。所以声呐的精度受以下 4 个因素影响。

☺ 环境影响：声呐测量距离数据的误差除了传感器本身测量精度问题，还存在外界条件变化的影响。例如，声波在空气中的传播速度受温度影响很大，同时和湿度有一定关系。有研究指出，30°F 及 16.7℃ 的气温变化，在 10m 距离上声呐会产生 0.3m 的读数误差。

☺ 方向误差：由于声呐存在散射角，声呐发射的声波如图 6-8 所示。声呐可以感知在扇形区域内的障碍物，但不能确定障碍物的确切位置。

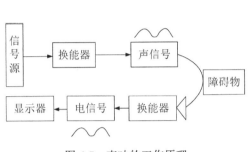

图 6-7 声呐的工作原理

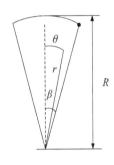

图 6-8 声呐发射的声波

☺ 不恰当的采集频率：移动机器人上通常装有多个声呐来覆盖更大的感知范围。多个声呐有时可能会发生串扰，即一个传感器发出的探测波束被另一个传感器当作自己的探测波束接收到。这种情况常常发生在较为拥挤的环境中，对此只能通过在几个不同的位置多次反复测量验证，同时合理地安排各个声呐工作的顺序。

☺ 镜面反射：在拐角或者某些复杂环境下容易发生。声波在物体表面的反射不理想是声呐在实际环境中遇到的最大问题，在拐角或者某些复杂环境下容易发生。当声波碰到反射物体时，任何测量到的反射都只保留一部分的原始信号，剩下的一部分能量根据物体的表面材质和入射角的不同，或被吸收或被反射或穿过物体，有时声呐甚至没有收到反射信号，这可能是声呐信号在嘈杂的环境中多次反射损耗致使最后返回时已经低于接收器响应阈值，也可能是入射角太大，导致所有信号都被反射到其他方向而无法被接收器接收。

误差的损失也存在于声呐的探测角度损失，如果角度的取舍有较大的变化，那么反射与串绕的现象出现会更加严重，所以基于声呐的地图创建必须针对其声呐模型的特性进行建模。声呐传感器的特点是信息量相对较少，空间分布分散，其感知信息存在较大的不确定性。因此，基于声呐的地图创建方法，必须针对其特性研究建模和数据融合算法。

声呐除了外在的影响，本身也存在产生误差的原因。功率小，声波、声呐波衰减均会导致误差。超声波在传播过程中受空气热对流扰动、尘埃吸收的影响，回波幅值随传播距离呈指数规律衰减，使得远距离回波很难检测。表 6-1 所示为某超声波传感器测量障碍物的实际测量结果。

表 6-1 某超声波传感器测量障碍物的实际测量结果

实际距离/mm	测量结果/mm	误差/%	实际距离/mm	测量结果/mm	误差/%
200	190	5	1300	1260	3.08
300	310	3.33	1500	1470	2
400	390	2.5	2000	1950	2.5
500	510	2	2200	2210	0.45
600	600	0	2400	2350	2.08
700	690	1.43	2600	2510	3.46
900	880	2.22	2800	2700	3.57
1000	1000	0	3000	3120	4

由表 6-1 中的数据可见，在 200～1500mm 的实际距离范围内误差相对较小，小于 200mm 范围内误差较大，这与超声波发射器、接收器的摆放位置有关，存在一定范围的盲区。3000mm 以后的数据误差明显增大，这是由于发射功率不够大，接收到的信号很微弱，因此要根据需要选择合适的声呐类型。

6.2.3 激光雷达

同声呐一样，激光雷达也是一种基于 TOF 原理的外部测距传感器。由于使用的是激光而不是声波，相对于声呐，它得到了很大改进，精度高、解析度高。激光雷达传感器由发射器和接收器组成，发射器和接收器连接在一个可以旋转的机械结构上，某时刻，发射器将激光发射出去，之后接收器接收返回的激光，并计算激光与物体碰撞点到雷达原点的距离。

激光雷达的基本测距原理是测量发射光束与从被测物体表面反射的光束的时间差 Δt，通过时间差和光速计算被测物体的激光雷达的距离 d。

$$d = \frac{c\Delta t}{2} \tag{6-4}$$

式中，c 为光速。

测量时间差有三种不同的技术。

☺ 脉冲检验检测法：直接测量反射脉冲与发射脉冲之间的时间差。早期雷达用显示器作为终端，在显示器画面上根据扫掠量量程和回波位置直接测读延迟时间，现在雷达常采用电子设备自动测读回波到达的延迟时间。

☺ 相干检测法：通过测量调频连续波（Frequency-Modulated Continuous-Wave，FMCW）的发射光束和反射光束间的差频而测量时间差。

☺ 相移检测法：通过测量调幅连续波（Amplitude-Modulated Continuous-Wave，AMCW）的发射光束和反射光束间的相位差而测量时间差。由于相位差的 2π 周期性，因此，这一方法测得的只是相对距离，而非绝对距离，这是 AMCW 激光成像雷达的重大缺陷。其中，2π 相位差对应的距离称作多义性间距（Ambiguity Interval）。

激光雷达 LMS291 如图 6-9（a）所示，该激光雷达是德国 SICK 公司生产的高精度测距传感器，是单线激光雷达的典型代表。LMS291 是一种非接触自主测量系统，通过扫描一个扇形区域感知区域的障碍，其工作原理如图 6-9（b）所示。激光器发射的激光脉冲经过分光器后，分为两路，一路进入接收器；另一路则由反射镜面发射到被测障碍物体表面，反射光也经由反射镜返回接收器。发射光与反射光的频率完全相同，因此可通过发射光、反射光之间的时间间隔与光速的乘积计算出被测障碍物体的距离。LMS291 的反射镜转动速度为 4500r/m，即每秒旋转 75 次。由于反射镜的转动，激光雷达可以在一个角度范围内获得线扫描的测距数据。

（a）激光雷达 LMS291 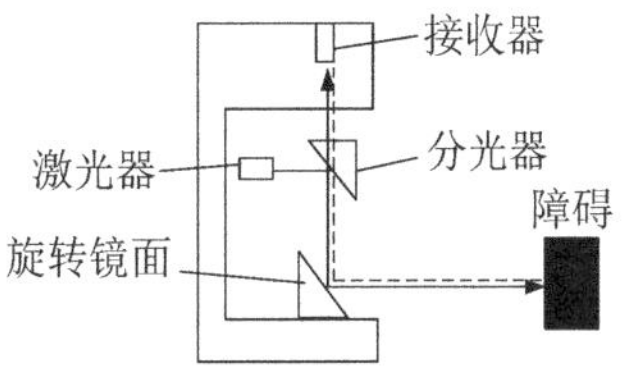　　　　　（b）LMS291 的工作原理

图 6-9　激光雷达 LMS291 及其工作原理

上述激光雷达是单线雷达，但在现代应用中，尤其是基于激光的 SLAM、无人车及 3D 建模等，应用较多的是 16 线、32 线、64 线激光雷达，通过不断旋转激光发射头，将激光从"线"变成"面"，并在竖直方向上排布多束激光（4、16、32 或 64 线），形成多个面，达到动态 3D 扫描并动态接收信息的目的。目前一般多线激光雷达的水平感知范围是 0°~360°，垂直感知范围约为 30°，提供的是包含目标距离、角度、反射率的激光点云数据。基于激光点云数据，可以进行障碍物检测与分割、可通行空间检测、障碍物轨迹预测、高精度电子地图绘制与定位等工作。目前市面上最常用的是美国 Velodyne 系列的激光雷达，其参数如表 6-2 所示。

表 6-2　Velodyne 系列的激光雷达的参数

系列	HDL-64E	HDL-32E	VLP-16/PUCK	VLP-32C/PUCK
售价	50 万~100 万元	10 万~30 万元	2 万~5 万元	10 万~30 万元
特点	性能佳、价格贵	体积更小、更轻	适用于无人机	汽车专用
激光器数	64	32	16	32
尺寸	203mm×284mm	86mm×145mm	104mm×72mm	104mm×72mm
质量	13.2kg	1.3kg	0.83kg/0.53kg	（0.8~1.3）kg
激光波长	905nm	905nm	905nm	903nm
水平视野	360°	360°	360°	360°
垂直视野	+2°~−24.6°	+10.67°~−36.67°	+15°~−15°	+15°~−25°

续表

输出频率	130 万点/秒	70 万点/秒	30 万点/秒	60 万点/秒
测量范围	100~120m	80~120m	100m	200m
距离精度	<2cm	<2cm	<3cm	<3cm
水平分辨率	5Hz：0.08° 10Hz：0.17° 20Hz：0.35°	5Hz：0.08° 10Hz：0.17° 20Hz：0.35°	5Hz：0.1° 10Hz：0.2° 20Hz：0.4°	5Hz：0.1° 10Hz：0.2° 20Hz：0.4°
垂直分辨率	0.4°	1.33°	2.0°	0.33°
防护标准	IP67	IP67	IP67	IP67
典型图片				

下面以 Velodyne 16 线激光雷达 VLP-16 为例，进行多线激光雷达的介绍。VLP-16 通过将 16 对激光/探测器紧凑地安装在一个外壳内，创建 360°的三维点云图像。探测器在其内部快速旋转扫描周围的环境。激光每秒发射数千次，实时生成丰富的三维点云，VLP-16 先进的数字信号处理和波形分析提供了高精度、扩展距离传感和校准反射率数据。独特的功能包括水平视场（Horizontal Field of View，HFOV）达到 360°、旋转速度为 5~20 r/s（可调）、垂直视场（Vertical Field of View，VFOV）达到 30°、有效距离达 100 m。这种 16 线激光雷达主要用于无人驾驶汽车。

图 6-10 所示为 VLP-16 激光雷达连接示意图，图中 1 是 PC 端（笔记本电脑或台式机），2 是 INS/GPS 天线接口（可选），3 是 Velodyne 接口盒，4 是 Velodyne 激光雷达传感器，5 是直流电源线。Velodyne 接口盒用来给激光雷达传感器提供电源、时钟信号和点云数据的输出。PC 端通过网口连接接口盒读取激光的数据，INS/GPS 则可通过接口盒提供时间脉冲数据，使激光雷达精确地同步 GPS 时钟，使用户能够确定每个激光的准确发射时间。

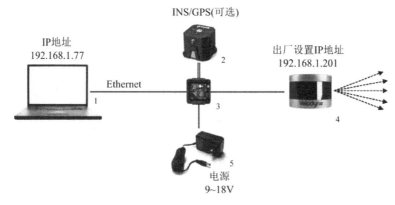

图 6-10　VLP-16 激光雷达连接示意图

　　激光雷达之所以在移动机器人中扮演越来越重要的角色，主要是因为它与摄像机等其他传感器相比有以下优势：

☺　激光雷达采用主动测距法，接收到的是物体反射的自己发出的激光脉冲，从而使得激光雷达对环境光的强弱和物体色彩差异具有很强的鲁棒性。

☺　激光雷达直接返回被测物体到雷达的距离，与立体视觉复杂的视差深度转换算法相比更直接，而且测距更精确。

☺　单线或多线扫描激光雷达，每帧返回几百到几千个扫描点的程距，相比摄像机每帧要记录百万级像素的信息，前者速度更快，实时性更好。

☺　激光雷达还具有视角大、测距范围大等其他优点。

　　同时，激光雷达因为复杂性和高价格使得其在移动机器人上的应用受到很大限制。由于激光点云的稀疏性，这类激光雷达在获取障碍物的几何形状上能力不足，但是其快速的信息采集速度和较小的系统误差，使得它十分适合移动机器人中较高的实时性要求和复杂的工作环境要求。

　　由于激光测距雷达的固有优点，人们很早就开始利用它。早在 20 世纪 70 年代，国外就有人开始使用激光测距系统得到的图像解释室内景物。其后，激光测距系统得到不断发展，并越来越显示出它在实时计算机视觉和机器人领域中的用处。当前，其应用已涉及机器人、自动化生产、军事、工业和农业等各个领域。激光雷达在移动机器人导航上的应用最初出现在一些室内或简单的室外环境的实验性的移动机器人上。随着研究成果的积累和工作的进一步深入，激光雷达逐渐应用到未知的、非结构化的、复杂环境下移动机器人的导航控制中。

　　根据研究者的需要和研究目标的不同，激光雷达的具体应用多种多样，激光雷达可用来进行移动机器人位姿估计和定位，进行运动目标检测和跟踪，进行环境建模和避障，进行同时定位和地图构建（SLAM），还可以应用激光雷达数据进行地形和地貌特征的分类，有的激光雷达不仅能获得距离信息，还能获得回波信号的强度，所以也有人利用激光雷达的回波强度信息进行障碍检测和跟踪。

6.2.4　毫米波雷达

　　顾名思义，毫米波雷达指工作频段在毫米波频段的雷达。通常，毫米波波长为 1~10 mm，介于厘米波和光波之间，因而兼有微波制导和光电制导的优点。与厘米波导引头相比，毫米波导引头体积更小，质量更小，空间分辨率更高；与红外、激光等光学导引头相比，毫米波导引头穿透力更强，同时还有全天候、全天时的特点。此外，毫米波导引头的抗干扰和反隐身能力也强于别的微波导引头。

　　毫米波雷达是通过收发电磁波的方式进行测距的，通过发送和接收雷达波之间的时间差测得目标的位置数据。毫米波雷达的工作波长短、频率高、频带极宽，适用于各种宽带信号处理，有利于提高距离和速度的测量精度和分辨能力。同时，毫米波雷达可以在小的天线孔径下得到窄波束，方向性好，有极高的空间分辨力，跟踪精度高，穿透烟、灰尘和雾的能力强。毫米波雷达的这些特性使得它相比其他的雷达有无可替代的优势。

在研制之初，毫米波雷达主要用于机场交通管制和船用导航。初期的毫米波雷达功率效率低，传输损失大，发展受到限制。后来，随着汽车和军事发展应用的要求，毫米波雷达蓬勃发展。目前毫米波雷达主要用在汽车自动驾驶和军事领域，尤其是在自动驾驶技术中，为了同时解决摄像头测距、测速精确度不够的问题，毫米波雷达被安装在车身上，方便汽车获取车身周围的物理环境信息，如汽车自身与其他运动物体之间的相对距离、相对速度、角速度等信息，然后根据检测到的物体信息进行目标跟踪。

图 6-11 所示为 ARS408-21 毫米波雷达。如图 6-11（b）所示，其测距范围为 0.20～250m（长距模式），0.20～70m（短距模式，±45°范围内），0.20～20m（短距模式，±60°范围内）。图 6-12 所示为 ARS408-21 目标坐标系。德国大陆汽车工业开发的 ARS408-21 传感器利用雷达辐射分析周围环境。ARS408-21 雷达对接收到的雷达反射信号进行处理后，以 Cluster（Point Targets，No Tracking）和 Object（Tracking）两种可选目标模式输出。其中，Cluster 模式包含雷达反射目标的位置、速度、信号强度等信息，并且在每个雷达测量周期都会重新计算这些信息。相对而言，Object 模式在 Cluster 模式的基础之上，进一步包含反射目标的历史与维度信息，即 Object 目标由被追踪的 Cluster 目标（Tracked Cluster）组成。

更通俗地讲，Cluster 模式输出的是目标的原始基本信息，如位置、速度、信号强度等，这些信息可以供用户进行更深层次的二次开发，如集成自有目标识别算法、目标跟踪算法等，应用于更多特定的场景。而 Object 模式则是经过雷达自身的一些复杂算法计算后，输出目标在原有 Cluster 基础上增加识别算法、跟踪算法，如加速度、旋转角度、目标的长度、宽度等，并对目标进行了识别，如可以识别小车、卡车、摩托车、自行车、宽体目标、（类似墙面）等目标，所以 Object 模式的使用技术门槛更低，用户可以更快速、更容易地进行系统集成与开发。

（a）ARS408-21 外观

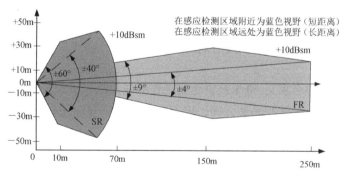

（b）ARS408-21 测距范围

图 6-11　ARS408-21 毫米波雷达

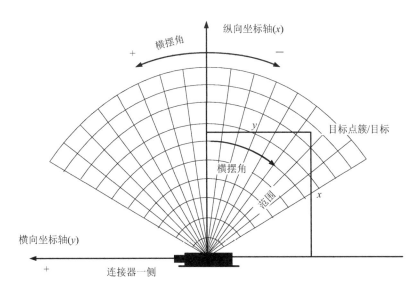

图 6-12　ARS408-21 目标坐标系

目标相对于传感器的位置坐标在笛卡儿坐标系中给出，如图 6-12 所示，以传感器为原点可得到目标的欧几里得距离，然后通过横摆角（Angle）的角度可计算得到横向坐标和纵向坐标，而目标的速度是相对于假定的车辆航速计算的。航速则是通过速度和横摆角信息确定的。如果速度和横摆角信息丢失，将设置为默认值：偏航速度=0.1°/s，速度=0m/s，静止不动。

车载毫米波雷达主要应用在汽车的防撞系统中，利用电磁波发射后遇到障碍物反射的回波，对障碍物不断检测，计算出车身前方后方障碍物的相对速度和距离，从而通过防撞系统对车做出预警、预判警告。在车载毫米波雷达中，根据毫米波雷达辐射电磁波方式的不同，可将其分为脉冲体制和连续波体制。脉冲体制工作的毫米波雷达多用于近距离目标信息的测量，测量过程比较简单，精度也比较高。而连续波体制工作的毫米波雷达，有多个连续波，不同的连续波特点不同。例如，FMCW 调频的连续波能同时测出多个目标的距离和速度信息，可实现对目标的连续跟踪，系统敏感度不高，误报率低。此外，根据毫米波雷达的有效范围，可将毫米波雷达分为长距离、中距离和短距离雷达，其各项指标如表 6-3 所示。

表 6-3　车载毫米波雷达各项指标

类型	频率	距离	距离分辨率	速度分辨率	角度精度	3dB 波束角
长距离雷达	77GHz，79GHz	10～250m	0.5m/0.1m	0.6m·s^{-1}/0.1ms	0.1°	±15°
中距离雷达	24GHz，77GHz，79GHz	1～100m	0.5m/0.1m	0.6m·s^{-1}/0.1ms	0.5°	±40°
短距离雷达	24GHz	0.15～30m	0.1m/0.02m	0.6m·s^{-1}/0.1ms	1°	±80°

尽管毫米波雷达具有分辨率高、准确性较高、设计紧凑、抗干扰性强的优点，但是它仍有如下缺点。

- ☺ 毫米波雷达的工作与天气关系很大，大雨天气时精度下降尤为严重。
- ☺ 在防空环境中不可避免地出现距离和速度模糊。
- ☺ 毫米波器件昂贵，无法大批量生产。
- ☺ 数据稳定性差。
- ☺ 对金属敏感：毫米波雷达发出的电磁波对金属尤其敏感。
- ☺ 数据只有距离和角度信息，无高度信息。

同时，毫米波雷达面临如下挑战：

- ☺ 易损性。毫米波雷达易受某些大气和气象现象的影响，污染物或其他大气粒子的存在会妨碍雷达有效地识别威胁。
- ☺ 过于敏感。有些情况下，即使没有真正的威胁，程序的警报也会启动。过分依赖机器检测，可能会导致错误触发警报。
- ☺ 精度和范围有限。
- ☺ 电塔或电磁热点的存在有时会对机器造成干扰，甚至在某些情况下会导致机器故障，需要做更多的工作，确保雷达不受电干扰。

6.2.5 红外测距传感器

红外测距传感器是一种以红外线为介质，通过感应目标辐射的红外线，利用红外线的物理性质测量距离的传感器。因其测量范围广、响应时间短而得到广泛应用。红外测距传感器包括光学系统、检测系统和转换电路三大部分。光学系统按照结构的不同可以分为透射式和反射式检测系统。按照工作原理的不同可以分为热敏检测元件和光电检测元件。其中热敏元件中最常见的是热敏电阻，受到红外辐射的热敏电阻温度会升高，电阻值发生变化，然后通过转换电路变成电信号输出。图 6-13 所示为红外测距传感器的原理结构。红外测距传感器是通过检测目标红外辐射工作的，其一般工作过程如表 6-4 所示。

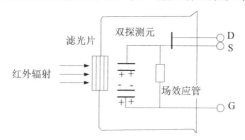

图 6-13 红外测距传感器的原理结构

表 6-4 红外测距传感器的一般工作过程

	(1) 红外线的来源可以是内置的，也可以来自外部环境 (2) 可设置探测范围和待探测的红外辐射波长

续表

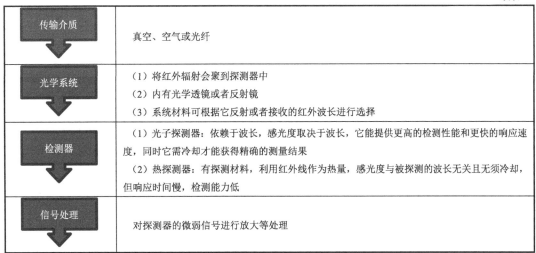

传输介质	真空、空气或光纤
光学系统	（1）将红外辐射会聚到探测器中 （2）内有光学透镜或者反射镜 （3）系统材料可根据它反射或者接收的红外波长进行选择
检测器	（1）光子探测器：依赖于波长，感光度取决于波长，它能提供更高的检测性能和更快的响应速度，同时它需冷却才能获得精确的测量结果 （2）热探测器：有探测材料，利用红外线作为热量，感光度与被探测的波长无关且无须冷却，但响应时间慢，检测能力低
信号处理	对探测器的微弱信号进行放大等处理

根据探测机理不同，红外测距传感器可分为基于光电效应的光子探测器和基于热效应的热探测器。根据工作机制，红外测距传感器可分为主动红外测距传感器和被动红外测距传感器。下面详细介绍主动红外测距传感器和被动红外测距传感器。

主动红外测距传感器是一种主动发射红外辐射，然后被接收器接收的红外测距传感器。红外辐射由红外发光二极管（LED）发射，然后被光电二极管、光电晶体管或光电管接收。在探测过程中，遇到目标物体时，在发射和接收过程中辐射会发生改变，从而引起接收器接收到的辐射的变化。主动红外测距传感器可分为两种类型：断开光束测距传感器和发射红外测距传感器。

断开光束测距传感器的发射器发射的红外光直接落入接收器中，如图 6-14 所示。在操作过程中，红外光不断地向接收器发射。在发射器和接收器之间放置一个物体，可以中断红外流。如果红外光在传输时发生了改变，那么接收器根据辐射的变化产生相应的输出。同样，如果辐射被完全阻断，接收器可以检测到，并提供所需的输出。而发射红外测距传感器使用红外反射特性。发射器发出红外光束，该光束被物体反射，反射的红外光被接收器检测到，如图 6-15 所示。物体的反射率决定了该物体引起反射红外光的性质变化或接收器接收到的红外光量的变化。因此，探测接收到的红外光的数量变化有助于确定物体的性质。

图 6-14　断开光束测距传感器模型

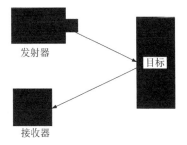

图 6-15　反射红外测距传感器模型

被动红外测距传感器检测来自外部源的红外光，本身不会产生任何红外光，当物体在传感器的视野范围内时，它根据热输入提供读数。被动红外测距传感器也有两种类型：热被动红外测距传感器和热释电红外测距传感器。

相比于其他传感器，红外测距传感器有如下优点。

☺ 功耗低。

☺ 电路简单，编码、解码简单。

☺ 光束方向性确保数据在传输过程中不会泄漏。

☺ 噪声抗扰度相对较高：红外线属于环境因素，不相干性良好的探测介质，对于环境中的声响、雷电、各类人工光源及电磁干扰源，具有良好的不相干性。

☺ 环境适应性优于可见光，尤其是在夜间和恶劣气候下的工作能力。

同时它有如下缺点。

☺ 需要光线，由于红外测距传感器是基于红外线的，因此光线是其工作必不可少的条件。

☺ 短程。

☺ 数据传输速率相对较低。

☺ 阳光直射、雨水、雾及灰尘等会影响传播。

尽管有缺点，但是红外测距传感器的固有优点使其在工业生产及日常生活中得到广泛的应用。在辐射量、光谱测量仪器中，红外测距传感器可用于如全球变暖等的气候变化观察的基于中红外辐射测量的地面辐射强度计，可用于宇宙天体天文观察的基于远红外辐射测量的红外空间望远镜，配带红外光谱扫描辐射仪的气象卫星，可实现对云层等气象的观察分析。在军事领域，红外追踪应用十分普遍。在通信中，低功耗、低成本、安全可靠的红外通信系统是一种采用调制后的红外辐射光束传输编码后的数据，再由硅光电二极管将接收到的红外辐射信号转换成电信号，实现近距离通信的系统，具有不干扰其他邻近设备的正常工作的特点，特别适用于人口高密度区域的户内通信。在日常生活中，红外测距传感器产品的主要应用领域为家电、玩具、防盗报警、感应门、感应灯具、感应开关等。例如，红外自动感应灯、感应开关能感应人体红外线，人来灯亮、人离灯灭，实现自动照明。

思考与练习

（1）移动机器人传感器可以分为哪两大类？它们的定义分别是什么？

（2）常用的机器人内部传感器有几种？分别是什么？

（3）光纤陀螺仪的主要性能指标有哪些？它们具体是什么？

（4）按照产生原则分，光纤陀螺仪误差产生的原因可分为哪几种？

（5）如何对光纤陀螺仪的误差进行补偿？

（6）MEMS惯性传感器误差的来源有几种？具体是什么？

（7）常用的移动机器人外部传感器主要有哪些？

（8）激光雷达的测距原理是什么？测量时间差的方法有哪些？

（9）毫米波雷达面临哪些挑战？

第 7 章

机器人多传感器信息融合

学习目标

- ☺ 掌握多传感器信息融合的特点和定义；
- ☺ 掌握多传感器信息融合的功能模型；
- ☺ 掌握多传感器信息融合的层次、结构特点；
- ☺ 掌握多传感器信息融合的算法和应用。

7.1 多传感器信息融合概述

7.1.1 多传感器信息融合的定义

多传感器信息融合也称多传感器数据融合（Multi-Sensor Data Fusion），最早出现在 20 世纪 70 年代，80 年代发展成军事高技术研究和发展领域中的一个重要专题，以提高传感器系统的实时目标识别、跟踪、战场态势及威胁估计等方面的性能。

1984 年，美国国防部 C³I（Command，Control，Communication，Integration）的 JDL（Joint Directors of Laboratories）成立数据融合小组联合指导委员会，指导、组织并协调这一国防关键技术的系统性研究，在军事领域研究中取得了相当大的进展。目前，以军事应用为目标的信息融合技术不仅用于 C³I 系统，而且在工业控制、机器人、空中交通管制、海洋监视和管理、航天、目标跟踪和惯性导航等领域也得到普遍关注和应用。然而，对信息融合还很难给出一个统一的、全面的定义。美国国防部的 JDL 从军事应用的角度把信息融合定义为：将来自多传感器和信息源的数据和信息加以联合（Association）、相关（Correlation）和组合（Combination），以获得精确的位置估计（Positionestimation）和身份估计（Identity Estimation），以及对战场情况和威胁及其重要程度进行适时的完整评价。

随后，Edward Waltz 和 James Llinas 对信息融合的定义进行了改进，增加了信息融合的检测功能，并且将仅仅对目标的位置估计改为对目标的状态估计，以包括更广意义下的动态状态（速度等高阶导数）及其他行为状态（如电子状态、燃料状态）等的估计，得到的信息融合的定义为：信息融合是一种多层次、多方面的处理过程，这个过程处理多源数据的检测、关联、相关、估计和组合以获得精确的状态估计和身份估计，以及完整、及时的态势评估和威胁估计。

目前，信息融合是针对一个系统中使用多个和（或）多类的传感器这一特定问题展开的一种新的数据处理方法，因此信息融合又称为多传感器数据融合。随着信息融合和计算机应用技术的发展，多传感器信息融合比较确切的定义可概括为：充分利用不同时间与空间的多传感器数据资源，采用计算机技术对按时间序列获得的多传感器观测数据，在一定准则下进行分析、综合、支配和使用，获得对被测对象的一致性解释与描述，进而实现相应的决策和估计，使系统获得其各组成部分更充分的信息。

总之，多传感器信息融合提供了一个非常有力的多源数据处理工具，它将来自多个传感器在空间或时间上的冗余或互补信息依据某种准则进行组合，以此获得使用任意单个传感器所无法达到的、对探测目标和环境更为精确和完整的识别与描述。因此，信息融合具有如下本质特征。

☺　多传感器、多信源输入。

☺　符合实际需要、有效的合成准则。

☺　单一表示形式的结果。

7.1.2　多传感器信息融合的特点

采用多传感器信息融合技术在解决目标探测、跟踪和识别等方面，和使用单传感器比较，具有以下特点：

☺　生存能力强：当有若干传感器不能被利用或受干扰，或某个目标/事件不在覆盖范围内时，总有一种传感器可以提供信息，使系统能够不受干扰连续运行、弱化故障、并增加检测概率。

☺　扩展空间覆盖范围：通过多个交叠覆盖的传感器作用区域，扩展了空间的覆盖范围。一些传感器可以探测到其他传感器探测不到的地方，进而增加了系统的监视能力和检测概率。

☺　扩展时间覆盖范围：当某些传感器不能探测时，另一些传感器可以检测、测量目标或者事件，即多个传感器的协同作用可以提高系统的时间检测范围和检测概率。

☺　可信度高、信息模糊度低。一种或多种传感器对同一目标/事件加以确认，多传感器的联合信息降低了目标/事件的不确定性。

☺　探测性能好：对目标/事件的多种测量的有效融合，提高了探测的有效性。

☺　空间分辨力高：多传感器融合可以获得比任何单个传感器更高的分辨力，并用改善目标位置数据支持防御能力和攻击方向的选择。

☺　系统可靠性高：多传感器信息融合虽然具有很多优点，但与单传感器相比，多传感器系统的复杂性大大增加，由此会产生一些不利因素，如提高成本、降低系统可靠性、增加设备物理因素（尺寸、质量、功耗），以及因辐射而增大系统被敌方探测的概率等。因此，在执行每项任务时，必须将多传感器的性能裨益与由此带来的不利因素进行权衡。

7.1.3　多传感器信息融合的关键问题

多传感器信息融合的关键问题包括数据转换、数据相关、态势数据库、融合推理和融合损失等。

☺　数据转换：由于各传感器输出的数据形式、对环境的描述和说明等都不一样，信息融合中心为了综合处理这些不同来源的信息，首先必须把这些数据按一定的标准转换成相同的形式、相同的描述和说明之后，才能进行相关处理。数据转换的难度在于，不仅要转换不同层次之间的信息，而且要转换对环境或目标的描述或说明的不同之处和相似之处（目标和环境的先验知识也难以提取）。即使是同一层次的信息，也存在不同的描述或说明。另外，坐标的变换是非线性的，其中的误差传播直接影响数据的质量和时空校准；传感器信息异步获取时，若时域校准不好，将直接影响融合处理的质量。

☺　数据相关：其核心问题是如何克服传感器测量的不精确性和干扰等引起的相关二义性，即保持数据的一致性；如何控制和降低相关计算的复杂性，开发相关处理、融合处理和系统模拟的算法和模型。

☺　态势数据库：态势数据库可分为实时数据库和非实时数据库。实时数据库的作用是把当前各传感器的测量数据及时提供给融合推理，并提供融合推理所需要的各种其他数据；同时存储融合推理的最终态势/决策分析结果和中间结果。非实时数据库存储传感器的历史数据、有关目标和环境的辅助信息，以及融合推理的历史信息。态势数据库要解决的难题是容量要大，搜索要快，开放互联性好，并具有良好的用户接口，因此要开发更有效的数据模型、新的有效查找和搜索机制（如启发式并行搜索机制），以及分布式多媒体数据库管理系统等。

☺　融合推理：融合推理是多传感器融合系统的核心，它需解决如下问题。

✧　定传感器测报数据的取舍。

✧　对同一传感器相继测报的战场相关数据进行综合及状态估计，对数据进行修改验证，并对不同传感器的相关测报数据进行验证分析、补充综合、协调修改和状态跟踪估计。

✧　对新发现的不相关测报数据进行分析与综合。

✧　生成综合态势并实时地根据测报数据的综合对综合态势进行修改。

✧　态势决策分析等。

融合推理所需解决的关键问题是如何针对复杂的环境和目标时变动态特性，在难以获得先验知识的前提下，建立具有良好鲁棒性和自适应能力的目标机动与环境模型，以及如何有效地控制和降低递推估计的计算复杂性。此外，还需解决与融合推理的服务对象指挥控制的接口问题。

☺ 融合损失。融合损失是指融合处理过程中的信息损失。如目标配对和相关中一旦出错，将损失定位跟踪信息，识别及态势评定也将出错；如各传感器数据中没有公共的性质，则将难以融合。

7.1.4 多传感器信息融合的应用

多传感器信息融合技术最初应用于智能武器。在雷达系统中，为了增加目标信号被检测到的概率，往往采用多个传感器组合，对不同的物理信号进行分别响应。常见的自主式多传感器雷达系统经常使用毫米波传感器和红外传感器组合，它们的工作频率设计成互补状态，拥有足够宽的电磁波频率覆盖范围，即使在恶劣天气、密集回波和干扰环境下，也可以对目标实现相对高的检测率和分类，同时使错误率控制在一个可以接受的范围内。

和仅用一个传感器实现对目标的辨识相比，使用多个传感器收集来自多种物理现象产生的信号，扩展了信息检测范围，可以提高对敏感区域目标的定位能力，从而比较容易地实现对目标的辨识。图 7-1 定量说明了采用多传感器系统信息融合进行目标识别的优势。图中下方的曲线给出了当使用单个毫米波雷达，并且虚警率恒为 10^{-6} 时，系统检测率与信噪比之间的关系。当信噪比为 16dB 时，此时的检测率达到 0.7，可以满足要求。当目标信号开始减弱，信噪比降到 l0dB 时，此时的雷达检测率也迅速降到 0.27，这时的检测率就达不到要求，不能被接受。

然而，如果采用毫米波雷达、毫米波辐射计、红外传感器三种传感器来检测目标，其中每个传感器响应不同的物理信号，并且对同一事件假设三个传感器不会同时产生虚警，则虚警抑制可以分配在三个传感器上。采用串联加并联来组合多个传感器的表决融合算法，使系统总的虚警率重新恢复到 10^{-6}。如果虚警抑制平均分配到三个传感器，则每个传感器虚警率的上限为 10^{-2}，对目标信号的检测率曲线如图 7-1 所示。从图 7-1 可以看出，当传感器的信噪比为 16dB 时，目标的检测率将达到 0.85，更重要的是，当目标信号的信噪比降为 l0dB 时，目标的检测率还能达到 0.63，这比使用单传感器时的结果高出两倍还多。因此，多传感器系统把对虚警的抑制进行了分散，具体分配到以下环节：信号的获取，对所有传感器信号的处理及融合算法。实际上，这种结构让每个传感器工作在较高的虚警率中，这样，当目标信号被抑制时还能具有较高的检测率。

多传感器系统除上面提到的应用外，还在天气预报和地球资源勘探等方面有所应用。气象卫星结合毫米波、微波、红外及可见光等传感器对大气层的水蒸气、降雨量、云层覆盖情况、风暴轨迹、海况、积雪情况及风速等信息进行综合，最后得出温度和水汽的分布数据，进行气象预报。

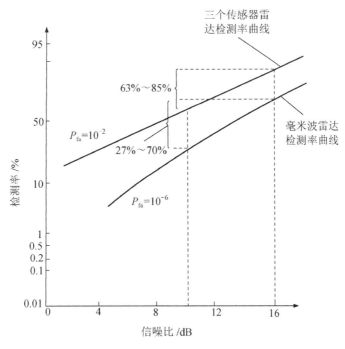

图 7-1　多传感器系统与单传感器系统性能比较

随着信息融合研究领域的深入和应用领域的扩大，各个领域的研究人员日益认识到信息融合技术的重要性。迄今为止，信息融合技术已成功地应用于如下众多的研究领域：

☺　机器人和智能仪器系统；

☺　复杂机器系统的条件维护；

☺　图像分析与理解；

☺　目标检测与跟踪；

☺　自动目标识别；

☺　多元图像识别。

7.2　多传感器信息融合的功能模型

7.2.1　White 功能模型

White 功能模型根据数据处理的层次关系，把信息融合分为三级：

☺　融合位置和属性估计；

☺　敌我军事态势估计；

☺　敌我兵力威胁估计。

White 模型可进一步细化为五个层次，即检测级融合、位置级融合、目标识别级融合、态势估计与威胁估计。基于 White 模型的信息融合如图 7-2 所示。

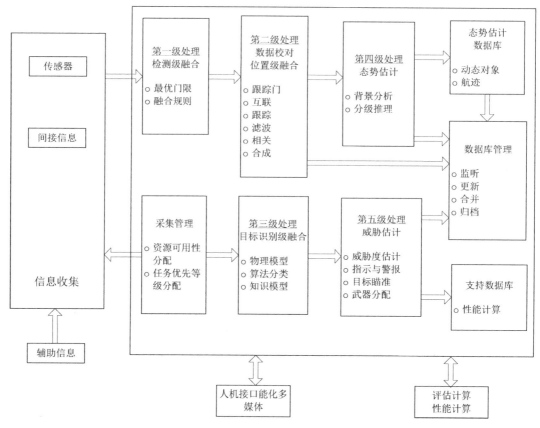

图 7-2　基于 White 模型的信息融合

1. 检测级融合

检测级融合是直接在多传感器分布检测系统中检测判决或者在原始信号层上进行的融合。在经典的传感器中，所有的局部传感器将检测到的原始观测信号全部直接传送到中心处理器，然后利用经典的统计推断理论设计的算法完成最优目标检测任务。在多传感器分布检测系统中，每一个传感器对获得的观测先进行一定的预处理，然后将压缩的信息传送给其他传感器，最后在某一中心汇总和融合这些信息，产生全部的检测判决。信息融合采用两种处理形式：一种是硬判决融合，即融合中心处理 0、1 形式的局部判决；另一种是软判决融合，中心除了处理判决信息，还要处理来自局部节点的统计量。在多传感器分布式检测系统中，对信息的压缩性预处理降低了通信的带宽。采用分布式多传感器信息融合可以降低对单个传感器的性能要求，降低造价；并且，分散的信号处理方式可以增加计算容量，在利用高速通信网的条件下可以完成非常复杂的算法。

2. 位置级融合

位置级融合是直接在传感器的观测报告或者测量点迹和传感器的状态估计上进行的融

合，包括时间和空间上的融合，属于中间层次，是跟踪级的融合，也是最重要的融合。在多传感器分布式跟踪系统中，多传感器首先完成单传感器的多目标跟踪与状态估计，即完成时间上的信息融合，接下来各个传感器把获得的目标信息送到融合中心，在融合中心完成数据格式的统一，进行关联处理，最后对来自同一目标的信息进行融合。

3．目标识别级融合

目标识别也称属性分类或者身份估计。用于目标识别的技术主要有模板法、聚类分类、自适应神经网络和识别实体身份的基于知识的技术。目标识别层的信息融合有三种方法，即决策级融合、特征级融合和像素级融合。在决策级融合方法中，每个传感器都完成变换，以便获得独立的身份估计，然后对来自各个传感器的属性分类进行融合。在特征级融合方法中，每个传感器观测一个目标并完成特征提取，从而获得每个传感器的特征向量，然后融合这些特征向量，产生身份估计。在像素级融合方法中，对来自同等量级的传感器原始数据直接进行融合，然后基于融合的传感器数据进行特征提取和身份估计。

4．态势估计

态势估计是对战场上的战斗力量分配情况的评价过程。关于态势估计目前尚无完整的定义，它具有以下几个特点：态势估计是分层假设描述和评估处理的结果，每个备选假设都有一个不确定性关联值；认为不确定性最小的假设是最小的；态势估计用认为最好的态势评定的当前值来描述；态势估计是一个动态的、按时序处理的过程，其结果水平将会随着时间的增长而提高。

5．威胁估计

与态势估计的概念一样，威胁估计的定义同样存在着差异。通常，威胁判定是通过将对方的威胁能力，以及它们的企图进行量化实现的。目前对这类问题的算法主要有多样本假设检验、经典推理、模糊集理论、模板技术、品质因数法、专家系统技术、黑板模型和基于对策论与决策论的评估方法等。

7.2.2　JDL 模型

最初多传感器信息融合分为像素级融合、特征级融合及决策级融合三级，美国国防部的 JDL 数据融合研究小组根据各专家意见把多传感器信息融合的层次结构分为四级，其层次模型如图 7-3 所示。其实还有第五级，标为级别 0，它通常归到信号预处理功能模块中。在图 7-3 中，不同的功能模块对信息融合的信号处理过程如下。

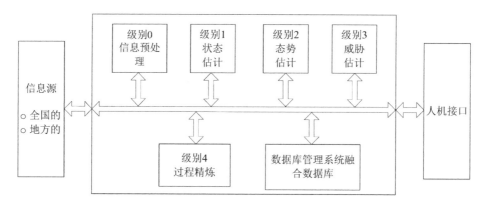

图 7-3　信息融合层次模型

☺　信息源（Source of Information）：输入的数据源可能是：同一站（平台）探测装置（传感器）、不同站（平台）探测装置（传感器）、作为参考信息的其他数据。

☺　人机接口（Human Computer Interface）：人机接口界面允许用户输入命令、信息需求、人工评估结果等，它还可以将融合结果以用户习惯接受的形式显示给用户。

☺　信息预处理（Information Preprocessing）：根据观测的时间、报告位置、传感器类型、信息属性和特征来分选和归并数据，并将其传送到最合适的单元。通过对各类数据的预处理可以有效减少信息融合系统的负荷。

☺　一级融合：一级融合也称目标精炼或状态估计，这个处理过程将目标的位置信息、参数信息等加以整合，从而获得关于单个目标的更加详尽的认识。一级融合完成以下四个基本功能：将来自不同传感器的数据转变为统一的单位及同一坐标系下的数据；估计并预测目标的位置、速度及其他的属性；将数据分配给目标，以便整个系统进行统计估计；精炼关于 H 标实体的估计或进行分类。

☺　二级融合：二级融合也称态势估计，二级融合联系单个实体和事件所处的环境进一步考虑它们之间的相互关系，单个实体被聚合成一个有意义的战斗单位或武器系统。另外，二级融合还着眼于一些相关信息（如物理上的接近程度、通信关系、时间关系等）来确定聚合体的意义。这种分析是根据当时的地形信息、周围媒体信息、天气情况及其他一些情况做出的。二级融合最后会给出一个对于传感器数据的解释。

☺　三级融合：三级融合也称威胁估计，它根据当前战场态势对于敌人的威胁程度、我方和敌方的脆弱性及战斗机会做出推断。三级融合是非常困难的，因为它不仅要推算出可能的战斗结果，而且要根据敌方原则、训练程度、政治环境及当前地形估计出敌方的意图。三级融合主要集中在意图、致命性及机会上。

☺　四级融合：四级融合也称过程精炼，主要完成以下几个功能：监测信息融合处理性能以提供关于实时控制和长期性能的信息；确认为了提高信息融合性能还需要什么样的信息；确定为了收集有用的信息对传感器有什么特殊的要求；分配并指挥探测器（传感器）达到任务目标。

☺ 数据管理（Data Management）：信息融合系统离不开数据库的支持，数据管理功能负责对信息融合中的数据库进行管理、数据保护，提供对数据的修复、存取、排序、压缩、查询和数据加密等功能。

事实上，上述各组成部分都可再分解为若干子模块，多传感器信息融合的细化模型如图 7-4 所示。第一级处理可分解为五种功能模块：数据对准、数据关联、位置估计、运动特征估计、属性估计及目标身份估计。目标的位置、运动特征及属性的估计功能还可分解为系统模型、最优算法和基本的处理方法。JDL 模型除了应用于军事领域，目前在民用领域也得到了广泛应用。

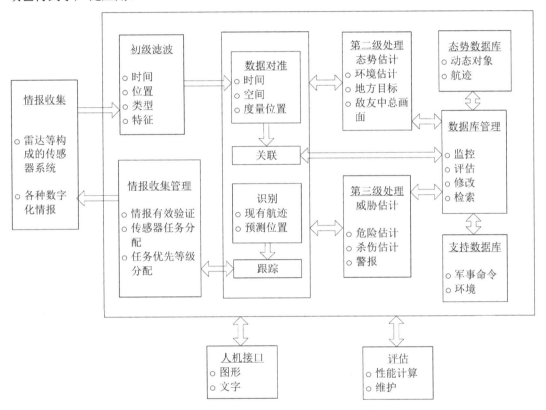

图 7-4　多传感器信息融合的细化模型

7.2.3　多传感器信息融合过程

信息融合的过程通常以如下三种方式出现：同一平台上的几个探测器（传感器）的数据/信息融合；把一个探测器（传感器）平台上获取的数据/信息传递给另一个探测器（传感器）平台；将两个或多个部署在不同地方的探测器采集和处理的跟踪文件融合起来。图 7-5 所示为信息融合过程框图。

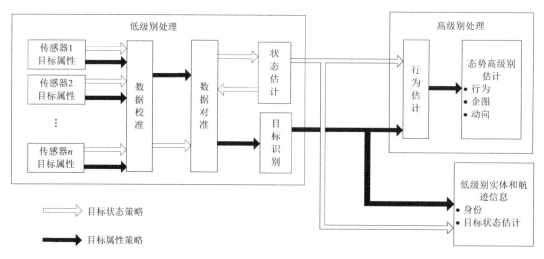

图 7-5　信息融合过程框图

☺　检测: 传感器扫描监视区域, 每扫描一次, 就报告在该区域中检测到的所有目标。每个传感器独立地进行检测和判断, 一旦检测到目标信息, 就将各种测量参数 (目标特性参数和状态参数) 报告给融合过程。

☺　数据校准: 其作用是统一各个传感器的时间和空间参数点。若各个传感器在时间和空间上是独立、异步工作的, 则必须事先进行时间和空间上的校准, 即进行时间转换和坐标变换, 以形成统一的时间和空间参数点。

☺　数据相关 (关联): 其作用是判别不同时间和空间的数据是否来自同一个目标。每次扫描结束时, 相关单元将收集到的传感器的新报告, 与其他传感器的新报告及该传感器过去的报告进行相关处理。利用多传感器数据对目标进行估计, 首先要求这些数据来自同一个目标。可以得出 s 个传感器在 n 个时刻的观测值的数据集合为

$$Z = \{Z_j\}, \quad j = 1, 2, \cdots, s$$

$$Z_j = \{Z_{ji}(k)\}, \quad i = 1, 2, \cdots, m; k = 1, 2, \cdots, n$$

式中, Z_j 为第 j 个传感器观测值的集合; Z_{ji} 为第 j 个传感器在 k 时刻对 i 个目标的观测值; m 为见识区域内的目标个数。

无论是进行时间融合还是空间融合, 都必须先进行相关处理, 以判别属于同一目标的数据。在相关的基础上, 将收集到的每个传感器新报告指派给以下任一个假设。

◇　一个新目标探测集, 即建立迄今为止尚未探测到的新目标的报告。

◇　一个已存在的目标集, 即根据以前探测到的目标标识报告的来源。

◇　一个虚警, 即假定传感器探测不形成一个实际目标, 并根据进一步的分析删除该报告。

☺　状态估计: 也称目标跟踪。每次扫描结束时将新数据集与原有的数据集 (以前扫

描得到）进行融合，根据传感器的观测值估计目标参数（如位置、速度），并利用这些估计预测下一次扫描中目标的位置。预测值反馈给随后的扫描，以便进行相关处理。状态估计单元的输出是目标的状态估计，如状态向量航迹等。

☺　目标识别：也称属性分类或身份估计，即根据不同传感器测得的目标特征形成一个 N 维的特征向量，其中每一维代表目标的一个独立特征。若预先知道目标有 m 个类型及每类目标的特征，则可将实测特征向量与已知类别的特征进行比较，从而确定目标的类别；目标识别被看作是目标属性的估计。

☺　行为估计：将所有目标的数据集（目标状态和类型）与先前确定的可能态势的行为模式相比较，以确定哪种行为模式与监视区域内所有目标的状态最匹配。这里的行为模式是抽象模式，如对敌人的目标企图可分为侦察、攻击、异常等。行为估计单元的输出是态势评定、威胁估计及动向、目标企图等。

从图 7-5 中的简单功能模型可以看出，相关、识别和估计处理功能贯穿于整个融合系统，是融合系统的基本功能。但是要注意，运用这些功能的顺序对融合系统的体系结构、处理特点及性能影响颇大。

7.3　多传感器信息融合的层次与结构模型

多传感器信息融合能有效地提高系统的性能，关键在于该技术融合了精确的和非精确的信息，特别是在信息具有不确定性和变化未知的情况下，多传感器融合系统与单传感器数据处理方式相比，具有明显优势。单传感器信号处理是对传感器信息的一种低水平模仿，不能像多传感器系统那样有效地利用多传感器资源。多传感器融合系统可以更大程度地获得被探测目标和环境的信息量。多传感器融合系统与经典信号处理方法之间存在本质的区别，其关键在于多传感器信息具有更复杂的形式，而且可以在不同的信息层上出现。这些信息抽象层次包括像素层、特征层和决策层。对应信息抽象的三个层次，多传感器信息融合也分为三级，即像素级融合、特征级融合和决策级融合。从传感器系统的信息流通形式和综合处理层次上，David L. hall 和 James Llinas 把多传感器信息融合结构分为三种，即分布式融合、集中式融合和混合式融合。

7.3.1　像素级融合

原理如图 7-6 所示，像素级融合是直接在原始数据层上进行的融合，在各种传感器的原始测报未经预处理之前就进行数据的综合和分析。这是最低层次的融合，如成像传感器中通过对包含若干像素的模糊图像进行图像处理和模式识别来确认目标属性的过程就属于像素级融合。这种融合的主要优点是能保持尽可能多的现场数据，提供其他融合层次不能提供的更丰富、精确、可靠的信息，有利于图像的进一步分析、处理与理解（如场景分析/监视、图像分割、特征提取、目标识别、图像恢复等）。像素级融合可以提供最优决策和识别性能，像素级融合通常用于多源图像复合、图像分析和理解。

在进行像素级融合之前，必须对参加融合的各图像进行精确的配准，其配准精度一般应达到像素级，这也是像素级融合的局限性。此外，像素级融合处理的信息量大，所以处理的时间长、实时性差、所需的代价高；由于是低层次的融合，传感器原始信息的不确定性、不完全性和不稳定性要求在融合时有较高的纠错处理能力；通信的信息量大，导致抗干扰能力差。

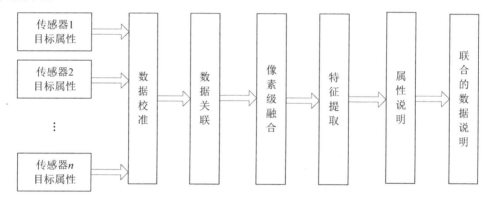

图 7-6　像素级融合原理

像素级融合的主要方法有 Brovey 变换、IHS 变换、YIQ 变换、PCA 变换、高通滤波法、线性加权法及小波变换融合算法等。

图 7-7 给出了像素级融合的例子。图 7-7（a）所示为坦克后部被烟雾遮挡图像，图中坦克的后部由于被烟雾遮挡，几乎无法辨认，但图中坦克的前部比较清楚。图 7-7（b）所示为坦克前部被烟雾遮挡图像，图中坦克的前部由于被烟雾遮挡，几乎无法辨认，但图中坦克的后部比较清楚。图 7-7（c）所示为采用像素级融合后的图像，可以看到图中的坦克清晰可辨。

（a）坦克后部被烟雾遮挡图像　　　（b）坦克前部被烟雾遮挡图像　　　（c）采用像素级融合后的图像

图 7-7　烟雾遮挡图像的融合

7.3.2　特征级融合

特征级融合属于中间层次，其原理如图 7-8 所示。特征级融合先对来自各传感器的原始信息进行特征提取（特征可以是目标的边缘、方向、速度等），然后对特征信息进行综合分析和处理。一般来说，提取的特征信息应是像素信息的充分统计量，然后按特征信息对多传感器数据进行分类、汇集和综合。若传感器获得的数据是图像数据，则特征就是从图像像素信息中抽象提取出来的，典型的特征信息有线型、边缘、纹理、光谱、相似亮度区域、相似景深区域等，然后实现多传感器图像特征融合及分类。特征级融合的优点在于实现了可观的信息压缩，有利于实时处理，并且由于提取的特征直接与决策分析有关，因而融合结果能最大限度地给出决策分析所需的特征信息。特征级融合可划分为两大类，即目标特性融合和目标状态信息融合。

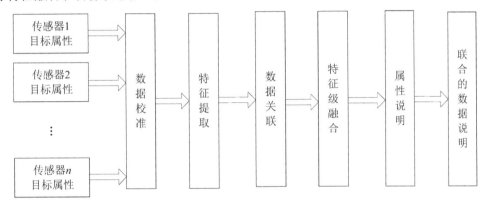

图 7-8　特征级融合原理

☺　目标特性融合，即特征层联合识别，具体的融合方法仍是模式识别的相应技术，只是在融合前必须先对特征进行相关处理，把特征向量分类成有意义的组合，如遥感领域的遥感地表图像分类。

☺　目标状态信息融合主要用于多传感器目标跟踪领域。融合系统首先对传感器数据进行预处理，完成数据校准，然后实现参数相关的状态向量估计。

特征级融合适用于能够从原始信息中总结出一定的特点或规律的问题，这一概念范围很宽且可以灵活使用，因此特征级融合应用最为广泛。目前，特征级融合方法主要有Dempster-Shafer 推理法、聚类分析法、贝叶斯估计法、熵法、加权平均法、表决法及神经网络法等。

7.3.3　决策级融合

决策级融合是在最高级进行的信息融合，直接针对具体决策目标，其结果为指挥控制决策提供依据。在这一层次的融合过程中，每个传感器首先处理各自接收到的信息，分别建立对同一目标的初步判决和结论，然后对来自各传感器的决策进行相关处理，最后进行决策级的融合处理，从而获得最终的联合判决。

决策级融合主要有如下特点：

☺ 能在一个或多个传感器失效或错误的情况下继续工作，具有良好的兼容性；

☺ 系统对信息传输带宽要求较低，通信量小，抗干扰能力强；

☺ 对传感器的依赖性小，传感器可以是同质的，也可以是异质的；

☺ 具有很高的灵活性；

☺ 能有效地反映环境或目标各个侧面的不同类型信息；

☺ 融合中心处理代价低；

☺ 需要对判决前的原传感器信息进行预处理，以获得各自的判定结果，故预处理代价高。

目前，决策级融合方法主要有贝叶斯估计法、专家系统、神经网络法、模糊集理论、可靠性理论及逻辑模板法等。决策级融合原理如图 7-9 所示。多种逻辑推理方法、统计方法、信息论方法等都可用于决策级融合，如贝叶斯推理、D-S（Dempster-Shafer）证据推理、表决法、聚类分析、模糊集合论、神经网络、熵法等。

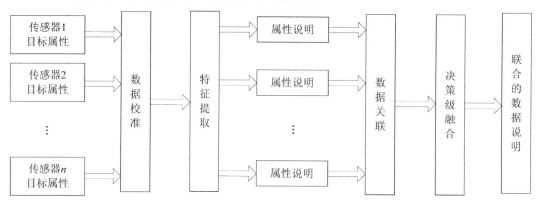

图 7-9　决策级融合原理

原信息级融合能够保留更多的原始信息，但处理信息量大。原始信息的不确定性、不完全性和不稳定性对融合结果干扰明显；决策级融合处理信息量小，但要求每个信号源必须具有独立决策的能力，协同与互补性差。

相比之下，特征级融合的性能比较全面，适当的特征处理在保留关键信息的同时，滤掉次要的信息；在降低复杂度的同时，可以使观测对象的规律变得明显；另外，由于特征的提取策略通常融入人类经验，因此特征级融合能够在信息不完备的情况下获得清晰的边界和状态。灵活是特征级融合的明显优势之一，三个级别的融合中只有特征是模糊词，特征级融合根据特征的抽象程度不同可以在多层面进行，选择算法的范围更广，在各领域中应用得最多。

7.3.4　分布式融合

分布式融合原理如图 7-10 所示，也称自主式融合、后传感器处理融合，是传感器级的信息融合结构。在分布式融合结构中，每个传感器的检测报告在进入融合中心以前，先由它自己的数据处理器进行优化处理，然后把处理后的信息送到融合中心，融合中心根据各传感器信息完成数据关联和信息融合，形成全局估计。它不仅具有局部独立跟踪能力，而且有全局监视和评估特征的能力。对同一个目标，不容易产生虚警，采用分布式融合结构是对目标进行检测和分类的最好方法。

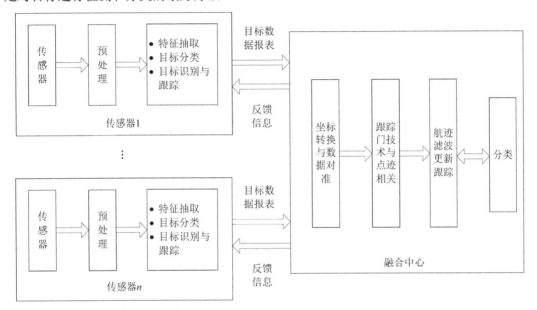

图 7-10　分布式融合原理

在分布式融合结构中，融合中心处理的数据不是原信息数据，而是矢量数据或融合后的数据，有效地压缩了数据量，因此降低了各传感器与信息融合中心之间的通信负荷。但是，压缩或融合后的数据会丢失某些有用信息，因此状态矢量融合不如数据级融合精确。

7.3.5　集中式融合

集中式融合也称前传感器处理融合，属于中央级信息融合，其原理如图 7-11 所示。各传感器将检测到的测量数据经最小程度的处理（滤波处理和基线估计等），传送到融合中心，在那里进行数据对准、数据关联、预测和综合跟踪。这种结构的最大优点是信息损失小，但数据互联较困难，并且必须具备大容量的能力，计算负担重，系统的生存能力也较差。

集中式融合、分布式融合处理的优缺点如表 7-1 所示。

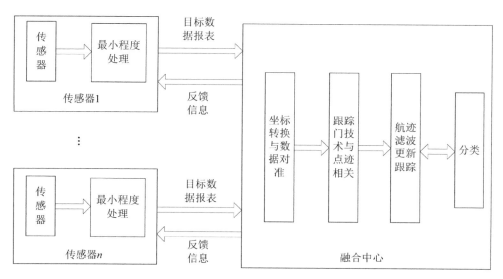

图 7-11　集中式融合原理

表 7-1　集中式融合、分布式融合处理的优缺点

体系结构	集中式融合	分布式融合
优点	① 中央处理器可获得所有数据 ② 融合处理精度高 ③ 可处理较少的标准化元素 ④ 平台传感器位置选择所受限制较小 ⑤ 处理器环境较易控制 ⑥ 所有处理元素置于一通用可接收位置，增强处理器的可维护性 ⑦ 野战单元的软件更新比较容易	① 处理元素被分配到每个传感器，处理性能增强 ② 已有的平台数据总线可频繁使用 ③ 问题分解比较容易 ④ 新传感器的增补或老传感器的修正对系统的软硬件影响较小
缺点	① 要求专用的数据总线 ② 接收的数据量大 ③ 硬件更新或增补比较困难 ④ 所有处理资源置于一地，易遭摧毁 ⑤ 问题分解困难（故障排除困难） ⑥ 软件升级和维护较困难，一个传感器的改变将会影响代码的许多部分	① 送入中心处理器的数据有限，将削弱传感器信息融合的有效性 ② 在恶劣环境下，某些传感器探测性能降低，将会影响到处理器元素的选择，并增加开销 ③ 传感器位置选择有更多限制 ④ 大量的处理元素降低维修性，逻辑支持负担加重，开销增大

7.3.6　混合式融合

混合式融合指既有分布融合结构，又有集中式融合结构，同时传输探测报告和经过局部节点处理后的航迹信息。它保留了集中式融合结构和分布式融合结构的优点，但在通信和计算上要付出昂贵的代价。

混合式融合原理如图 7-12 所示。在此结构中，增加各传感器信号处理算法作为中央级信息融合的补充，反过来，中央级信息融合又作为传感器级信息融合的输入。混合式融合的这种结构可以实现使用传感器的测量数据达到中央级信息融合的跟踪效果，另外，它也可以融合多条航迹，这些航迹类似于传感器级信息融合结构中各传感器所提供的航迹。最终航迹是在中央级处理器中形成的，它融合了各传感器级的航迹和中央级的航迹。如果各传感器的测量信号不能做到完全独立，可以使用混合式融合结构进行目标属性的分类。在这种情况下，经过最低程度处理过的数据直接送到中央处理器中使用某种算法进行融合，实现对传感器视野里的目标进行检测和分类。混合式融合结构的不足之处是加大了数据处理的复杂程度，并且需要提高数据的传输率。

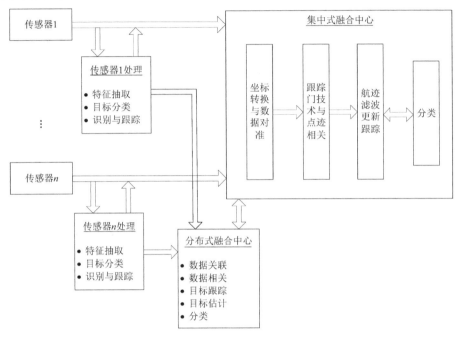

图 7-12　混合式融合原理

根据融合处理的数据的种类，信息融合系统还可分为时间融合、空间融合和时空融合三种。时间融合指同一传感器对目标在不同时间的测量值进行融合处理；空间融合指在同一时刻，对不同的传感器的测量值进行融合处理；时空融合指在一段时间内，对不同传感器的测量值不断地进行融合处理。

事实上，对于给定的信息融合应用工程，无法给出唯一的最优结构。在实际操作中选择哪种结构必须综合考虑系统计算负荷、通信带宽、描述的准确性、传感器的性能及系统资金耗费等因素。

7.4　多传感器信息融合算法

多传感器信息融合算法涉及检测技术、信号处理、通信、模式识别、决策论、不确定性理论、估计理论、最优化理论、计算机科学、人工智能和神经网络等诸多学科。本节介绍多传感器信息融合的主要算法。

7.4.1　算法分类

涉及检测、分类与识别的多传感器信息融合算法分类如图 7-13 所示。

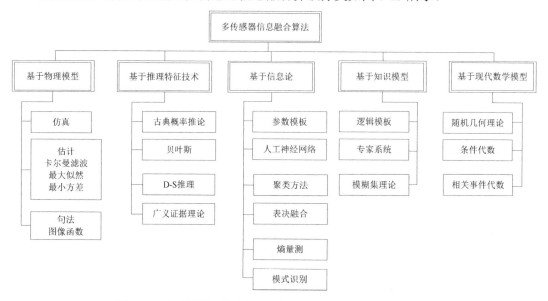

图 7-13　涉及检测、分类与识别的多传感器信息融合算法分类

7.4.2　卡尔曼滤波

卡尔曼滤波器是线性最小均方误差估计器。它根据前一个估计值和最近一个观测数据估计信号的当前值，用状态方程和递推方法进行估计，其解以估计值（通常是状态变量的估计值）的形式给出。历史上，复杂的计算曾是其得到广泛应用的障碍。随着现代微处理器技术的发展，卡尔曼滤波的计算要求与复杂件已不再是其应用的障碍，并越来越受到重视。在通信、雷达、自动控制和其他领域中，欲从被噪声污染的信号中恢复信号的波形或估计其状态，都可以采用卡尔曼滤波。例如，航天飞行器轨道的估计、雷达目标跟踪、生产过程自动化、天气预报等，都有波形或状态的估计问题，都可以应用卡尔曼滤波理论来处理。

1．常规卡尔曼滤波

1）集中式结构

设系统的状态为 $X(k)$，传感器观测量为 $Z(k)$。不失一般性，动力学方程和观测方程可写为

$$X(k+1) = F(k)X(k) + G(k)W(k)　　　　（7-1）$$

$$Z(k) = H(k)X(k) + V(k) \tag{7-2}$$

式中，$F(k)$ 为状态矩阵；$G(k)$ 为噪声矩阵；$H(k)$ 为观测矩阵；$W(k)$ 为输入噪声模型；$V(k)$ 为观测噪声模型。满足条件

$$E[W(k)] = 0, \quad E[W(k)W^{\mathrm{T}}(j)] = Q(k)\delta_{kj}, \quad E[V(k)] = 0$$

$$E[V(k)V^{\mathrm{T}}(j)] = R(k)\delta_{kj}, \quad E[W(k)V^{\mathrm{T}}(j)] = 0$$

设 $\hat{X}(k|j)$ 为基于延续到 j 时刻的观测量对 k 时刻状态的估计值；$P(k|j)$ 为状态的估计协方差，则卡尔曼滤波给出的系统状态递归算法如下。

预测

$$\hat{X}(k|k-1) = F(k-1)\hat{X}(k-1|k-1) \tag{7-3}$$

$$P(k|k-1) = F(k-1)P(k-1|k-1)F^{\mathrm{T}}(k-1) + G(k)Q(k)G^{\mathrm{T}}(k) \tag{7-4}$$

$$\hat{Z}(k|k-1) = H(k)\hat{X}(k|k-1) \tag{7-5}$$

更新

$$\hat{X}(k|k) = \hat{X}(k|k-1) + W(k)[Z(k) - \hat{X}(k|k-1)] \tag{7-6}$$

$$P^{-1}(k|k) = H^{\mathrm{T}}(k)R^{-1}(k)H(k) + P^{-1}(k|k-1) \tag{7-7}$$

$$W(k) = P(k|k)H^{\mathrm{T}}(k)R^{-1}(k) \tag{7-8}$$

在系统融合中心采用集中式卡尔曼滤波融合技术，可以得到系统的全局状态估计信息。在集中式结构中，各传感器信息的流向是自低层向融合中心单方向流动，各传感器之间缺乏必要的联系。

2）分散式结构

分散式结构，没有中央处理单元，每个传感器都要求做出全局估计，为了简化算法，做以下三点假设。

☺　传感器分散网络结构中的每一个融合节点都和其他节点直接相连。

☺　节点的通信在一个周期内同时进行。

☺　所有节点使用同样的状态空间。

设系统的动力学方程仍为式（7-1），观测方程由 m 个单传感器观测方程组成，则第 i 个节点的局部卡尔曼估计方程为

预测

$$\hat{X}_i(k|k-1) = F(k-1)\hat{X}(k-1|k-1) \tag{7-9}$$

$$P_i(k|k-1) = F(k-1)P_i(k-1|k-1)F^{\mathrm{T}}(k-1) + G(k)Q(k)G^{\mathrm{T}}(k) \tag{7-10}$$

$$\hat{Z}_i(k|k-1) = H_i(k)\hat{X}_i(k|k-1) \tag{7-11}$$

更新

$$\hat{X}_i(k|k) = \hat{X}(k|k-1) + W_i(k)\left[Z_i(k) - \hat{Z}_i((k|k-1))\right] \tag{7-12}$$

$$P_i^{-1}(k|k) = H_i^{\mathrm{T}}(k)R_i^{-1}(k)H_i(k) + P^{-1}(k|k-1) \tag{7-13}$$

$$W_i(k) = P_i(k|k)H_i^{\mathrm{T}}(k)R_i^{-1}(k) \tag{7-14}$$

当每个节点得到自己的局部估计后，就与其他相连的节点进行通信，接收其他节点传递的信息后进行同化处理，同化包括状态同化和方差同化，经推导可得第 i 个节点的状态同化方程为

$$\hat{X}(k|k) = P(k|k)\Big\{P^{-1}(k|k-1)\hat{X}(k|k-1) + \sum_{i=1}^{m}\Big[P_i^{-1}(k|k)\hat{X}(k|k) - P^{-1}(k|k-1)\hat{X}(k|k-1)\Big]\Big\} \tag{7-15}$$

从而，在每个节点都可以得到全局的状态估计和方差估计。

在由 n 个节点组成的分散式结构网络中，任一个节点都可以做出全局估计，某一节点的失效不会显著地影响系统的正常工作，其他 n-1 个节点仍可以对全局做出估计，有效地提高了系统的鲁棒性。尽管每个节点都具有较大的通信量，但是其通信量都没有集中式融合中心的通信量大，且由于其采取并行处理，解决了通信瓶颈问题。通过分散式融合，各传感器之间互通信息，加强了联系，尽管通信费用较高，但是系统的鲁棒性和容错性得到了提高。

3）分级融合结构

分级融合结构有两种形式，即无反馈的分级结构和有反馈的分级结构。分级结构采取的是由低层向高层逐层融合的思想。设系统的动力学方程和观测方程同式（7-1），设有下标的表示低层的信息，没有下标的表示高层的信息，则无反馈时

$$P^{-1}(k|k) = \sum_{i=1}^{m}\Big[P_i^{-1}(k|k) - P_i^{-1}(k|k-1)\Big] + P^{-1}(k|k-1) \tag{7-16}$$

$$X(k|k) = P(k|k)\Big[P^{-1}(k|k-1)\hat{X}(k|k-1) + \sum_{i=1}^{m}P_i^{-1}(k|k) - \hat{X}(k|k)\Big] - P_i^{-1}(k|k-1)\hat{X}_i(k|k-1) \tag{7-17}$$

有反馈时

$$P^{-1}(k|k) = \sum_{i=1}^{m}\Big[P_i^{-1}(k|k) - (m-1)P^{-1}(k|k-1)\Big] \tag{7-18}$$

$$X(k|k) = P(k|k)\Big[\sum_{i=1}^{m}P_i^{-1}(k|k)\hat{X}(k|k) - (m-1)P^{-1}(k|k-1)\hat{X}(k|k-1)\Big] \tag{7-19}$$

从上面的公式中可以看出：信息从低层向高层逐层流动，无反馈时，层间传感器属于单向联系，高层信息不参与低层处理；有反馈时，层间传感器是双向联系，不仅低层融合信息向高层传递，而且高层信息参与低层节点处理，各传感器之间是一种层间的有限联系。

卡尔曼滤波与预测的准则是线性最小均方误差准则，利用它可以实现最佳的线性估计。滤波的信号模型是由矩阵形式的状态方程和观测方程描述的；状态转移矩阵和观测矩阵可

以是时变的；扰动噪声和观测噪声的方差阵也可以是时变的。因此，卡尔曼滤波不仅适用于单变量的平稳随机过程的状态估计，还适用于矢量的非平稳随机过程的状态估计。在机动目标跟踪中，基于目标机动和量测噪声模型的卡尔曼滤波与预测可以自动地选择。这意味着通过改变一些关键性的参数，相同的滤波器可以适用于不同的机动目标和量测环境。卡尔曼滤波与预测增益序列能自动地检测过程的变化，包括采样周期的变化和漏检情况，利用滤波和预测协方差矩阵可以对估计精度进行度量，这种度量工具还可以用于跟踪门的形成和门限大小的确定。通过残差向量的变化可以判断假定的目标模型与实际的运动特性是否符合。因而，卡尔曼滤波与预测可用来作为目标检测和机动识别的一种手段，同时可用于一致性分析。

2. 广义卡尔曼滤波

在跟踪系统中，即使不太复杂的系统，一般也是非线性系统。例如，雷达的观测是在球坐标系中进行的，球坐标系中目标的状态方程是非线性的，因此必须采用非线性滤波来实现。为了便于处理，通常假设系统噪声是已知的。此时，对非线性离散时间系统来说，其状态方程和量测方程均可表示为如下形式，即

$$X(k) = \Phi\big[X(k-1),k-1\big] + \Gamma\big[X(k-1),k-1\big]W(k-1) \tag{7-20}$$

$$Y(k) = H\big[X(k),k\big] + V(k) \tag{7-21}$$

对于非线性系统而言，广义卡尔曼滤波是指通过把式（7-20）中的 $\Phi\big[X(k-1),k-1\big]$ 绕估计 $\hat{X}(k-1|k-1)$ 展开，而把式（7-21）中的 $H\big[X(k),k\big]$ 绕预测估计 $\hat{X}(k|k-1)$ 展开，二者均取一次项，将非线性的系统方程转化成线性的系统方程，然后用标准的卡尔曼滤波方法进行滤波的一种非线性滤波方法。这种方法只有当滤波误差

$$\tilde{X}(k|k) = X(k) - \hat{X}(k|k) \tag{7-22}$$

以及预测误差

$$\tilde{X}(k+1|k) = X(k+1) - \hat{X}(k+1|k) \tag{7-23}$$

很小时才能使用，否则精度比较低。为了提高精度，在 $\Phi\big[X(k-1),k-1\big]$ 绕估计 $\hat{X}(k-1|k-1)$ 展开和 $H\big[X(k),k\big]$ 绕预测估计 $\hat{X}(k|k-1)$ 展开时，取前三项，即可推导出非线性系统的二阶滤波公式。但二阶滤波方法计算量大，难以实时实现。一般来说，当系统非线性度很强时，需要采用二阶滤波；当系统非线性度弱时可采用推广卡尔曼滤波。同时，非线性状态方程线性化后带来的线性化误差不可忽略，必须加以补偿，而量测方程线性化后的线性化误差则可不予考虑。

7.4.3　贝叶斯推理

贝叶斯推理属于统计融合算法。该方法根据观测空间的先验知识，实现对观测空间中

目标的识别。

1. 贝叶斯公式

设概率事件 A、$B \in C$、D 为事件域，则在事件 B 发生的条件下，事件 A 发生的条件概率 $P(A|B)$ 为

$$P\left(A \middle| B\right) = \frac{P(AB)}{P(B)} \tag{7-24}$$

式中，$P(B)$ 为事件 B 发生的概率，假定为正值；$P(AB)$ 为事件 A 和 B 同时发生的概率。

在贝叶斯推理中，在给定证据 A 的情况下，假设事件 B_i 发生的概率表示如下：

$$P\left(B_i \middle| A\right) = \frac{P(AB_i)}{P(A)} \tag{7-25}$$

若 $B_1, B_2, \cdots, B_n$ 的并集为整个事件空间，则对任一 $A \in F$，若 $P(A) > 0$，有

$$P\left(B_i \middle| A\right) = \frac{P(A|B_i)P(B_i)}{\sum\limits_{j=1}^{n} P(A|B_j)P(B_j)} \tag{7-26}$$

式中，$P(B_i)$ 为根据已有数据分析所得事件 B_i 发生的先验概率，有 $\sum\limits_{i=1}^{n} P(B_i) = 1$；$P(B_i|A)$ 为给定证据 A 的情况下，事件 B_i 发生的后验概率；$P(A|B_i)$ 为假设事件 B_i 的似然函数。

此即贝叶斯推理公式。

2. 基于贝叶斯公式的信息融合过程

假设有 n 个传感器用于获取未知目标的参数数据，每个传感器基于传感器观测和特定的传感器分类算法提供一个关于目标身份的说明（关于目标身份的一个假设）。设 $O_1, O_2, \cdots, O_m$ 为所有可能的 m 个目标，D_i 表示第 i 个传感器关于目标身份的说明，$O_1, O_2, \cdots, O_m$ 实际上构成了观测空间的互不相容的穷举假设，则由式（7-25）和式（7-26）得

$$\sum\limits_{i=1}^{n} P(O_i) = 1 \tag{7-27}$$

$$P(O_i|D_j) = \frac{P(D_j|O_i)P(O_i)}{\sum\limits_{j=1}^{n} P(D_j|O_j)P(O_j)}, \quad i=1,2,\cdots,n; j=1,2,\cdots,m \tag{7-28}$$

当贝叶斯用于身份信息的融合时，可以采用如图 7-14 所示的过程。由图可以看出，贝叶斯融合身份信息识别算法的主要步骤如下。

（1）将每个传感器关于目标的观测转化为目标身份的分类与说明 $D_1, D_2, \cdots, D_n$。

（2）计算每个传感器关于目标身份说明或判定的不确定性，即 $P(D_j|O_i)$，$j=1,2,\cdots,m$；$i=1,2,\cdots,n$。

（3）计算目标身份的融合概率

$$P(O_j|D_1,D_2,\cdots,D_n) = \frac{P(D_1,D_2,\cdots,D_n|O_j)P(O_j)}{P(D_1,D_2,\cdots,D_n)}$$ （7-29）

如果 $D_1,D_2,\cdots,D_n$ 相互独立，则

$$P(D_1,D_2,\cdots,D_n|O_j) = P(D_1|O_j)P(D_2|O_j)\cdots P(D_n|O_j)$$ （7-30）

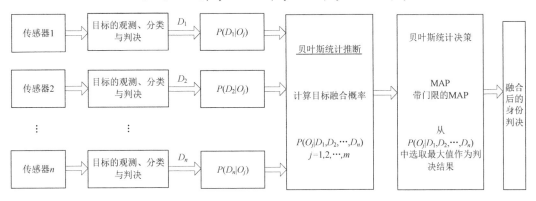

图 7-14 贝叶斯融合过程

通过上述过程可以最后确定物体的身份信息，贝叶斯推理提供了一种把来自各传感器对某一物体的身份判决结合起来的方法，最后形成了新的能够改善判决精度的联合身份判决。Hall 采用两个传感器，一个是敌我身份识别（IFFN）传感器，另一个是电子支援传感器（ESM），通过贝叶斯推理判决飞机属性。

设目标有 m 种可能机型，分别用 $O_1,O_2,\cdots,O_m$ 表示，先验概率 $P_{\text{IFFN}}(x|O_j)$ 已知，x 表示友（Friend）、敌（Foe）、中（Neutral）三种状态。对于 IFFN 传感器的观测 z，根据全概率公式，有

$$P_{\text{IFFN}}(z|O_j) = P_{\text{IFFN}}(z|\text{Friend})P(\text{Friend}|O_j) + P_{\text{IFFN}}(z|\text{Foe})P(\text{Foe}|O_j) +$$
$$P_{\text{IFFN}}(z|\text{Neutral})P(\text{Neutral}|O_j), \quad j=1,2,\cdots,m$$ （7-31）

ESM 传感器能在机型级上识别飞机属性，有

$$P_{\text{ESM}}(z|O_j) = \frac{P_{\text{ESM}}(O_j|z)P(z)}{\sum_{j=1}^{m}P_{\text{ESM}}(O_j|z)P(z)}$$ （7-32）

基于 IFFN 和 ESM 传感器信息融合的似然公式为

$$P(z|O_j) = P_{\text{IFFN}}(z|O_j)P_{\text{ESM}}(z|O_j)$$ （7-33）

则有

$$P(\text{Friend}|z) = \sum_{j=1}^{m}P(O_j|z)P(\text{Friend}|O_j)$$ （7-34）

$$P(\text{Foe}|z) = \sum_{j=1}^{m} P(O_j|z)P(\text{Foe}|O_j) \tag{7-35}$$

$$P(\text{Neutral}|z) = \sum_{j=1}^{m} P(O_j|z)P(\text{Neutral}|O_j) \tag{7-36}$$

运用贝叶斯推理中的条件概率公式来进行推理，结果比较令人满意。首先，当出现某一证据时，贝叶斯推理能给出确定的计算假设事件在此证据发生的条件下发生的概率，而经典概率推理能给出的只是在发生某一假设事件的条件下，某一观测能够对某一目标或事件有贡献的概率；其次，贝叶斯公式能够嵌入一些先验知识，如假设事件的似然函数等；最后，当没有经验数据可以利用时，可以用主观概率代替假设事件的先验概率和似然函数，但是这种处理方式的输出性能只能接近于采用先验知识输入时的性能。

因此，贝叶斯推理解决了经典概率推理遇到的一些困难问题，但是贝叶斯推理首先需要定义先验概率和似然函数。当出现多个假设事件和各事件条件相关时，贝叶斯推理也变得复杂起来。同时，这种推理方法要求各假设事件互斥，而且不能处理 Dempster-Shafer 方法能处理的带有不确定性的那类问题。

7.4.4 Dempster–Shafer 算法

Dempster-Shafer 证据理论是 Shafer 在 Dempster 提出的高低概率区间度量理论的基础上进一步发展的不确定性推理理论。与概率推理和贝叶斯推理等其他理论相比，Dempster-Shafer 证据理论在不确定性的度量上更为灵活，推理机制更加简洁，尤其对于未知的处理方面更接近于人的自然思维习惯。Dempster-Shafer 推理作为贝叶斯推理的扩充，能捕捉、融合来自多传感器的信息，在不确定性决策等领域得到了广泛的应用。

1. Dempster-Shafer 算法基础

设 Ω 是样本空间，领域内的命题都可以用 Ω 的子集表示。

定义 1 设函数 M： $2^\Omega \to [0,1]$，且满足

$$M(\Phi) = 0 \tag{7-37}$$

$$\sum_{A \subseteq \Omega} M(A) = 1 \tag{7-38}$$

则称 M 是 2^Ω 上的概率分配函数。$M(A)$ 称为 A 的基本概率数，表示对 A 的精确信任。

定义 2 命题的信任函数 Bel： $2^\Omega \to [0,1]$，且

$$\text{Bel}(A) = \sum_{B \leqslant A} M(B), \quad \text{对所有的} A \subseteq \Omega$$

Bel 函数也称下限函数，表示对 A 的全部信任。由概率分配函数的定义有

$$\text{Bel}(\Phi) = M(\Phi) = 0 \tag{7-39}$$

$$\text{Bel}(\Omega) = \sum_{B \subseteq \Omega} M(B) \tag{7-40}$$

定义 3 似然函数 Pl：$2^{\Omega} \to [0,1]$，且

$$\text{Pl}(A) = 1 - \text{Bel}(-A), \quad \text{对所有的} A \subseteq \Omega$$

Pl 也称上限函数或不可驳斥函数，表示对 A 非假的信任程度（表示对 A 似乎可能成立的不确定性度量）。容易证明信任函数和似然函数有如下关系，即

$$\text{Pl}(A) \geqslant \text{Bel}(A), \quad \text{对所有的} A \subseteq \Omega$$

A 的不确定性由

$$\mu(A) = \text{Pl}(A) - \text{Bel}(A) \tag{7-41}$$

表示。[Pl(A)，Bel(A)]为信任区间，它反映了关于 A 的许多重要信息。Dempster-Shafer 证据理论对 A 的不确定性的描述如图 7-15 表示。

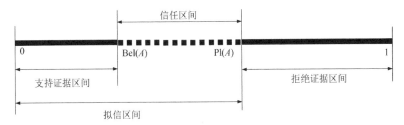

图 7-15 Dempster-Shafer 证据理论对 A 的不确定性的描述

定义 4 设 M_1 和 M_2 是 Ω 上的两个概率分配函数，则其正交和 $M = M_1 + M_2$ 定义为

$$M(\Phi) = 0 \tag{7-42}$$

$$M(A) = c^{-1} \sum_{x \cap y = A} M_1(x) M_2(y), \quad A \neq \Phi \tag{7-43}$$

其中

$$c = 1 - \sum_{x \cap y = \Phi} M_1(x) M_2(y) = \sum_{x \cap y \neq \Phi} M_1(x) M_2(y) \tag{7-44}$$

如果 $c \neq 0$，则正交和 M 也是一个概率分配函数；如果 $c=0$，则不存在正交和 M，M_1 和 M_2 矛盾。

多个概率分配函数的正交和 $M = M_1 + M_2 + \cdots + M_n$ 定义为

$$M(\Phi) = 0 \tag{7-45}$$

$$M(A) = c^{-1} \sum_{\cap A_i = A} \prod_{1 \leqslant i \leqslant n} M_i(A_i), \quad A \neq \Phi \tag{7-46}$$

其中

$$c = 1 - \sum_{\cap A_i = \Phi} \prod_{1 \leqslant i \leqslant n} M_i(A_i) = \sum_{\cap A_i \neq \Phi} \prod_{1 \leqslant i \leqslant n} M_i(A_i) \tag{7-47}$$

2. Dempster-Shafer 推理结构和信息融合过程

1）推理结构

任何一个完整的推理系统都需要用几个不同推理级来保持精确的可信度。Dempster-Shafer 方法的推理结构自上而下分为三级，其示意图如图 7-16 所示。

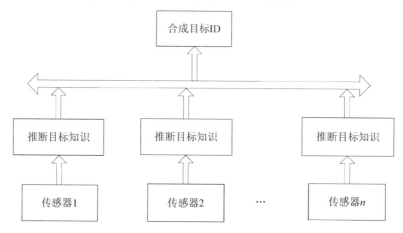

图 7-16　Dempster-Shafer 推理结构示意图

第一级是合成，它把来自几个独立传感器的报告合成为一个总的输出（ID）。

第二级是推断，由它获取传感器报告并进行推断，将传感器报告扩展成目标报告。这种推理的基础是：一定的传感器报告以某种可信度在逻辑上定会产生可信的某些目标报告。例如，一个传感器报告的目标拥有某种类型的雷达，那么在逻辑上就会推断出舰船或飞机是拥有这种雷达的目标之一。

第三级是更新，因为各种传感器一般都有随机误差，所以，在时间上充分独立的来自同一传感器的一组连续报告，将比任何单一报告都可靠。这样，在进行推断和多传感器合成之前要先组合（更新）传感器级的信息。

2）信息融合过程

在多传感器信息融合中，Dempster-Shafer 算法的信息融合过程如图 7-17 所示，它首先计算各个证据的概率分配函数 M_i、信任函数 Bel_i 和似然函数 Pl_i；然后用 Dempster-Shafer 组合规则计算所有证据联合作用下的概率分配函数、信任函数和似然函数；最后根据一定的决策规则，选择联合作用下支持度最大的假设。

3. Dempster-Shafer 规则信息融合

Dempster-Shafer 规则可以用来融合来自多个传感器或信号源的相容命题对应的概率分配值，从而得到这些相容命题交集（合取）命题所对应的概率分配值。相容命题是指命题之间有交集存在。下面用一个四目标二传感器的例子来说明如何运用该法则进行融合。

假设存在四个目标：我方歼击机、轰炸机分别为 q_1、q_2，敌方歼击机、轰炸机分别为 q_3、q_4。

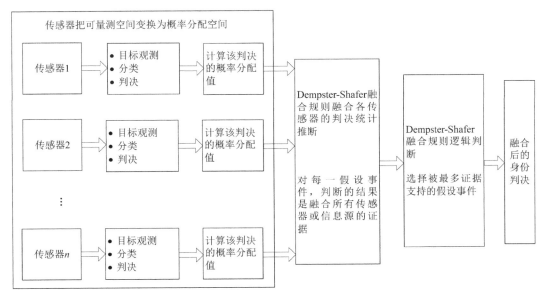

图 7-17　Dempster-Shafer 算法的信息融合过程

传感器 A 和 B 对目标类型的直接概率分配为

$$m_A = \begin{bmatrix} m_A(q_1 \bigcup q_3) = 0.6 \\ m_A(\varTheta) = 0.4 \end{bmatrix} \tag{7-48}$$

$$m_B = \begin{bmatrix} m_B(q_3 \bigcup q_4) = 0.7 \\ m_B(\varTheta) = 0.3 \end{bmatrix} \tag{7-49}$$

式中，$m_A(\varTheta)$ 为传感器 A 在判断目标属于我方时由未知所引起的不确定性；$m_B(\varTheta)$ 为传感器 B 在判断目标属于敌方时由未知所引起的不确定性。

在运用 Dempster-Shafer 融合规则时，首先形成一个如表 7-2 所示的矩阵，矩阵中的每个元素是相应命题的概率分配值，矩阵的第一列和第一行为被融合的命题的概率分配值。

表 7-2　Dempster-Shafer 规则信息融合

概率值	$m_B(q_3 \bigcup q_4) = 0.7$	$m_B(\varTheta) = 0.3$
$m_A(\varTheta) = 0.4$	$m(q_2 \bigcup q_4) = 0.28$	$m(\varTheta) = 0.12$
$m_A(q_1 \bigcup q_3) = 0.6$	$m(q_3) = 0.42$	$m(q_1 \bigcup q_3) = 0.18$

矩阵元素的值由表格中第一列和第一行对应两个元素的乘积构成，与这个乘积值对应的命题即被乘的两个概率分配值所对应命题的交。因此，矩阵中元素（1，1）代表的命题，就是传感器 A 中的命题 $\varTheta$ 和传感器 B 中的命题 $q_3 \bigcup q_4$ 的交，即目标属于敌方歼击机或轰炸机，与这个交命题对应的概率分配值 $m(q_3 \bigcup q_4)$ 为

$$m(q_3 \bigcup q_4) = m_A(\varTheta)m_B(q_3 \bigcup q_4) = 0.4 \times 0.7 = 0.28$$

矩阵元素（1，2）代表的命题是传感器 A 中的命题 $\varTheta$ 和传感器 B 中的命题 $\varTheta$ 的交，与这个交命题对应的概率分配值 $m(\varTheta)$ 为

$$m(\Theta) = m_A(\Theta)m_B(\Theta) = 0.4 \times 0.3 = 0.12$$

矩阵元素（2,1）代表的命题是传感器 A 中的命题 $q_1 \cup q_3$ 和传感器 B 中的命题 $q_3 \cup q_4$ 的交，也就是目标是敌方歼击机，与这个交命题对应的概率分配值 $m(q_3)$ 为

$$m(q_3) = m_A(q_1 \cup q_3)m_B(q_3 \cup q_4) = 0.6 \times 0.7 = 0.42$$

在融合后的矩阵中，命题 q_3 所对应的概率分配值 $m(q_3)$ 最高，所以也常常把它作为来自传感器 A 和传感器 B 的证据融合输出结果。

矩阵中元素（2,2）代表的命题是传感器 A 中的命题 $q_1 \cup q_3$ 和传感器 B 中的命题 Θ 的交，与这个交命题对应的概率分配值 $m(q_1 \cup q_3)$ 为

$$m(q_1 \cup q_3) = m_A(q_1 \cup q_3)m_B(\Theta) = 0.6 \times 0.3 = 0.18$$

如果碰到交命题是空集的情况，那么该交命题对应的概率分配值应设为 0，其他非空的交命题对应的概率分配值应同乘以一个因子 K，使得它们的和为 1。设交命题 c 的概率分配值为

$$m(c) = K \sum_{a_i \cap b_j = c} [m_A(a_i)m_B(b_j)] \tag{7-50}$$

则

$$K^{-1} = \sum_{a_i \cap b_j = \Phi} [m_A(a_i)m_B(b_j)] \tag{7-51}$$

这里为空集。如果 $K^{-1}=0$，说明 m_A 和 m_B 是完全矛盾的，此时不可能用 Dempster-Shafer 规则融合两个传感器的完全矛盾的信息。

设传感器 C 对目标类型的直接概率分配为

$$m_C = \begin{bmatrix} m_C(q_2 \cup q_4) = 0.5 \\ m_C(\Theta) = 0.5 \end{bmatrix} \tag{7-52}$$

同样，运用 Dempster-Shafer 规则融合传感器 A 和 C 的信息，交命题出现空集时 Dempster-Shafer 规则如表 7-3 所示。矩阵元素（2,1）对应的命题为空集，设其概率分配值为 0，重新分配非空集的概率分配值的线性放大因子 K 采用下式计算。

表 7-3　交命题出现空集时 Dempster-Shafer 规则

概率值	$m_C(q_2 \cup q_4) = 0.5$	$m_C(\Theta) = 0.5$
$m_A(\Theta) = 0.4$	$m(q_2 \cup q_4) = 0.2$	$m(\Theta) = 0.2$
$m_A(q_1 \cup q_3) = 0.6$	$m(\Phi) = 0.3$	$m(q_1 \cup q_3) = 0.3$

$$K^{-1} = 1 - m(\Phi) = 1 - 0.3 = 0.7$$

则

$$K \approx 1.429$$

对应交命题为非空集的概率分配值重新分配，交命题出现非空集时 Dempster-Shafer 规则的应用如表 7-4 所示。

表 7-4　交命题出现非空集时 Dempster-Shafer 规则的应用

概率值	$m_C(q_2 \bigcup q_4) = 0.5$	$m_C(\Theta) = 0.5$
$m_A(\Theta) = 0.4$	$m(q_2 \bigcup q_4) = 0.286$	$m(\Theta) = 0.286$
$m_A(q_1 \bigcup q_3) = 0.6$	0	$m(q_1 \bigcup q_3) = 0.429$

当有三个或多个传感器信息融合时，可以多次使用 Dempster-Shafer 规则，方法是把前两个传感器融合后的交命题及对应的概率分配值作为新矩阵的第一列，而第三个传感器的命题及对应的概率分配值作为新矩阵的第一行，然后用前面讨论的类似方法进行融合。

7.4.5　基于信息论的信息融合

基于信息论技术的方法能把参数数据转换或映射到识别空间中，即识别空间中的相似是通过观测空间中参数的相似来反映的。在这一类方法中，可以采用的技术包括参数模板匹配、人工神经网络法、聚类算法、表决算法、熵量测技术、品质因数、模式识别及相关量测等技术。

1. 人工神经网络在信息融合中的应用

1）人工神经网络概述

人工神经网络又称连接机制模型，或者称为并行分布处理模型，是由大量的简单元件——神经元广泛连接而成的，它是在现代神经科学研究的基础上提出的，反映了人脑的基本特征。但它并不是人脑的真实描写，而是它的某种抽象、简化和模拟。网络的信息处理是由神经元之间的相互作用来实现的，知识和信息的存储表现为网络元件互连间分布式的物理联系，网络的学习和识别取决于各神经元连接权值的动态演化过程。

人工神经网络具有以下特性。

☺　并行分布处理：神经网络具有高度的并行结构和并行实现能力，有较好的耐故障能力和较快的总体处理能力，特别适于实时控制和动态控制。神经网络的全部能力来自网络中的连接权。当一个人工神经网络学习了某条信息之后，这条信息不像传统计算机所做的那样，被存放在某一处地方，而是被分散开来，存储在这个人工神经网络的每一条连接权上。连接权既是人工神经网络的运算器的组成部分，又是它的信息存储器。连接权的数目越多，该网的计算能力和存储能力也就越强。信息的分布存储使系统具有容错性和较强的抗干扰性，而信息的分布式存储为神经网络的大规模并行处理能力提供了强有力的支持。

☺　非线性映射：神经网络具有固有的非线性特性，这一特性给非线性识别与处理问题带来了新的希望。

☺　通过训练进行学习：神经网络通过研究系统过去的数据进行训练，通过适当训练的神经网络具有归纳全部数据的能力。因此，神经网络能够解决那些由数学模型或描述规则难以处理的控制过程问题。神经网络能够根据外部环境的变化修正自身的组织体系与结构，形成一种动态的进化机制，从而不断地积累和修改知识，及时修正问题，求解策略。这使得神经网络特别适合于处理某类知识，尤其是不精确的知识。神经网络可以从数据中自动地获取知识，逐步把新知识结合到其网络结构表现的映射函数中，并执行逻辑的假设检验。因而任何一种人工神经网络模型均能表现出一定的智能。

☺ 适应和集成：神经网络能够适应在线运行，并能同时进行定量和定性的操作。神经网络的强适应性和信息融合能力使得网络过程可以同时输入大量不同的信号，解决输入信息间的互补和冗余问题，并实现信息集成和融合处理。这些特性特别适于复杂、大规模融合和多变量系统的跟踪与识别。

2）用神经网络进行信息融合

信息融合是基于智能化的思想，在结构上与神经网络具有极强的相似性，它的一个很重要的原型就是人的大脑，它要实现的功能模仿大脑对来自多方面信息的综合处理能力，与神经网络的思路相当接近，因此神经网络方法在信息融合中具有先天的优势。

由于在结构上与神经网络的相似性，因此可以充分发挥神经网络的结构优势，考虑传感器或者信息处理单元之间的互相影响、互相制约的关系，这体现了信息融合系统是一个有机的整体，而不是多种信息的罗列和简单的代数加减关系。

用神经网络进行信息融合越来越受到重视，Ruck 等人采用多层感知器融合多传感器的信息进行目标的识别，结果表明采用多层感知器融合结构可以提高分类器的泛化能力和分类成功率。Loonis 利用神经网络融合来自不同参数空间的信息，取得了良好的效果。多神经网络用于模式识别也是信息融合的一种形式，Shimshoni 在地震波的识别研究中，提出用 ICM（Intergrated Classification Machine）组合多个神经网络的决策，结果证明多神经网络的组合可以用于复杂高维信号的分类。

多传感器信息融合的神经网络有如下特点：具有统一的内部知识表示形式，通过学习方法可将网络获得的传感信息进行融合，获得相关网络的参数（如连接矩阵、节点偏移向量等），并且可将知识规则转换成数字形式，便于建立知识库，利用外部环境的信息，实现知识自动获取及进行联想推理。它还能够将不确定环境的复杂关系，经过学习推理，融合为系统能理解的准确信号。此外，神经网络的大规模并行信息处理能力，使得信息处理速度得到提高。

3）BP 人工神经网络模型

人工神经网络有很多模型，但是目前应用最广、其基本思想最直观、最容易理解的是多层前馈神经网络及误差逆传播（Error Back-propagation）学习算法。按这一学习算法进行训练的多层前馈神经网络简称 BP 网络，典型的 BP 网络是三层前馈阶层网络，即输入层、隐含层（中间层）和输出层，各层之间实行全连接。BP 人工神经网络结构如图 7-18 所示。

BP 网络的学习由四个过程组成：输入模式从输入层经过隐含层向输出层的"模式顺传

播"过程，由"模式顺传播"与"误差逆传播"的反复交替进行的网络"记忆训练"过程，网络趋向收敛即网络的全局误差趋向最小值的"学习收敛"过程。BP 网络的学习归结起来为模式顺传播过程→误差逆传播过程→记忆训练过程→学习收敛过程。

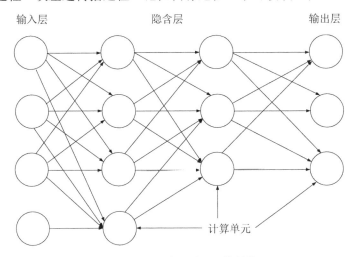

图 7-18　BP 人工神经网络结构

下面分别介绍以上四个过程。

☺　模式顺传播过程：模式顺传播是从输入模式提供给网络的输入层开始的。根据提供的输入模式向量，首先计算隐含层各单元的输入，然后计算隐含层各单元的输出，得到输出层的输入，最后计算输出层各单元的输出。

☺　误差逆传播过程：输出层的误差是计算输出层的校正误差，再传递隐含层的校正误差，并根据此调整各连接单元权值以及阈值的过程。

☺　记忆训练过程：反复学习的过程，也就是根据教师示教的希望输出与网络实际输出的误差调整连接权的过程。而希望输出实际上是对输入模式分类的一种表示，是人为设定的，所以因人而异。随着模式顺传播与误差逆传播过程的反复进行，网络的实际输出逐渐向各自对应的希望输出逼近。对于典型的 BP 网络，一组训练模式一般要经过数百次，甚至上千次的学习过程，才能使网络收敛。

☺　学习收敛过程：网络的全局误差趋向最小值的过程。

2. 表决融合

具有分布式结构的信息融合一般采用表决融合。各传感器将检测到的信息处理成逻辑值，并将其作为局部处理结果送入融合中心，由融合中心按一定的布尔逻辑准则进行表决融合，得到关于目标的综合判决。

1）融合准则

☺　"或"准则：融合结果是输入变量的逻辑"或"的运算结果。这一准则一般不会漏检目标，但易受杂波干扰和诱骗。在目标检测中，若以 A、B、C 分别表示传感器

A、B、C 的检测结果，用 Y 表示融合中心的融合结果，用"+"表示逻辑"或"运算，则"或"准则可表示为以下逻辑表达式，即

$$Y = A + B + C \tag{7-53}$$

☺ "与"准则：融合结果是输入变量的逻辑"与"的运算结果。它的抗杂波干扰和诱骗能力很强，但容易漏检目标。在目标检测系统中，目标"存在"的认定，条件必须是每个传感器都同时认定目标"存在"。"与"准则可表示为

$$Y = ABC \tag{7-54}$$

☺ "与或"准则：融合结果是输入变量分组相"与"，再将"与"的结果相"或"的结果。这一准则对目标"存在"的确认需经全部传感器中部分传感器的确认，当然包括全部传感器都确认的情况。例如，在三传感器系统中，若认为两个以上传感器认定目标"存在"，即可予以最终认定，则这一准则可表示为

$$Y = AB + BC + AC \tag{7-55}$$

2）融合表决器

☺ 置信水平：对于目标检测类传感器，一般可用探测信噪比来描述检测置信水平。信噪比（S/N）越高，认为置信水平越高。考虑到表决融合对于输入量应为逻辑值的要求，可以针对每种传感器，按信噪比划分若干等级作为相应的置信水平等级。例如，A 传感器可以划分为三个置信水平等级，置信等级可以相交也可以不相交。

☺ 检测模式：根据设定的各传感器置信水平，确定检测到目标"存在"的各传感器置信水平等级的组合模式。

设传感器 A、B、C 分别有如下信任级别相交的置信水平等级，即

$$A_1 \supset A_2 \supset A_3, \quad B_1 \supset B_2 \supset B_3, \quad C_1 \supset C_2$$

当三个传感器都检测到目标时，即使三者都是在低置信水平下检测到目标，也认定目标"存在"，当然，在更高的置信水平下更是如此。就是说，当 A、B、C 三个传感器分别在 A_1、B_1、C_1 的置信水平下检测到目标，即最终认定目标"存在"，记这种检测模式为 $A_1B_1C_1$。当然，在更高的综合置信水平下的三传感器模式，如 $A_2B_1C_2$、$A_3B_2C_2$ 模式，更可认定目标"存在"。因此，有效的三传感器检测模式只要一个即可，这就是 $A_1B_1C_1$ 模式。

当有两个传感器检测到目标时，则必须有较高的置信水平，才能认定目标"存在"。同三传感器模式相比，由于检测到目标的传感器数量减少，因此对置信水平的要求提高。当只有一个传感器检测到目标时，则即使置信水平很高，也认为是杂波干扰或诱骗，不予确认。

☺ 检测率：运用各传感器的测量信息计算各自的检测率，然后根据融合准则计算整个系统的检测率。

7.4.6　基于感知的信息融合

1．模糊集合理论

1）基本理论

在模糊系统中有三大基本元素，即模糊集、隶属函数和产生式规则。每个模糊集都包含了表征系统的输入变量或输出变量的取值，而这些取值都是不精确的。例如，温度变量可分成 5 个模糊集，即冷、凉、微温、暖和、热。每个模糊集都有一个隶属函数，它的几何形状代表了这个模糊集的边界。每个变量的特定值在模糊集里都有自己的隶属度，这个隶属度被限制在 0 和 1 之间。0 代表这个变量的值不在这个模糊集中，而 1 代表这个变量的值完全属于这个模糊集。中间的隶属度用 0 和 1 之间的数表示，具体的值由定义这个模糊集的人给出。一个变量的值可以分属于多个不同的模糊集。一个给定的温度值有时可能属于"暖和"这个模糊集，而有时也可能属于"热"这个模糊集。这样模糊集里的每个元素都被一个有序数对定义，数对的前一个数是这个变量的值，而后一个数表示这个变量的值属于这个模糊集的隶属度。

钟形曲线最早用来定义隶属函数，但是由于计算起来比较复杂，其最后效果却和三角形或梯形隶属函数相差无几，所以现在钟形隶属函数在大多数情况下被三角形或梯形隶属函数替代。三角形或梯形隶属函数的底边的宽作为设计时的一个参数，需要小心选择来满足系统整体性能的要求。Kosko 使用一些启发式的知识，提出相邻两个模糊集相重叠的面积通常应占总面积的 25%。重叠面积过多会导致模糊集里的变量过于模糊，而太小的重叠面积会导致系统类似于二值控制，具有严重的振荡。

产生式规则，即"IF-THEN"这种逻辑表达式，反映了人类的一种知识形式。在人工智能领域中，"IF-THEN"表达形式是整个专家系统中不可缺少的一部分。专家系统依赖于二值逻辑和概率论来进行推理，推理时主要使用产生式规则。而模糊逻辑把模糊性融入了产生式规则中，因为模糊集本身能反映语言的不精确性，如"矮""不是很快""暖和"等。多条产生式规则并行处理，共同对控制系统的输出产生不同程度的影响。使用模糊集的逻辑处理过程就是大家熟知的模糊逻辑。

2）运算规则

模糊集的演算以一系列命题为依据，通过各种模糊演算从不精确的输入中找出输出或结论中的不精确之处。主要的模糊集演算规则有如下 7 类。

设 A、B 为两个模糊集，X 为目标 X 的集合。

（1）$A=B$ 当且仅当对所有的 X 有

$$\mu_A(X) = \mu_B(X) \tag{7-56}$$

（2）$\overline{A}$ 当且仅当对所有的 X 有

$$\mu_{\overline{A}}(X) = 1 - \mu_A(X) \tag{7-57}$$

（3）$B \subseteq A$ 当且仅当对所有的 X 有

$$\mu_B(X) \leqslant \mu_A(X) \qquad (7\text{-}58)$$

（4）$A \bigcup B$ 表示 X 属于 A 或 B 的程度，是各个隶属函数中的最大值，即

$$\mu_{A \cup B}(X) = \max_X [\mu_A(X), \mu_B(X)] \qquad (7\text{-}59)$$

（5）$A \bigcap B$ 表示 X 属于 A 或 B 的程度，是各个隶属函数中的最小值，即

$$\mu_{A \cap B}(X) = \min_X [\mu_A(X), \mu_B(X)] \qquad (7\text{-}60)$$

（6）$A \rightarrow B$ 表示 X 属于非 A 或 B 的程度，即

$$\mu_{A \rightarrow B}(X) = \mu_{\bar{A} \cup B}(X) = \max_X [1 - \mu_A(X), \mu_B(X)] \qquad (7\text{-}61)$$

（7）$A \circ B$：设用 $\mu_A(X,Y)$ 描述 X 和 Y，$\mu_B(Y,Z)$ 描述 Y 和 Z，则描述 X 和 Z 的关系用合成模糊集 $A \circ B$，其隶属函数为

$$\mu_{A \circ B}(X,Z) = = \max_Y \left\{ \min_X [\mu_A(X,Y), \mu_B(Y,Z)] \right\} \qquad (7\text{-}62)$$

模糊逻辑是一种多值逻辑，隶属程度是一种数据真值的不精确表示，多传感器信息融合中存在的不确定性可直接用模糊逻辑表示，然后运用多值逻辑推理，根据演算规则对各传感器提供的数据进行合并，实现信息融合。

2．逻辑模板

逻辑模板法根据物理模型直接计算实体的某些特征（时域、频域或小波域的数据或图），与预先存储的目标特征（目标特征文件）或根据观测数据进行预测的物理模型的特征进行比较。比较过程涉及计算预测数据和实测数据的关联，如果相关系数超过一个预先规定的阈值，则认为二者之间存在匹配关系。

逻辑模板法已成功地用于多传感器信息融合，尤其是检测和态势估计，近年来也在目标识别中获得应用。所谓"模板"，实际上是一种匹配概念，即将一个预先确定的模式（或模板）与多传感器的观测数据进行匹配，确定条件是否满足，从而进行推理。图 7-19 所示为普通逻辑模板。

模式匹配的概念推广到复杂模式情况，模式中可以包含逻辑条件、模糊概念、观测数据，以及用来定义一个模式的逻辑关系中的不确定性等，使模板成为一种表示与逻辑关系进行匹配的综合参数模式方法。例如，一个模板可以把目标的脉冲重复区间的观测值与一个先验门限进行比较，并能够确定观测到的目标与其他可能的实体在时间和空间上的关系。

模板算法对多传感器的观测数据与预先规定的条件进行匹配，以确定每个观测结果是否能提供识别某个观测目标的证据。模板处理的输入是一个或多个传感器的观测数据，其中可包含时间周期中的有参或无参数据，瞬时变化可以包含在这些结构中。模板处理的输出是关于多传感器观测是否匹配在一个预定模板的说明，也可以包含对象间联系的可信度或概率。

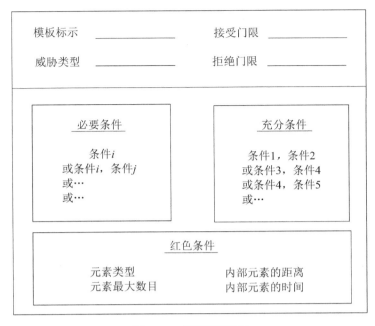

图 7-19　普通逻辑模板

在各种不同的应用中，模板需要该应用领域的特定信息。因此，一个普通模板要用例证来说明（图 7-19 中的"红色条件"）。某些类型的信息对所有模板来说都是类似的，而与具体应用领域无关，如接受门限、拒绝门限、必要条件、充分条件、描述或构成目标的分量、威胁类型等。其中，接受门限和拒绝门限是用户指定的数字或逻辑准则，可用于模板自动处理；必要条件和充分条件预先描述所需要的观测、逻辑关系和数据模式等，作为自动处理中的一个候选物；威胁类型描述战术威胁的类别。基于模板法的多传感器信息融合必须提供根据数据库、系统用户模板和修正模板的方法。

7.4.7　智能信息融合

利用人工智能技术解决信息融合领域问题的主要内容之一是专家系统在信息融合技术中的应用；与人工智能技术的另一个前沿方向模式识别一样，专家系统在信息融合技术中的应用研究起步也比较晚，想要严格规定或描述专家系统如何用于解决信息融合问题仍然具有一定的难度。表 7-5 所示为专家系统求解问题的基本类型。

表 7-5　专家系统求解问题的基本类型

基本类型	求解的问题	基本类型	求解的问题
解释	根据获得的数据对现象或情况做出解释	控制	控制整个系统的行为
预测	在给定条件下突出可能的结果	监督	比较观察到的现象和期望的结果
规划	设计一系列动作		

图 7-20 所示为专家系统结构。当双（多）基地雷达网用于目标跟踪、定位时，数据处

理的目标非常明确（如获得最优的位置估计），应该采用精确解法。但是，当数据处理的目标是对战场态势和威胁进行估计时，涉及许多不同性质的因素，并且强烈依赖于各种战略、战役目标的需要，难以用一种数学模型进行准确描述，因此求解策略很大程度上是一种创造性工作，想要给出一个"正规的"且"正确的"方法是困难的。

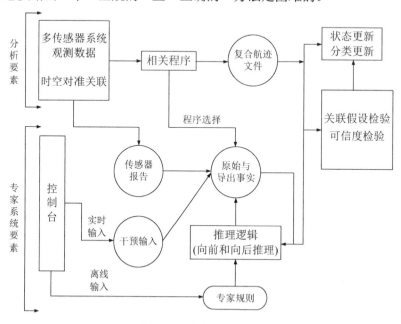

图 7-20　专家系统结构

专家系统是具有解决特定问题所需专门领域知识的计算机程序系统，也称基于知识的系统。专家系统主要用于模仿人类专家的思维活动，通过推理与判断求解问题。一个专家系统主要由两部分组成：一是知识库的知识集合，它包含待处理问题领域的知识，通常由数据库管理系统来组织和实现；二是推理机的程序模块，它包含一般问题求解过程所用的推理方法和控制策略的知识，通常由具体的程序来实现。专家系统适用于缺乏合适算法求解问题而往往又能采用领域专家经验来求解问题的场合，因此运用专家系统求解信息融合领域中的态势估计和威胁估计问题是适宜的。

采用专家系统的信息融合系统的优点是能模拟专业分析人员的行为，使用解释特性，分类保存专业知识，具有间接训练的功能等；其缺点是构成复杂困难（专家系统程序、知识工程），难以达到或接近实时的性能，不确定性表示方法需要复杂的管理技术，常常需要专门的计算设备和开发人员等。

以雷达网跟踪各类空中目标为例，依据对敌方目标识别的结论，估计其威力（杀伤力），给出危险程度和杀伤力的估计和警报，专家系统求解态势估计和威胁估计的内容分解如表 7-6 和表 7-7 所示。关于知识库和推理机的设计都是在这样的前提下进行的。知识库是针对某一（或某些）领域问题求解的需要，采取某种（或若干）知识表示方式在计算机存储器中存储、组织、管理和使用的互相联系的知识的集合。知识库中知识的层次由低至高是事实、规则和策略；其中规则是控制事实的知识，而策略则是控制规则的知识，所以策略常被认为是规则的规则。推理机是专家系统中实现基于知识推理的部件。知识的选择称为推理控制，它决定着推理的效果和效率。推理控制策略主要是数据驱动的控制（正向推理）、目标驱动的控制（反向推理）和混合控制三种情形。关于知识库和推理机的设计应遵循专家系统设计的核心思想，叙述简洁，设计完整。

表 7-6　专家系统求解态势估计的内容分解

对象	专家系统求解问题的简单描述
目标	管理监视区域内各种目标的属性（运动学参数、类别等），解释局部态势，预测可能事件
环境	管理监视区域内环境的属性（地形、水文、气象等），解释各种可能事件的过程
态势画面	管理敌、友、邻三种视图及其切换，监督战场态势并预测发展趋势

表 7-7　专家系统求解威胁估计的内容分解

对象	专家系统求解问题的简单描述
危险估计	预测各种可能事件出现的程度和严重性，确定发生的时间、动机和相关变化
杀伤估计	具体计算各种可能事件的发生及其后果，为规划己方行动提供量化的分析
意图与警报	分类管理各种可能的企图、危险及后果等，并示警

1. 知识库设计

知识库主要由方法库（规则或策略）、运行数据库和辅助数据库构成。其中，方法库主要是规则的集合，而运行数据库、辅助数据库则属于事实的集合，运行数据库是随着时间变化的信息集合。如果考虑对各种威胁的具体决策过程，则需要建立明确的策略类型的数据库。各种数据库之间的数据流结构和时序关系是相互关联的，可以认为策略隐含在这些数据库中。系统知识库如表 7-8 所示。

表 7-8　系统知识库

类型	具体知识库	数据库内容简要说明	使用说明
方法库	目标识别	各种目标识别算法的集合	根据目标运行库的分类属性和目标类型辅助库的相关信息，为危险估计运行库提供求解目标类型
	数据关联	检测、关联与跟踪算法的集合，包括各种多目标跟踪算法	根据目标运行库的航迹信息，为目标运行库提供求解下一时刻目标航迹、分类属性等信息
	杀伤力估计	计算各种类型的目标的杀伤力的方法集合	根据目标类型辅助库的相关信息和危险估计运行库的可能事件信息，为危险估计运行库提供求解杀伤力的办法
	可能事件	求解可能事件概率的算法集合	根据目标类型辅助库、行为模板辅助库和目标运行库的相关信息，为危险估计运行库提供求解可能事件的概率
	警报管理	按照优先级管理思想，求解某时刻的警报序列的算法集合	根据危险估计运行库的相关信息，为警报运行库提供求解当前时刻的警报

续表

类型	具体知识库	数据库内容简要说明	使用说明
运行数据库	目标	存储目标的当前状态、下一时刻的预测状态及分类属性等信息	为危险估计运行库、数据关联方法库提供必要的信息
	视图	存储各时刻与三方视图相关的信息	实现三方视图
	危险估计	存储各种可能事件的攻击对象、保卫对象、发生概率、目标类型、杀伤力估计、保卫对象最短反应时间和当前执行跟踪任务的雷达等信息	为警报运行库提供需重点防范的保卫目标、杀伤力估计剩余反应时间、自卫手段等信息。为规划运行库可能采取的措施提供必要的信息
	警报	存储危险估计报告	为规划运行库可能采取的措施提供必要的信息
	规划	存储各种可能措施及相应的警报信息	提供处理警报的各种可能措施所需要的信息
辅助数据库	目标类型	存储目标的类型、一般作战任务、杀伤特性、机动特性等信息	为杀伤力估计方法库提供各种可能事件所对应的杀伤特性，其结果是危险估计运行库中杀伤力估计信息
	行为模板	存储目标类型与保卫对象之间各种可能的关系	联合目标类型辅助库、目标运行库为危险估计运行库提供各种可能事件
	雷达网	存储各雷达的重要工作性能指标、位置及可以调动的武力情况等信息	为规划运行库可能采取的措施提供必要的信息
	保卫目标	存储需要保卫的对象类型、位置、重要性等信息	为杀伤力估计方法库提供各种可能事件的保卫目标所对应的相关信息，其结果是危险估计运行库中杀伤力估计信息
	环境	存储环境信息	为规划运行库可能采取的措施提供必要的信息

2．推理机设计

正向推理是由原始数据（事实知识）出发向结论方向的推理，即事实（或数据）驱动方式。其推理过程为：系统根据用户提供的原始信息，在知识库中寻找能与之匹配的规则，若找到，则将该知识块的结论部分作为中间结果，利用这个中间结果继续与知识库中的规则匹配，直到得出最终结论为止。

针对前面说明的设计目标，系统推理过程如表 7-9 所示，该表体现了一些具体处理所对应的推理过程。其中，引用库是指某处理过程需要用到的相关信息来自哪个知识库，更新库是指该处理过程产生的新的相关信息存入哪个知识库，规则所对应的相关信息是求解的结果，而事实所对应的相关信息则是已经存在于某个知识库的信息。

表 7-9 系统推理过程

过程	推理要求	引用库	相关信息	更新库
求解目标类型	事实	目标运行库	航迹、分类属性	
	规则	目标运行库	目标类型	危险估计运行库
求解可能事件	事实	行为模板辅助库	可能事件	
	事实	目标类型辅助库	目标类型	
	事实	目标运行库	航迹、分类属性	
	规则	可能事件方法库	可能事件及概率	危险估计运行库
求解杀伤力	事实	目标类型辅助库	目标类型、杀伤特性	
	事实	危险估计运行库	可能事件	
	规则	杀伤力估计方法库	危险程度	危险估计运行库
更新警报过程	事实	危险估计运行库	可能事件及其危险程度	
	事实	警报运行库	警报	
	规则	警报管理方法库	警报	警报运行库

一个复杂问题的求解过程是各种简单处理过程的有机组合。显然，整个专家系统的推理设计核心就是某个时刻某个目标涉及的具体问题的求解。在此基础上，针对某个时刻某个目标使用该核心求解办法，在系统时刻前进一步时，由数据关联方法库给出每个目标当前时刻的航迹和分类属性等信息，由此构成循环过程。

7.5 多传感器融合应用

下面介绍日本东海大学研制的营救机器人手爪传感系统。

1. 营救机器人的系统结构

营救机器人的系统结构如图 7-21 所示。传感器控制系统的 5 个功能模块如下所述。

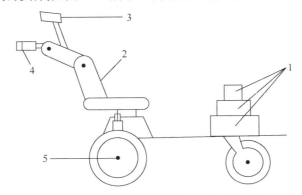

1—控制机构；2—机器人手臂；3—CCD 摄像机；4—机器人手爪；5—行走机构

图 7-21 营救机器人的系统结构

☺ 机器人手臂模块：为避免伤害到人的身体，模块采用小功率的 5 自由度工业机器人，机器人手臂是具有直流电动机和编码器的伺服系统。

☺ 机器人手爪模块：手爪是具有 2 个关节的平面型手指，用来抓住人的手臂，具有自适应抓取功能。

☺ 传感器与信息处理模块：机器人手爪系统具有 3 种传感器，即阵列式触觉传感器、6 维力/力矩传感器和滑觉传感器，以及两个用于远距离测量和监控的视觉传感器——CCD 摄像机。

☺ 运动机构模块：运动机构为四轮结构，其中两个由电动机驱动。

☺ 系统控制模块：系统控制模块使用了两台计算机，一台用于机器人控制，另一台用于传感器信息融合处理。

2. 手爪传感器

营救机器人手爪及其传感器分布如图 7-22 所示。在手爪上集成了分布式触觉传感器、力/力矩传感器、滑觉传感器、视觉传感器。

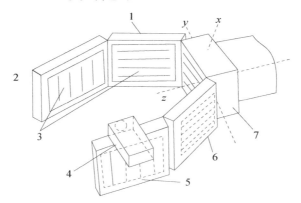

1—右指 1；2—右指 2；3—分布式触觉传感器；4—滑觉传感器；5—左指；6—手掌；7—力/力矩传感器

图 7-22　营救机器人手爪及其传感器分布

☺ 分布式触觉传感器：作为机器人的手指，分布式（阵列）触觉传感器要检测接触压力及其分布。营救机器人手爪采用压力敏感，由橡胶和条状胶片电极构成的触觉阵列传感器，用来控制处理不规则物体的夹持力。条状胶片电极只用一面，共有 16 根（8 根作为地线，其余 8 根作为信号线），这样在每个手指部位可以检测连续接触电压。为了检测一个平面的平衡压力，这种线传感器在第 1 个指节上沿纵向布置，在第 2 个指节上沿横向布置。在手掌底部的内表面也布置了条状触觉传感器阵列。接触力先转化为导电橡胶的电阻，再通过测量电压降检测接触力，所有电极数据通过 I/O 接口送往处理器。

☺ 力/力矩传感器：力/力矩传感器为 B.L. Autoec Inc.公司生产的谐振梁应变传感器。测力范围为 0～98N，测力矩范围为 0~9.8N·m，通过串口连接到计算机。在传感器坐标系中，沿手的方向为 z 向，夹持方向为 y 向，x 向为 yOz 平面的法线方向。

☺　滑觉传感器："滑"指的是被抓取的物体在手中的移动。滑觉传感器为球式滑觉传感器。当夹持的物体在手中移动时会带动球旋转。球的旋转传递给带有狭缝的转盘，采用光电传感器检测转盘的旋转，输出脉冲信号。滑觉传感器的工作原理如图 7-23 所示。传感器安装在机械手爪的上端，通过弹簧被压在夹持的物体上。滑觉传感器可以在两个方向上检测滑移，分辨率为 1mm，检测范围为 0~50mm，可以检测的最大滑移速度为 10mm/s。

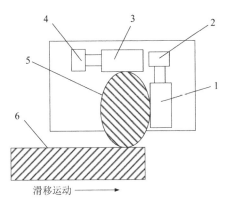

1—y 向辊子；2、4—光电传感器；3—x 向辊子；5—接触球；6—物体

图 7-23　滑觉传感器的工作原理

☺　视觉传感器：通过三角测量原理，营救机器人采用激光和 CCD 摄像机定位来测量援助对象的位置，操作者也可以通过机器人手臂上的 CCD 摄像机来监测援助对象的状况。

3. 多传感器手爪信息融合系统

多传感器手爪信息融合系统包括机器人手爪稳定抓取判断模块、状态识别模块、控制模块和反馈控制模块。

☺　机器人手爪稳定抓取判断模块：依据分布式触觉传感器的数据，通过得到的每个触觉传感器的输出，计算出总的夹持力，利用平均压力计算每个触觉传感器的不同输出量，从而得到稳定抓取的判断条件。

☺　状态识别模块：从传感器的数据中提取营救工作的 4 个基本特征量，即腕部力矩变化量、夹持力变化量、滑动量和抓取位置变化量，据此来判断机器人手爪操作时对人体的可能伤害程度。营救机器人危险操作程度的状态识别特征量，可以通过将上述 4 个特征量分别乘以其权重系数之和得到。

☺　控制模块：机器人手爪抓住人的手臂后，按预先设定的策略进行控制。机器人运动的调节控制，依靠稳定抓取判断模块中的两个特征量和识别模块中的 4 个特征量及 If-the 规则进行判断，并按以上 6 个特征量的差异来区分不同的优先级。第一优先级控制是抓取姿态控制，通过调整腕部角度的大小来进行控制。第二优先级控制是抓取力控制，可通过调节抓取力的大小来进行控制。第三优先级控制是运动轨迹控制，确定是进行小调整还是进行大的轨迹变化。如果这些指标在进行机器人运动调节时互相矛盾，则按指标的优先级决定下一步的控制操作，通过调节控制，每个特征量会达到稳定的状态，从而使机器人的营救工作的执行处于安全状态，不会伤害人体。

☺ 反馈控制模块：首先检查所有传感器的数据，如果某一传感器的数据超出正常值，则意味着正在接受救援的人处于危险状态，机器人停止操作，不进行更高一级的处理。通常，机器人会被命令停止工作，并在纠正危险状态后，重新操作。

机器人传感器是传感技术的重要组成部分，与大量使用的工业检测传感器相比，对获取的传感信息种类和智能化处理的要求更高。一方面，无论是研究还是产业化，均须有多种学科专门技术和先进的工艺装备作为支撑；另一方面，目前机器人产业对传感器的需求不大，形成机器人传感器产业的经济可行性尚不完备。因此，机器人传感器产业化的问题就需另辟蹊径。利用研究所获取的技术成果，辐射和转换面向其他应用领域，研制适合工业、交通、体育、医学等多种行业使用的检测和传感装置，如 6 维测力平台、触觉指纹传感器就是良好的开端。

从研究方向上看，除不断改善传感器的精度、可靠性和降低成本等外，今后的热点可能会随着机器人技术向微型化、智能化方向发展，以及应用工业领域从工业结构环境拓展至深海、空间和其他人类难以进入的非结构环境，使机器人传感技术的研究与 MEMS 系统、虚拟现实技术有更密切的联系。同时，对传感信息的高速处理和完善的静/动态标定测试技术将会成为机器人传感器发展的关键技术。

思考与练习

（1）多传感器信息融合的定义是什么？

（2）多传感器信息融合是如何进行分类的？

（3）串联型多传感器融合结构特点是什么？

（4）并联型多传感器融合结构特点是什么？

（5）像素层融合的优缺点分别是什么？

（6）决策层融合的优缺点有哪些？

（7）画出分散型多传感器融合结构图。

（8）常用的信息融合方法有哪些？

参考文献

[1] 高国富，谢少荣. 机器人传感器[M]. 北京：化学工业出版社，2004.

[2] 王煜东. 传感器及应用[M]. 北京：机械工业出版社，2017.

[3] 牛彩雯，何成平. 传感器与检测技术[M]. 北京：机械工业出版社，2016.

[4] 陈白帆，宋德臻. 移动机器人[M]. 北京：清华大学出版社，2021.

[5] 晏祖根. 机器人概论[M]. 上海：同济大学出版社，2019.

[6] 周杏鹏. 传感器与检测技术[M]. 北京：清华大学出版社，2010.

[7] 陈雯柏. 智能机器人原理与实践[M]. 北京：清华大学出版社，2016.

[8] 蔡自兴，谢斌. 机器人学[M]. 3 版. 北京：清华大学出版社，2015.

[9] 蔡自兴，余伶俐，肖晓明. 智能控制原理与应用[M]. 2 版. 北京：清华大学出版社，
    2014.

[10] 高永伟. 工业机器人机械装配与调试[M]. 北京：机械工业出版社，2017.

[11] 李云江. 机器人概论[M]. 2 版. 北京：机械工业出版社，2017.

[12] 刘君华. 智能传感器系统[M]. 西安：西安电子科技大学出版社，2010.

[13] 郭彤颖，安冬. 机器人学及其智能控制[M]. 北京：清华大学出版社，2014.

[14] 董永贵. 传感技术与系统[M]. 北京：清华大学出版社，2006.

[15] 朱世强. 机器人技术及其应用[M]. 杭州：浙江大学出版社，2001.

[16] 冯波. 多传感器信息融合技术的研究[D]. 南京：南京航空航天大学，2004.

[17] 林仕高. 搬运机器人笛卡儿空间轨迹规划研究[D]. 广州：华南理工大学，2013.

[18] 赵伟. 基于激光跟踪测量的机器人定位精度提高技术研究[D]. 杭州：浙江大学，2013.

[19] 迟明路. 花瓣型胶囊机器人游动特性与空间磁矩驱动策略[D]. 大连：大连理工大学，
    2018.

[20] 倪自强，王田苗，刘达. 医疗机器人技术发展综述[J]. 机械工程学报，2015,51(13):45-52.

[21] Leung B, Poon C, Zhang R, et al. A therapeutic wireless capsule for treatment of gastrointestinal haemorrhage by balloon tamponade effect [J]. IEEE Transactions on Biomedical Engineering, 2016, 64(5):1-9.

[22] Al-Rawhani M, Beeley J, Cumming D. Wireless fluorescence capsule for endoscopy using single photon-based detection [J]. Scientific Reports, 2015(5):1-9.

[23] Demosthenous P, Pitris C, Georgiou J. Infrared fluorescence-based cancer screening capsule for the small intestine [J]. IEEE Transactions on Biomedical Circuits and Systems, 2016,10(2):467-476.

[24] Tortora G, Orsini B, Pecile P, et al. An ingestible capsule for the photodynamic therapy of helicobacter pylori infection [J]. IEEE/ASME Transactions on Mechatronics, 2016,21(4):1935-1942.

[25] De Falco I, Tortora G, Dario P, et al. An integrated system for wireless capsule endoscopy in a liquid-distended stomach [J]. IEEE Transactions on Biomedical Engineering, 2014, 61(3): 794-804.

[26] Liu P, Yu H, Cang S. Modelling and analysis of dynamic frictional interactions of vibro-driven capsule systems with viscoelastic property [J]. European Journal of Mechanics-A/Solids, 2019, 74: 16-25.

[27] Xu J, Guo Z, Lee T H. Design and implementation of integral sliding-mode control on an underactuated two-wheeled mobile robot [J]. IEEE Transactions on Industrial Electronics, 2014, 61(7): 3671-3681.